面向"十二五"高职高专规划教材
国家骨干高职院校建设项目课程改革研究成果

电力系统继电保护运行与调试

DIANLI XITONG JIDIAN BAOHU YUNXING YU TIAOSHI

主　编　任晓丹　李蓉娟

副主编　张　帆　唐晓明　孟建平

参　编　贺　敬　王晓蓉　麻桃花　范哲超

主　审　董学斌　马占丽

北京理工大学出版社
BEIJING INSTITUTE OF TECHNOLOGY PRESS

内 容 简 介

本书着重阐述电力系统继电保护和自动装置的基本原理与运行特性分析的基本方法,并介绍了继电保护新技术和新发展,对微机继电保护进行了较深入的介绍和分析。

本书共分 6 个项目 16 个工作任务,包括项目一输电线路阶段式电流保护构成与运行,项目二输电线路阶段式距离保护构成与运行,项目三输电线路全线速动保护构成与运行,项目四电力系统主设备继电保护构成与运行,项目五电力系统安全自动装置构成与运行和项目六微机保护装置及测试。

本书可作为高职高专院校电力系统自动化技术类专业及相关专业的教材,同时也可作为函授、自考和职业能鉴定的辅导教材及电力行业技术人员的参考用书。

图书在版编目(CIP)数据

电力系统继电保护运行与调试/任晓丹,李蓉娟主编 . —北京:北京理工大学出版社,2014.6(2020.1 重印)

ISBN 978 - 7 - 5640 - 8921 - 4

Ⅰ.①电… Ⅱ.①任…②李… Ⅲ.①电力系统 – 继电保护运行 – 高等学校 – 教材 ②电力系统 – 继电保护 – 调试方法 – 高等学校 – 教材 Ⅳ.①TM77

中国版本图书馆 CIP 数据核字(2014)第 038347 号

出版发行 /北京理工大学出版社有限责任公司
社　　址 /北京市海淀区中关村南大街 5 号
邮　　编 /100081
电　　话 /(010)68914775(总编室)
　　　　　82562903(教材售后服务热线)
　　　　　68948351(其他图书服务热线)
网　　址 /http://www.bitpress.com.cn
经　　销 /全国各地新华书店
印　　刷 /北京虎彩文化传播有限公司
开　　本 /710 毫米 ×1000 毫米　1/16
印　　张 /22.5　　　　　　　　　　　　　　责任编辑 /张慧峰
字　　数 /372 千字　　　　　　　　　　　　文案编辑 /李炳泉
版　　次 /2014 年 6 月第 1 版　2020 年 1 月第 4 次印刷　　责任校对 /周瑞红
定　　价 /39.00 元　　　　　　　　　　　　责任印制 /王美丽

图书出现印装质量问题,请拨打售后服务热线,本社负责调换

内蒙古机电职业技术学院
国家骨干高职院校建设项目"电力系统自动化技术专业"

教材编辑委员会

序
PROLOGUE

从 20 世纪 80 年代至今的三十多年，我国的经济发展取得了令世界惊奇和赞叹的巨大成就。在这三十多年里，中国高等职业教育经历了曲曲折折、起起伏伏的不平凡的发展历程。从高等教育的辅助和配角地位，逐渐成为高等教育的重要组成部分，成为实现中国高等教育大众化的生力军，成为培养中国经济发展、产业升级换代迫切需要的高素质高级技能型专门人才的主力军，成为中国高等教育发展不可替代的半壁江山，在中国高等教育和经济社会发展中扮演着越来越重要的角色，发挥着越来越重要的作用。

为了推动高等职业教育的现代化进程，2010 年，教育部、财政部在国家示范高职院校建设的基础上，新增 100 所骨干高职院校建设计划（《教育部财政部在关于进一步推进"国家示范性高等职业院校建设计划"实施工作的通知》教高〔2010〕8 号）。我院抢抓机遇，迎难而上，经过申报选拔，被教育部、财政部批准为全国百所"国家示范性高等职业院校建设计划"骨干高职院校立项建设单位之一，其中机电一体化技术（能源方向）、电力系统自动化技术、电厂热能动力装置、冶金技术 4 个专业为中央财政支持建设的重点专业，机械制造与自动化、水利水电建筑工程、汽车电子技术 3 个专业为地方财政支持建设的重点专业。

经过三年的建设与发展，我院校企合作体制机制得到创新，专业建设和课程改革得到加强，人才培养模式不断完善，人才培养质量得到提高，学院主动适应区域经济发展的能力不断提升，呈现出蓬勃发展的良好局面。建设期间，成立了由政府有关部门、企业和学院参加的校企合作发展理事会和二级专业分会，构建了"理事会-二级专业分会-校企合作工作站"的运行组织体系，形成了学院与企业人才共育、过程共管、成果共享、责任共担的紧密型合作办学体制机制。各专业积极与企业合作，适应内蒙古自治区产业结构升级需要，建立与市场需求联动的专业优化调整机制，及时调整了部分专业结构；同时与企业合作开发课程，改革课程体系和教学内容；与企业技术人员合作编写教材，编写了一大批与企业生产实际紧密结合的教材和讲义。这些教材、讲义在教学实践中，受到老师和学生的好评，普遍认为理论适度，案例充实，应用性强。随着教学的不断深入，经过老师们的精心修改和进一步整理，汇编成册，付梓出版。相信这些汇聚了一线教学、工程技术人员心血的教材的出版和推广应用，一定会对高职人才的培养起到积极的作用。

在本套教材出版之际，感谢辛勤工作的所有参编人员和各位专家！

张玉清

内蒙古机电职业技术学院院长

前　言
PREFACE

《电力系统继电保护运行与调试》一书，是国家骨干高职院校示范建设专业——电力系统自动化技术专业的核心课程教材，本书全面介绍发电厂和电力系统二次设备保护、检测与测量，使学生掌握电力系统中输配电线路、变压器、发电机、母线、电动机等设备的继电保护的工作原理及常用自动装置的基本工作原理；具备进行继电保护装置的配置、初步整定计算和基本调试能力；学会阅读继电保护及自动装置的原理图和展开图、逻辑框图，为电力企业的生产与管理岗位培养具有电力系统继电保护、二次回路及自动装置的设计、安装、检验、调试、运行、维护、管理及局部整定计算能力的高端技能型人才。

本书内容由6个项目17个工作任务组成，以企业工作任务驱动课程教学，每个任务结合具体工作任务和工作过程，通过任务的完成，学习电力系统继电保护运行与调试专业知识，为获得继电保护工等中级职业资格证书及学生毕业后从事发电厂与变电站运行、安装和检修工作奠定坚实的基础。

本书由任晓丹、李蓉娟担任主编，由张帆、唐晓明、孟建平担任副主编。其中，项目一和项目二由任晓丹老师撰写，项目三由大连供电公司检修试验工区（保护专业）唐晓明撰写，项目四由张帆老师撰写，项目五由李蓉娟老师撰写，项目六由孟建平老师撰写。

本书由董学斌和马占丽主审，参加编写工作的还有贺敬、王晓蓉、麻桃花、范哲超等老师，他们对本书的编写工作提出了许多宝贵的意见和建议，在此表示衷心的感谢。

由于编者水平有限，疏漏及不足之处在所难免，请广大读者批评指正。

编著者

2014 年 1 月

目 录
CONTENTS

项目一 输电线路阶段式电流保护构成与运行 …………… 1

  任务一 继电保护装置常用元件与调校 ………………… 1

  任务二 三段式电流保护构成与运行 …………………… 22

  任务三 方向电流保护构成与运行 ……………………… 41

  任务四 接地保护构成与运行 …………………………… 61

项目二 输电线路阶段式距离保护构成与运行 …………… 89

  任务一 距离保护构成与阻抗继电器动作特性 ………… 89

  任务二 距离保护整定计算与对距离保护的评价 ……… 106

项目三 输电线路全线速动保护构成与运行 ……………… 122

  任务一 差动保护构成与运行 …………………………… 122

  任务二 高频保护构成与运行 …………………………… 138

项目四 电力系统主设备继电保护构成与运行 …………… 162

  任务一 电力变压器保护构成与运行 …………………… 162

  任务二 同步发电机保护构成与运行 …………………… 182

  任务三 母线保护构成与运行 …………………………… 194

  任务四 双母线保护 ……………………………………… 203

项目五 电力系统安全自动装置构成与运行 ……………… 213

  任务一 自动控制装置的构成与运行 …………………… 213

  任务二 无功功率自动调节装置构成与运行 …………… 241

项目六　微机保护装置与测试 ……………………………………… 270

任务一　微机保护软硬件安装与调试 ……………………… 270

任务二　线路微机保护装置与测试 ………………………… 289

任务三　电力系统主设备微机保护装置与测试 …………… 303

附录 ……………………………………………………………………… 328

附录 A　变电站(发电厂)倒闸操作票 ……………………… 329

附录 B　变电站(发电厂)第一种工作票 …………………… 330

附录 C　电力电缆第一种工作票 …………………………… 334

附录 D　变电站(发电厂)第二种工作票 …………………… 339

附录 E　电力电缆第二种工作票 …………………………… 342

附录 F　变电站(发电厂)带电作业工作票 ………………… 345

附录 G　变电站(发电厂)事故应急抢修单 ………………… 348

附录 H　二次工作安全措施票 ……………………………… 350

项目一

输电线路阶段式电流保护构成与运行

本项目包含四个工作任务:继电保护装置常用元件与调校、三段式电流保护构成与运行、方向电流保护构成与运行、接地保护构成与运行。

任务一　继电保护装置常用元件与调校

引言

电力系统继电保护是由各种类型继电器、互感器等组成,如在继电保护装置中作为测量和启动元件,反映电流增大而动作的电流继电器;反映电压变化而动作的电压继电器;用于建立继电保护需要的动作延时的时间继电器;用于增加触点数量和触点容量的中间继电器;用于发出继电保护动作信号,便于值班人员发现事故和统计继电保护动作次数的信号继电器等。由于各种保护功能的实现都依赖于这些元器件,因此继电保护装置常用元件与调校被列为必修项目。

学习目标

继电器工作原理与继电器工作过程。

过程描述

(1) 教师下发项目任务书,描述任务学习目标。

(2) 教师通过图片、动画、录像等讲解本次任务中保护的原理。

(3) 通过现场试验设备演示继电保护测试仪使用方法。

(4) 学生进行继电保护测试仪的认识,查阅保护原理和调试指导书,学生根据任务书要求,收集有关调试规程、职业工种要求、装置说明书等资料,根据获得的信息进行分析讨论。

过程分析

为了达到继电器试验的标准要求,试验的各项操作必须严格按照国家电网公司电力安全工作规程操作。

(1)以电磁型电流继电器调校试验为例。外壳与底座间的接合应牢固、紧密,外罩应完好,继电器端子接线应牢固可靠。转轴纵向和横向的活动范围不得大于 0.15 mm,舌片动作时不应与磁极相碰,且上下间隙应尽量相同,舌片上下端部弯曲的程度亦相同,舌片的起始和终止位置应合适,舌片活动范围为 7° 左右。刻度盘把手固定可靠,当把手放在某一刻度值时,应不能自由活动。继电器螺旋弹簧的平面应与转轴严格垂直,弹簧由起始位置转至刻度最大位置时,其层间不应彼此接触且应保持相同的间隙。动接点桥与静接点桥接触时所交的角度应为 55°～65°,且应在距静接点首端约 1/3 处开始接触,并在其中心线上以不大的摩擦阻力滑行,其终点距接点末端应小于 1/3。接点间的距离不得小于 2 mm,两静接点片的倾斜应一致,并与动接点同时接触,动接点容许在其本身的转轴上旋转 10°～15°,并沿轴向移动 0.2～0.3 mm,继电器的静接点片装有一个限制振动的防振片,防振片与静接点片刚能接触或两者之间有一个不大于 0.1 mm 的间隙。

(2)将继电器线圈串联,并将整定把手放在某一整定值上,合闸并增加电压,慢慢地增加继电器电流,直至继电器动作。继电器动作后,均匀地减小电压,测试继电器能否可靠返回。动作值与返回值的测量应重复三次,每次测量值与整定值误差不超过 ±3%,否则应检查轴承和轴尖。继电器返回电流 I_{re} 与动作电流 I_{act} 的比值称为返回系数 K_{re},即 $K_{re}=I_{re}/I_{act}$。电流继电器的返回系数应不小于 0.85,当大于 0.9 时,应注意接点压力。将继电器线圈改为并联接法,按上述步骤重新进行检验。在运行中如需改变定值,除检验整定点外,还应进行刻度检验或检验所需改变的定值。用保护安装处最大故障电流进行冲击试验后,复试定值与整定值的误差不应超过 ±3%,否则应检查可动部分的固定和调整是否有问题,或线圈内部有无层间短路等。

(3)返回系数不满足要求时应予调整,改变舌片的起始角与终止角,调整继电器左上方的舌片起始位置限制螺杆,以改变舌片起始位置角,此时只能改变动作电流,而对返回电流几乎没有影响,故用改变舌片的起始角来调整动作电流和返回系数。舌片起始位置离开磁极的距离越大,返回系数越小;反之,返回系数越大。

(4) 动作值的调整。调整舌片的起始位置,以改变动作值。为此,可调整左上方的舌片起始位置限制螺杆,当动作值偏小时,使舌片的起始位置远离磁极;反之,则靠近磁极。

知识链接

一、概述

1. 电力系统继电保护运行与调试的作用与任务

电力系统的发电机、变压器、母线、输电线路和用电设备通常处于正常运行状态,但也可能出现故障或不正常运行状态,故障和不正常运行状态都可能发展成系统中的事故。事故是指系统或其中一部分正常工作遭到破坏,造成少送电、停止送电或电能质量降到不允许地步,甚至造成设备损坏或人员伤亡。

电力系统中电气元件的正常工作遭到破坏,但没有发生故障,这种情况属于不正常运行状态。例如,因负荷超过电气设备的额定值而引起的电流升高(一般又称过负荷),就是一种最常见的不正常运行状态。由于过负荷,元件载流部分和绝缘材料的温度不断升高,加速绝缘材料的老化和损坏,就可能发展成故障。故障一旦发生,必须迅速而有选择性地切除故障元件,这是保证电力系统安全运行的最有效方法之一。切除故障时间常常要求小到十分之几甚至百分之几秒。实践证明,只有在每个电气元件上装设一种具有"继电特性"的自动装置才有可能满足这个要求。

所谓继电保护装置,就是指能反映电力系统中电气元件发生故障或不正常运行状态,并动作于断路器跳闸或发出信号的一种自动装置。由于继电保护装置最初是由机电式继电器为主构成的,故称为继电保护装置。尽管现代继电保护装置已发展成由电子元件或以微型计算机(简称微机)为主或以可编程序控制器为主构成的,但仍沿用此名称。

继电保护的任务:当电力系统被保护对象发生故障时,能自动地、迅速地、有选择地将故障元件从电力系统中切除,使故障元件损坏程度尽可能降低,并保证该系统中非故障部分迅速恢复正常运行;当电力系统出现不正常运行状态时,根据运行维护条件的具体条件和设备的承受能力,动作于发出信号、减负荷或延时跳闸,以便值班员及时处理,或由装置自动进行调整,或将那些继续运行就会引起损坏或发展成为事故的电气设备予以切除;继电保护装置还可以与电力系统中的其他自动化装置配合,在条件允许时,采取预定措施,缩短事故停电时间,尽快恢复供电,从而提高电力系统运行的可靠性。

2. 对电力系统继电保护的基本要求

为实现其目标,作用于跳闸的继电保护装置在技术性能上必须满足以下 4 大要求。

1) 选择性

继电保护动作的选择性是指电力系统出现故障时,继电保护装置发出跳闸命令仅将故障设备切除,使停电范围尽可能减小,保证无故障部分继续运行。

在如图 1-1 所示的单侧电源网络中,母线 A、B、C 代表相应的变电所,断路器 QF1~QF7 都装有继电保护装置。

当 K_1 点短路时,应由距短路点最近的保护元件 1 和保护元件 2 动作,断路器 QF1、断路器 QF2 跳闸,将故障线路切除,变电站 B 仍可由另一条无故障的线路继续供电。而当 K_2 点短路时,保护元件(简称保护)3 动作,QF3 跳闸,切除线路 BC,此时只有变电站 C 停电。由此可见,继电保护有选择性的动作可将停电范围限制到最小,甚至可以做到不中断向用户供电。

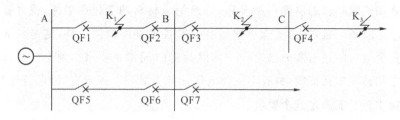

图 1-1　保护选择性说明图

在要求继电保护动作有选择性的同时,还必须考虑继电保护或断路器有拒绝动作的可能性,因而就需要考虑后备保护的问题。如图 1-1 所示,当 K_3 点短路时,距短路点最近的保护 4 本应动作切除故障,但由于某种原因,该处的继电保护或断路器拒绝动作,故障便不能消除,此时如其前面一条线路(靠近电源侧)的保护 3 能动作,故障也可消除。保护 3 作为相邻元件的后备保护。同理,保护 1 和保护 5 又应该作为保护 3 和保护 7 的后备保护。

在继电保护的配置上有以下几个基本概念：

(1)主保护：指被保护元件内部发生各种短路故障时，能满足系统稳定及设备安全要求的、有选择地切除被保护设备或线路故障的保护。

(2)后备保护：当被保护元件主保护或断路器拒动时，用于将故障切除的保护。后备保护分近后备和远后备。近后备：主保护或断路器拒动时，由被保护对象的另一套保护实现的后备，当断路器拒绝动作时，由断路器失灵保护实现后备。远后备：主保护或断路器拒动时，由相邻元件或线路的保护实现的后备。由于远后备保护是一种完善的后备保护方式，同时它的实现简单、经济，故应优先选用。只有当远后备不能满足要求时，才考虑采用近后备保护方式。

(3)辅助保护：为补充主保护或后备保护某种性能的不足或当主保护和后备保护退出运行而增设的简单保护。

2）速动性

速动性是指继电保护装置应以尽可能快的速度断开故障元件，提高电力系统并联运行的稳定性，减少用户在电压降低的情况下工作的时间，以及缩小故障元件的损坏程度。理论上讲，继电保护装置的动作速度越快越好，但是实际应用中，为防止干扰信号造成保护装置的误动作及保证保护间的相互配合，继电保护不得不人为地设置一个动作时限。目前，继电保护的动作速度完全能满足电力系统的要求，最快的继电保护装置的动作时间约 5 ms。

3）灵敏性

灵敏性（灵敏度）是指电气设备或线路在被保护范围内发生故障或不正常运行情况时，保护装置的反应能力。保护装置的灵敏性通常用灵敏系数 K_{sen} 来衡量，灵敏系数越大，则保护的灵敏度就越高，反之就越低。

4）可靠性

保护装置的可靠性包括安全性和信赖性，是对继电保护最根本的要求。所谓安全性，是要求继电保护在不需要它动作时可靠不动作，即不发生误动；所谓信赖性，是要求继电保护在规定的保护范围内发生了应该动作的故障时可靠动作，即不拒动。

继电保护装置的误动作和拒绝动作都会给电力系统造成严重的危害，但提高其不误动作的可靠性和不拒动的可靠性的措施常常是互相矛盾的。由于电力系统的结构和负荷性质的不同，误动作和拒动的危害程度有所不同，因而提高保护装置可靠性的着重点在各种具体情况下也应有所不同,应根据电力系统和负荷的具体情况采取适当的措施。

以上 4 个基本要求是设计、配置和维护继电保护的依据,又是分析评价继电保护的基础。这 4 个基本要求之间是相互联系的,但往往又存在着矛盾。因此,在实际工作中,要根据电网的结构和用户的性质,辩证地进行统一。

3. 电力系统继电保护的发展简史

继电保护的发展是随着电力系统和自动化技术的发展而发展的。首先出现了反应电流超过一预定值的过电流保护。熔断器就是最早的、最简单的过电流保护,这种保护方式至今仍广泛应用于低压线路和用电设备。由于电力系统的发展,用电设备的功率、发电机的容量不断增大,发电厂、变电站和供电网的结构不断复杂化,电力系统中正常工作电流和短路电流都不断增大,熔断器已不能满足选择性和快速性的要求,于是出现了作用于专门的断流装置(断路器)的过电流继电器。19 世纪 90 年代,出现了装于断路器上并直接作用于断路器的一次式(直接反应于一次短路电流)的电磁型过电流继电器。20 世纪初,继电器才开始广泛应用于电力系统的保护。这个时期可认为是继电保护技术发展的开端。

从 20 世纪 50 年代到 20 世纪 90 年代末,在 40 多年的时间里,继电保护完成了发展的 4 个阶段,即从电磁式继电保护装置到晶体管式继电保护装置,到集成电路继电保护装置,再到微机继电保护装置。

随着电子技术、计算机技术、通信技术的飞速发展,人工智能技术如人工神经网络、遗传算法、进化规模、模糊逻辑等相继在继电保护领域的研究应用,继电保护技术向计算机化、网络化、一体化、智能化方向发展。

19 世纪的最后 25 年里,作为最早的继电保护装置——熔断器——已开始应用。随着电力系统的发展,电网结构日趋复杂,短路容量不断增大,到 20 世纪初期产生了作用于断路器的电磁型继电保护装置。虽然在 1928 年电子器件已开始被应用于保护装置,但电子型静态继电器的推广和大量生产,只是在 20 世纪 50 年代晶体管和其他固态元器件迅速发展之后才得以实现。静态继电器有较高的灵敏度和动作速度、维护简单、寿命长、体积小、消耗功率小等优点,但较易受环境温度和外界干扰的影响。1965 年,出现了应用计算机的数字式继电保护。大规模集成电路技术的飞速发展,微处理器和微机的普遍应用,极大地推动了数字式继电保护技术的开发。目前,微机保护正处于日新月异的研究试验阶段,并已有少量装置正式运行。

二、电磁型继电器

1.电磁型继电器的结构和工作原理

电磁型继电器主要有 3 种不同的结构形式,即螺管线圈式、吸引衔铁式和转动舌片式,如图 1-2 所示。

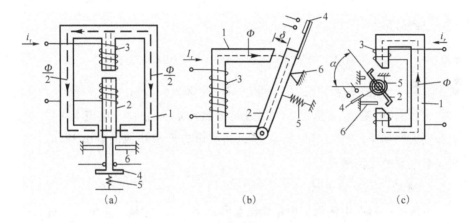

图 1-2　电磁型继电器的原理结构图
(a)螺管线圈式;(b)吸引衔铁式;(c)转动舌片式
1—电磁铁;2—可动衔铁(或舌片);3—线圈;4—触点;5—反作用弹簧;6—止挡

通常,电磁型电流和电压继电器均采用转动舌片式结构,时间继电器采用螺管线圈式结构,中间继电器和信号继电器采用吸引衔铁式结构。每种结构皆包括 6 个组成部分,即电磁铁 1、可动衔铁(或舌片)2、线圈 3、触点 4、反作用弹簧 5 和止挡 6。

当线圈通入电流 I_r 时,产生与其成正比的磁通 Φ,磁通 Φ 经过铁芯、空气隙和衔铁构成闭合回路。衔铁(或舌片)在磁场中被磁化,产生电磁力 F 和电磁转矩 M。当电流 I_r 够大时,衔铁被吸引移动(或舌片转动),使继电器动触点和静触点闭合,称为继电器动作。由于止挡的作用,衔铁只能在预定范围内运动。

根据电磁学原理可知,电磁力 F 与磁通 Φ 的二次方成正比,即

$$F = K_1 \Phi^2 \tag{1-1}$$

式中　K_1——比例系数。

磁通 Φ 与线圈中通入电流 I_r 产生的磁通势 $I_r W_r$ 和磁通所经过磁路的磁阻 R_m 有关,即

$$\Phi = \frac{I_r W_r}{R_m} \tag{1-2}$$

将式(1-2)代入式(1-1)中,可得

$$F = K_1 W_r^2 \frac{I_r^2}{R_m^2} \tag{1-3}$$

电磁转矩为

$$M = FL = K_1 L W_r^2 \frac{I_r^2}{R_m^2} = K_2 I_r^2 \tag{1-4}$$

式中　K_2——系数,当磁阻 R_m 一定时,K_2 为常数。

式(1-4)说明,当磁阻 R_m 为常数时,电磁转矩 M 正比于电流 I_r 的二次方,而与通入线圈中电流的方向无关,所以根据电磁原理构成的继电器,可以制成直流继电器或交流继电器。

2. 电磁型电流继电器

电流继电器在电流保护中用作测量和启动元件,它是反应电流超过某一整定值而动作的继电器。电流继电器的结构和表示符号,如图 1-3 所示。其线圈导线较粗、匝数少,串接在电流互感器的二次侧,作为电流保护的启动元件(或称测量元件),用于判断被保护对象的运行状态。

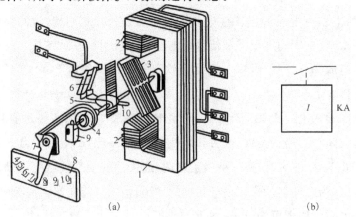

(a)　　　　　　　　　　　　　(b)

图 1-3　电磁型电流继电器

(a)结构图;(b)符号图

1—电磁铁;2—线圈;3—Z形舌片;4—螺旋弹簧;5—动触点;6—静触点;

7—整定值调整把手;8—刻度盘;9—轴承;10—止挡

电磁型电流继电器由铁芯、线圈、固定在转轴上的 Z 形舌片和螺旋弹簧及动触点、静触点等构成。通过继电器的电流产生电磁力矩 M_e，作用于 Z 形舌片，螺旋弹簧产生反作用力矩 M_s，作用于转轴。当 $M_e > M_s$ 时，使 Z 形舌片转动（忽略轴与轴承的摩擦力矩），动合触点（也称常开触点，继电器不带电时处在断开状态，动作时闭合的触点）闭合，称为继电器动作。继电器的动作条件为

$$M_e > M_s \tag{1-5}$$

使继电器动作的最小电流值称为动作电流，用 I_{act} 表示。

继电器动作后，减小通过继电器的电流，电流产生的电磁力矩 M_e 也随之减小，当小于螺旋弹簧产生的反作用力矩 M_s 时，Z 形舌片在 M_s 的作用下，回到动作前的位置，动合触点断开，称为继电器的返回。继电器的返回条件为

$$M_e < M_s \tag{1-6}$$

使继电器返回原位的最大电流值称为返回电流，用 I_{re} 表示。由于动作前后 Z 形舌片的位置不同，动作后磁路的气隙变小，故返回电流 I_{re} 总是小于动作电流 I_{act}。

继电器返回电流 I_{re} 与动作电流 I_{act} 的比值称为返回系数 K_{re}，即

$$K_{re} = I_{re} / I_{act} \tag{1-7}$$

在实际应用中，要求有较高的返回系数，如 0.85～0.95。返回系数越大则保护装置的灵敏度越高，但过大的返回系数会使继电器触点闭合不够可靠。实际应用中应根据具体要求选用电流继电器。

例如，某一电流保护装置，电流继电器整定值为 3 A，可选用 DL-11/10 型电流继电器，继电器型号的意义如下：

D——电磁型；L——电流继电器；11——设计序号为 1，有一对动合触点；10——动作值的整定范围 2.5～10 A，包括 3 A。将整定值调整把手的箭头指在 3 A 位置，两个线圈串联，如图 1-4(a)所示。

又如，某一电流保护装置，电流继电器整定值为 6 A，仍可选用 DL-11/10 型电流继电器，将整定值调整把手的箭头仍指在 3 A 位置，两个线圈并联，如图 1-4(b)所示。因为在整定值调整把手位置不变的前提下，通入同样的电流，两个线圈并联时产生的电磁转矩是串联时的 1/2。

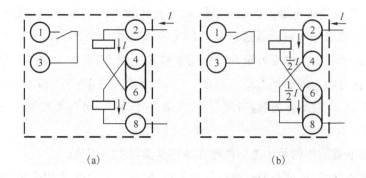

图 1-4　电流继电器内部接线图

(a)线圈串联；(b)线圈并联

3. 电磁型电压继电器

电磁型电压继电器在电压保护中作为测量和启动元件,它的作用是测量被保护元件所接入的电压大小并与其整定值比较,决定其是否动作。电压继电器与电流继电器的结构和工作原理基本相同,但电压继电器的线圈导线细、匝数多,为改善继电器的动态特性,需增大线圈的电阻成分,故多用康铜线绕制。

电压继电器有过电压继电器和低电压继电器之分。过电压继电器动作和返回的概念等同于电流继电器。低电压继电器若设有一对动断触点(也称常闭触点,继电器线圈不通电或电压低于某定值时处于闭合状态的触点),正常运行时系统电压为额定值,电压互感器二次的额定电压加在低电压继电器上,产生的电磁转矩 M_e 大于螺旋弹簧产生的反作用力矩 M_s,触点处于断开状态;当发生短路故障时,系统电压下降,产生的电磁转矩 M_e 小于螺旋弹簧产生的反作用力矩 M_s,其触点闭合,称为低电压继电器动作。使其动作的最高电压称为低电压继电器的动作电压 U_{act}。故障消失后电压恢复,电压升高到产生的电磁转矩 M_e 大于螺旋弹簧产生的反作用力矩 M_s 时,其触点断开,称为低电压继电器返回。使其返回的最低电压称为低电压继电器的返回电压 U_r。返回系数 $K_r = U_r/U_{act}$,低电压继电器的返回系数大于 1,通常要求 $K_r \leqslant 1.2$。

电压继电器动作值的调整可通过改变两个线圈的连接方式实现,两个线圈串联时的动作值是两个线圈并联时的 2 倍,整定值的刻度为两个线圈并联时的动作值。

4. 辅助继电器

1) 时间继电器

时间继电器在继电保护装置中作为时限元件,用来建立保护装置所需动作时限,实现主保护与后备保护或多级线路保护的选择性配合。操作电源有直流的也有交流的,一般多为电磁式直流时间继电器。对时间继电器的要求如下:

(1)应能延时动作。线圈通电后,继电器的主触点不是立即闭合,而是经过一段延时后才闭合,并且这个延时应十分准确、可调,不受操作电压波动的影响。

(2)应能瞬时返回。对已经动作或正在动作的继电器,一旦线圈上所加电压消失,则整个机构应立即恢复到原始状态,而不应有任何的拖延,以便尽快做好下一次动作的准备。

电磁型时间继电器的结构及表示符号,如图1-5所示,由电磁部分、钟表部分和触点组成。当线圈1通电时,电磁铁2产生磁场,衔铁3在磁场作用下向下运动,钟表机构10开始计时,动触点11随钟表机构旋转,延时的时间取决于动触点11与静触点接通所旋转的角度,这一延时从刻度盘13上可粗略地估计。图1-5中,4为返回弹簧,当线圈1失压时,钟表机构在返回弹簧4的作用下返回。6、7、8为瞬动触点。有的继电器还有滑动延时触点,即当动触点在静触点上滑过时才闭合的触点。

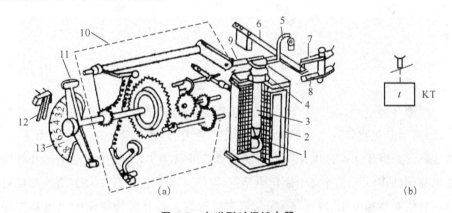

(a)   (b)

图1-5 电磁型时间继电器

(a)结构图;(b)符号图

1—线圈;2—电磁铁;3—衔铁;4—返回弹簧;5—扎头;6—可瞬动触点;

7,8—固定瞬时动断、动合触点;9—曲柄杠杆;10—钟表机构;11—动触点;12—静触点;13—刻度盘

2)中间继电器

中间继电器一般是吸引衔铁式结构,起中间桥梁作用,它的用途有3个方面:

(1)增加触点的数目,以便同时控制几个不同的回路。

（2）增大触点的容量，以便接通或断开电流较大的回路。

（3）提供必要的延时和自保持作用，以便在触点动作或返回时得到一定延时，以及使动作后的回路得到自保持。

正因为中间继电器具有上述优点，可满足复杂保护和自动装置的需要，因此中间继电器得到了广泛应用。电磁型中间继电器的结构及表示符号，如图1-6所示。

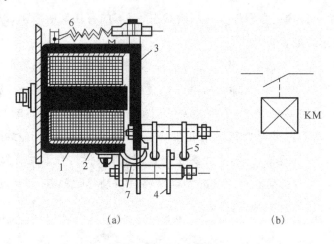

（a）　　　　　　　　　　　（b）

图1-6　中间继电器

（a）结构图；（b）符号图

1—电磁铁；2—线圈；3—活动衔铁；4—静触点；5—动触点；6—弹簧；7—衔铁行程控制

线圈2通电后，电磁铁产生电磁力，吸引衔铁3，从而带动触点5，使动合触点闭合，动断触点打开。外加电压（或电流）消失后，在弹簧6的拉力作用下，衔铁返回。为保证在操作电压降低时继电器能可靠动作，一般中间继电器和时间继电器的动作电压不应大于额定电压的70%（动作电流不应大于铭牌额定电流），在线圈所加电压（或电流）完全消失时返回。具有保持线圈的继电器的保持电流不应大于其额定电流的80%，保持电压不应大于其额定电压的65%。

在DZS型中间继电器的铁芯上，由于装设了短路环或短路线圈等磁阻尼元件，所以可获得一定的延时特性。当继电器线圈接通或断开电源时，短路环或短路线圈中的感应电流总是力图阻止磁通的变化，延缓铁芯中磁通的建立或消失的过程，从而得到一定的动作或返回延时。当短路环装于铁芯根部时，在衔铁吸持前，它所产生的阻尼磁通大部分经过漏磁回路而闭合，因此对气隙磁通的影响很小，所以对动作时间几乎没有影响，但却可延缓返回时间。这是因为返回是在衔铁吸持时开始的,此时主磁路没有气隙,阻尼磁通经衔铁而构成闭合回路,故对主磁通的影响较大。与此相反,当短路环装于铁芯靠近气隙一侧时,则可获得动作延时和返回延时。

3) 信号继电器

信号继电器一般是吸引衔铁式结构。由于保护的操作电源一般采用直流电源,因此信号继电器多为电磁式直流继电器。信号继电器的作用:当保护装置动作时,明显标示出继电器或保护装置动作状态,或接通灯、声、光信号电路,以便分析保护动作行为和电力系统故障性质。信号继电器的触点自保持,由值班人员手动复归或电动复归。

图 1-7 所示为 DX-11 型信号继电器的结构及表示符号。当线圈中通电时,衔铁 3 克服弹簧 6 的拉力被吸引,信号牌 8 失去支持而落下,并保持在垂直位置,动静触点闭合,从信号牌显示窗口可以看到掉牌。信号继电器触点自保持在值班员手动转动复归旋钮后才能将掉牌信号和触点复归,信号牌恢复到水平位置由衔铁 3 支持准备下一次动作。

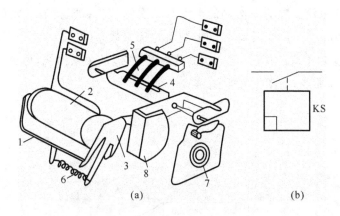

图 1-7　信号继电器

(a)结构图;(b)符号图

1—电磁铁;2—线圈;3—衔铁;4—动触点;5—静触点;6—弹簧;7—信号牌显示窗口;8—信号牌

三、电流保护的接线方式

1. 电流互感器

电流互感器(TA)的作用是将电力系统的一次电流按一定的变比变换成二次较小电流,以便继电保护装置或仪表用于测量电流,同时还可以使二次设备与一次高压隔离,保证工作人员的安全。

(1)电流互感器的极性和一、二次电气量的正方向。为简化继电保护的分析,继电保护所用电流互感器的极性及一、二次电气量正方向的规定,如图1-8所示。互感器一次侧电流从正极性端子流入时,二次侧电流从正极性端子流出;当一次电流从反极性端子流入时,二次电流也从反极性端子流出,这时一、二次侧电流同相位。

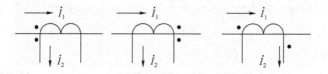

图1-8　电流互感器的极性和一、二次电气量的正方向

(2)电流互感器的10%误差曲线。短路故障时通入电流互感器一次侧的电流远大于其额定值,因此铁芯饱和电流互感器会产生较大误差。为了将误差控制在允许范围内(继电保护要求变比误差应不超过10%,角度误差应不超过7°),对接入电流互感器一次侧的电流及二次侧的负载阻抗有一定的限制。当变比误差为10%、角度误差为7°时,饱和电流倍数 m(电流互感器一次侧的电流与一次侧额定电流的比值)与二次侧负载阻抗 Z_{L2} 的关系曲线,称为电流互感器的10%误差曲线,如图1-9所示。

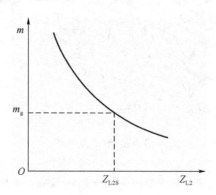

图1-9　电流互感器的10%误差曲线

根据此曲线,若已知通过电流互感器一次侧的最大电流,可查出允许的二次负载阻抗 Z_{L2}。反之若已知电流互感器的二次负载阻抗,可查出 m 值,计算出一次侧允许通过的最大电流。总之,饱和电流倍数 m 与二次负载阻抗的交点在10%误差曲线下方,误差就不超过10%,即可满足继电保护的要求。也可据此选择电流互感器或二次负载。

（3）电流互感器使用注意事项。

① 电流互感器在工作时其二次侧不允许开路。

② 电流互感器的二次侧有一端必须接地，以防止一、二次侧绕组绝缘击穿时，一次侧高压窜入二次侧，危及人身和设备安全。

③ 电流互感器在连接时，要注意其端子的极性，否则二次侧所接仪表、继电器中所流过的电流不是预想的电流，甚至会引起事故。

2. 电流保护的接线方式

所谓电流保护的接线方式，是指电流保护中电流继电器线圈与电流互感器二次绕组之间的连接方式。对保护接线方式的要求是能反映各种类型故障，且灵敏度尽量一致。

为能反映所有类型的相间短路，电流保护要求至少在两相线路上应装有电流互感器和电流测量元件。流入电流继电器的电流与电流互感器二次绕组电流的比值称为接线系数，用 K_{con} 表示。由于电流保护接线方式的不同，当发生不同类型的短路故障时，流入电流继电器的电流与电流互感器二次绕组电流的比值也不尽相同。

下面介绍电流保护中常用的接线方式。

（1）三相完全星形接线。三相完全星形接线如图 1-10 所示。三相均装有电流互感器，各相电流互感器二次绕组和电流继电器的线圈串联，然后接成星

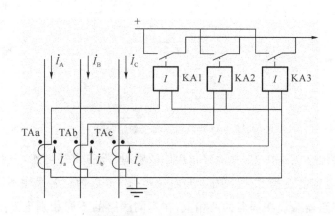

图 1-10　三相完全星形接线

形连接,通过中性线形成回路,流入继电器的电流就是电流互感器的二次电流。这种接线方式的特点是:能反映三相短路、两相短路、单相接地短路等各种相间短路和接地短路故障。例如,A 相接地短路,A 相电流继电器 KA1 动作;AB 两相短路,KA1,KA2 动作等。由于 3 个电流继电器触点并联,任一个继电器动作,都可以启动整套保护装置。

由图 1-10 可知,在各种故障时,流入电流继电器的电流总是与电流互感器二次绕组电流相等,所以接线系数 $K_{con}=1$。

(2) 两相不完全星形接线。两相不完全星形接线,如图 1-11 所示。电流互感器装在两相上,其二次绕组与各自的电流继电器线圈串联后,连接成不完全星形,此时流入继电器的电流是电流互感器的二次电流。采用不完全星形接线时,电网各处保护装置的电流互感器都应装设在同名的两相上,一般装设在 A 相和 C 相上。

两相不完全星形接线的特点:能反映各种相间短路及 A 相、C 相发生的单相接地短路。当线路上发生两相或三相短路时,至少有一个电流互感器流过短路电流,使继电器动作。但是,如果在没装设电流互感器的一相上发生单相接地故障时,保护装置将不动作。在各种情况下,流入继电器的电流和电流互感器的二次绕组电流相等,接线系数 $K_{con}=1$。

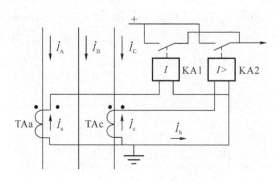

图 1-11　两相不完全星形接线

在小接地电流系统中,发生单相接地故障时,没有短路电流,只有较小的电容电流,当电容电流小于允许值时,可继续运行 2 h 以内。若采用不完全星形接线且电流互感器装设在同名的两相上,在不同线路的不同相别上发生两相接地短路时,有 6 种故障的可能,其中有 4 种情况只切除一条线路,也即 2/3 的概率切除一条线路,1/3 的概率切除两条线路,如图 1-12 和表 1-1 所示。

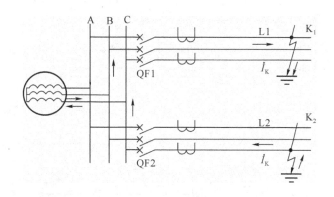

图 1-12　不同地点两点接地时工作分析

表 1-1　不同线路的不同相别两点接地短路时不完全星形接线保护动作情况

线路 L1 接地相别	A	A	B	B	C	C
线路 L2 接地相别	B	C	C	A	A	B
L1 保护动作情况	动作	动作	不动作	不动作	动作	动作
L2 保护动作情况	不动作	动作	动作	动作	动作	不动作
停电线路数	1	2	1	1	2	1

（3）两相不完全星形接线，用于 Y/d-11 接线的变压器（设保护装在 Y 侧），在变压器的 A 侧发生两相短路时（如 a、b 两相短路），如图 1-13 所示。反映到 Y 侧，故障相的滞后相（B 相）电流最大，是其他任何一相电流的 2 倍。但 B 相没装电流互感器，不能反映该相的电流，其灵敏系数是采用三相完全星形接线保护的 1/2。为克服这一缺点，可采用两互感器三继电器不完全星形接线，如图 1-14所示。第三个继电器接在中性线上，流过的是 A、C 两相电流互感器二次电流的和，等于 B 相电流的二次值，从而可将保护的灵敏系数提高 1 倍，与采用三相完全星形接线相同。

两相不完全星形接线方式较简单、经济，广泛应用于中性点非直接接地系统和中性点直接接地系统的相间短路的保护。对前者，在不同线路的不同相别上发生两点接地短路时，有 2/3 的机会只切除一条线路，这比三相完全星形接线优越。因此，在中性点非直接接地系统中，广泛采用两相不完全星形接线方式。

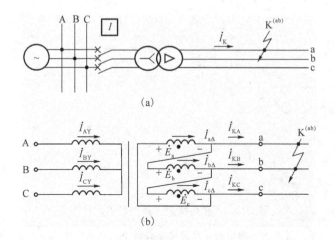

图 1-13　Y/d-11 接线的变压器后两相短路

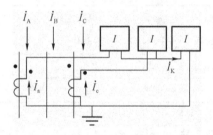

图 1-14　两互感器三继电器不完全星形接线

（4）各种接线方式的应用范围。

① 三相完全星形接线方式主要用在中性点直接接地系统中，作为相间短路的保护，同时也可以兼作单相接地保护。

② 两相不完全星形接线方式较为经济简单，主要应用在 35 kV 及以下电压等级的电网中，作为相间短路的保护。为了提高 Y/d-11 接线变压器后两相短路时过电流保护的灵敏度，通常采用两相三继电器接线。

③ 两相电流差接线方式接线简单，投资少，但是灵敏性较差，这种接线主要用在 6~10 kV 中性点不接地系统中，作为馈电线和较小容量高压电动机的保护。

技能训练

（1）能识别继电器的类型。

（2）能识读继电器结构图。

（3）知道各类型继电器在保护系统中的应用。

（4）正确填写继电器的检验、调试、维护记录和校验报告。

（5）会正确使用、维护和保养常用校验设备、仪器和工具。

完成任务

班级分组要求每组 4～6 人，教师为各组设定不同的参数要求，学生制订工作计划和实施方案，列出工具、仪器仪表、装置的需要清单；教师审核工作计划和实施方案，引导学生确定最终实施方案；学生根据新要求，对原理和调试方法进行反思内化，练习使用继电保护测试仪，对调试结果进行分析，逐步掌握调试技能；学生逐项填写试验清单和误差分析，归档技术资料，小组展示成果，并根据事先提出的目标进行自我评估；老师听取学生的反馈信息，评价学生工作过程和工作结果的优劣、学生的协作精神、安全意识，提出存在问题和改进意见。

学习评价

1. 工作成果评价

严格按照国家电网公司电力安全工作规程，对电磁型电流继电器调校过程操作程序、操作行为和操作水平等进行评价，如表 1-2 所示。

表 1-2 电磁型电流继电器调校工作评价表

学习目标	评价指标	评价标准	自评	小组评	教师评
调校准备	操作程序	正确			
	操作行为	规范			
	操作水平	熟练			
调校实施	操作程序	正确			
	操作行为	规范			
	操作水平	熟练			
	操作精度	达到要求			
后续工作	操作程序	正确			
	操作行为	规范			
	操作水平	熟练			

2. 学习成果评价

按照职业教育技术类技能型人才培养要求，主要评价学生电磁型电流继电器调校知识与技能、操作技能及情感态度等的情况，如表1-3所示。

表1-3　电磁型电流继电器调校学习成果评价表

评价项目	评 价 标 准	等级（权重）分				自评	小组评	教师评
		优秀	良好	一般	较差			
知识与技能	简述继电器有关知识，能识别继电器的类型、结构图	10	8	5	3			
	理解与掌握电磁型继电器	10	8	5	3			
	理解与运用电流保护的接线方式	10	8	5	3			
	知道各类继电器在保护系统中的应用	8	6	4	2			
操作技能	熟悉运用网络独立收集、分析、处理和评价信息的方法	10	8	5	3			
	积极参与小组合作与交流	10	8	5	3			
	能制作PPT，将搜集到的材料用PPT清楚地展现出来，而且比较有创新	8	6	4	2			
情感态度	课堂上积极参与，积极思维，积极动手、动脑，发言次数多	8	6	4	2			
	小组协作交流情况：小组成员间配合默契，彼此协作愉快，互帮互助	10	8	5	3			
	对本内容兴趣浓厚，提出了有深度的问题	8	6	4	2			
课堂调查：书面写出你在学习本节课时所遇到的困难，向教师提出较合理的教学建议		8	6	4	2			
自评意见：								
小组评意见：								
教师评意见：								
努力方向：								

注:1. 本评价表针对学生课堂表现情况作评价;

　2. 本评价分为定性评价部分和定量评价部分;

　3. 定量评价部分总分为 100 分,最后得分为自评、小组评、教师评总分之均值;

　4. 定性评价部分分为"自评意见"、"小组评意见"和"教师评意见",都是针对被评者作概括性描述和建议,以帮助被评学生改进与提高。

思考与练习

一、填空题

1. 电力系统发生故障时,继电保护装置应将＿＿＿＿＿＿部分切除,电力系统出现不正常工作时,继电保护装置一般应＿＿＿＿＿。

2. 继电保护的可靠性是指保护在应动作时＿＿＿＿＿,不应动作时＿＿＿＿＿。

3. 三相完全星形接线电流保护可以反映各种相间短路和中性点接地电网中的＿＿＿＿＿。

4. 灵敏性是指对＿＿＿＿＿发生故障的反应能力。

5. 动作电流是指能使继电器动作的＿＿＿＿＿。

二、简答题

1. 什么是故障、不正常运行状态和事故?它们之间有何不同?又有何种联系?

2. 什么是主保护和后备保护?远后备保护和近后备保护有什么区别和特点?

3. 继电保护装置的任务及其基本要求是什么?

4. 输电线路为什么要装设阶段式保护?

5. 何谓电流继电器的动作电流、返回电流及返回系数?

6. 电流继电器的返回系数为什么小于 1?

7. 说明中间继电器及信号继电器在保护装置中的作用。

8. 在继电保护装置中为什么要采用电流互感器?为什么电流互感器的二次侧必须有可靠的接地点?

9. 电流互感器的作用是什么?其误差与哪些因素有关?有怎样的关系?

任务二　三段式电流保护构成与运行

引言

电网担负着由电源向负荷输送电能的任务,输电线路正常运行时,线路上流过的是负荷电流。当输电线路发生故障时,其主要特征就是电流增大(是正常运行时负荷电流的几倍),利用这一特征构成电流保护。电流保护是利用电流测量元件反映故障时电流增大而动作的保护。在单侧电源辐射形电网中,为切除线路上的故障,只需在各条线路的电源侧装设断路器和相应的保护,保护通常采用阶段式电流保护,常用的三段式电流保护包括无时限电流速断保护、限时电流速断保护和定时限过电流保护。具体应用时,可以只采用速断加过电流保护,或限时电流速断加过电流保护,也可以三者同时采用。使用三段式电流保护,主要的优点就是简单、可靠,并且在一般情况下也能够满足快速切除故障的要求。因此,在电网中特别是在 35 kV 及以下的较低电压的网络中获得了广泛的应用。因此,三段式电流保护构成与运行被列为必修项目。

学习目标

(1) 单侧电源输电线路相间短路的电流、电压保护原理。

(2) 三段式电流保护的原理及接线。

过程描述

(1) 教师下发项目任务书,描述项目学习目标。

(2) 教师通过图片、动画、录像等讲解本次项目中保护的原理。

(3) 通过现场试验设备演示继电保护测试仪使用方法,三段式电流保护功能的调试方法及步骤。

(4) 学生进行继电保护测试仪的认识,查阅保护原理和调试指导书,学生根据任务书要求,收集有关调试规程、职业工种要求、装置说明书等资料,根据获得的信息进行分析讨论。

过程分析

为了达到三段式电流保护试验的标准要求,试验的各项操作必须严格按照国家电网公司电力安全工作规程操作。

（1）电流速断保护动作。如图 1-15 所示，先将负载的双掷闸刀投向Ⅱ位置（由另一个电源供电）调整负载电流为 9.5 A，作为模拟短路电流；按启动按钮 QA，使接触器动作，模拟线路带电；将双掷闸刀由Ⅱ倒向Ⅰ位置，模拟短路电流 9.5 A，通过被保护线路，LJ1 动作，BCJ 带电使接触器线圈断电，立即跳闸，而且 LJ1 动作接通 XJ1 信号灯亮。

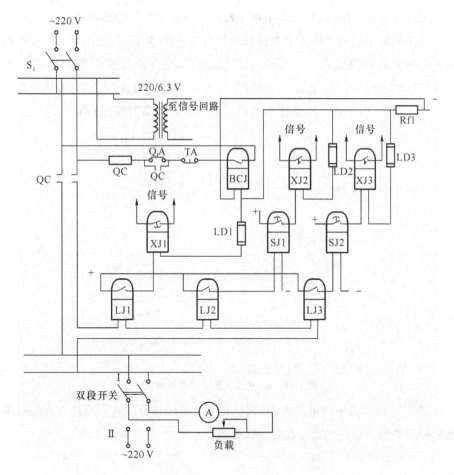

图 1-15　三段式电流保护原理接线图

（2）限时电流速断保护动作。基本同上，不同处是将电流调整为 8 A，经 0.5 s 后跳闸，XJ2 亮。

（3）过电流保护动作。电流调整为 8 A，经 1.5 s 后跳闸，XJ3 亮。

知识链接

一、无时限电流速断保护(电流 I 段)

1. 无时限电流速断保护的工作原理及整定计算

输电线路发生短路故障时,反映电流增大而瞬时动作切除故障的电流保护称为无时限电流速断保护,又称电流 I 段保护或瞬时电流速断保护。

动作电流整定必须保证继电保护动作的选择性,如图 1-16 所示,K_1 点处故障对于保护 1(图中也常用 P1 表示)是外部故障,应当由保护 2(图中也常用 P2 表示)跳开 QF2。当 K_1 点处故障时,短路电流也会流过保护 1,需要保证此时保护 1 不动作,即保护 1 的动作电流必须大于外部故障时的短路电流。

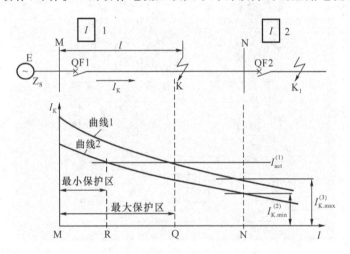

图 1-16　无时限电流速断保护整定

图 1-16 所示为短路电流曲线,表示在一定系统运行方式下短路电流与故障点远近的关系。短路电流计算公式如下:

三相短路时,有

$$I_K = \frac{E_\Phi}{Z_s + Z_1 l} \tag{1-8}$$

两相短路时,有

$$I_K = \frac{E_\Phi}{Z_s + Z_1 l} \times \frac{\sqrt{3}}{2} \tag{1-9}$$

式中　E_Φ——相电势;

Z_s——系统电源等效阻抗；

Z_1——线路单位长度阻抗(架空线路一般为 0.4 Ω/km)；

l——故障点到保护安装处的距离,km。

短路电流大小由以下因素决定：

(1) 系统运行方式与系统电源等效阻抗有关,系统电源等效阻抗 Z_s 与电源投入的数量、电网结构变化有关。Z_s 最大时通过保护装置的短路电流最小,称为最小运行方式；Z_s 最小时通过保护装置的短路电流最大,称为最大运行方式。

(2) 故障点远近。故障点越近,短路电流越大。

(3) 短路类型。$I_K^{(3)} > I_K^{(2)}$ 一般电流保护用于小电流接地系统,不需要考虑接地短路类型。

图 1-16 中短路电流曲线 1 对应最大运行方式、三相短路情况,曲线 2 对应最小运行方式、两相短路情况。

根据上面的讨论,外部故障时流过保护 1 的最大短路电流为

$$I_{k,max}^{(3)} = \frac{E_\Phi}{Z_{s,min} + Z_1 l_{MN}} \tag{1-10}$$

式中　$Z_{s,min}$——最大运行方式时的系统阻抗；

l_{MN}——线路 MN 全长。

外部故障距离保护 1 最近的地方就是线路的末端 N 处,可见 $I_{k,max}^{(3)}$ 为最大运行方式下本线路末端发生三相短路时的短路电流。按照选择性的要求,动作电流应满足：

$$I_{act}^{(1)} > I_{k,max,N}^{(3)} \tag{1-11}$$

考虑电流互感器、电流继电器均有误差,整定时应考虑这些误差并留有裕度,无时限电流速断保护 1 动作电流整定公式为

$$I_{act}^{(1)} = K_{rel} I_{k,max,N}^{(3)} \tag{1-12}$$

式中,K_{rel} 为可靠系数,考虑短路电流计算误差、电流互感器误差、继电器动作电流误差、短路电流中非周期分量的影响和必要的裕度,一般取 1.2~1.3。

由图 1-16 可以看出,动作电流大于最大的外部短路电流,最大运行方式下 MQ 段发生三相短路时短路电流大于动作电流,保护动作,这个区域称为保护动作区。电流保护的保护区是变化的,短路电流水平降低时保护区缩短,如最小运行方式下发生两相短路时保护区变为 MR。

式(1-12)的整定公式也可以理解为考虑最大运行方式下、短路类型以及电

流互感器 TA、保护误差等情况后无时限电流速断保护的保护区不伸出本线路范围，Ⅰ段保护不能保护本线路全长。

当运行方式为图 1-17 所示的线路变压器组方式时，电流Ⅰ段保护可将保护区伸入变压器内，保护本线路全长，整定方法如图 1-17 所示。

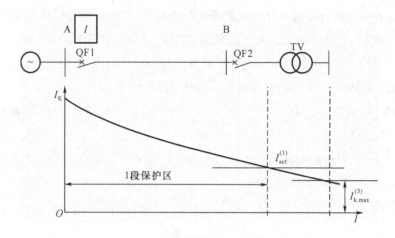

图 1-17　线路变压器组整定方法

2. 无时限电流速断保护的单相原理图

无时限电流速断保护的单相原理图，如图 1-18 所示。保护由电流继电器（测量元件）KA、中间继电器 KM、信号继电器 KS 组成。

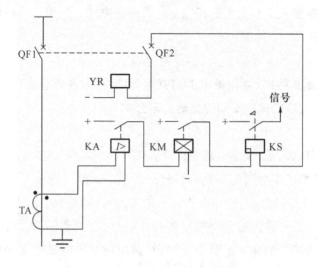

图 1-18　无时限电流速断保护的单相原理图

电流测量元件 KA 接于电流互感器 TA 的二次侧,正常运行时,线路流过的是负荷电流,TA 的二次电流小于 KA 的动作电流,保护不动作。当线路发生短路故障时,线路流过短路电流;当流过 KA 的电流大于它的动作电流时,测量元件 KA 动作,触点闭合,启动中间元件 KM,KM 触点闭合。一方面控制断路器跳闸,切除故障线路;另一方面启动信号元件 KS,KS 动作,发出保护动作的警告信号。

3. 无时限电流速断保护的特点

无时限电流速断保护简单可靠,动作迅速,它靠动作电流的整定获得选择性。它不能保护本线路全长,保护范围受系统运行方式、短路类型、线路长短等影响。当运行方式变化很大或被保护线路很短时,甚至没有保护区。但在个别情况下,无时限电流速断保护可保护线路全长,如电网的终端线路上采用线路-变压器组接线时,线路和变压器可看成是一个元件,动作电流 $I_{act}^{(1)}$ 按躲过变压器低压侧线路出口短路来整定,这样可保护线路全长。

二、限时电流速断保护(电流Ⅱ段)

1. 限时电流速断保护的工作原理及整定计算

下面介绍限时电流速断保护整定规则。

1) 动作电流、动作时限整定

由于有选择性的电流速断保护不能保护本线路的全长,因此可考虑增加一段新的保护,用来切除本线路上速断范围以外的故障,同时也能作为速断的后备,这就是限时电流速断保护,又称为电流Ⅱ段保护。

对这个新设保护的要求,首先是在任何情况下都能保护本线路的全长,并具有足够的灵敏性;其次是在满足上述要求的前提下,力求具有最小的动作时限。正是由于它能以较小的时限快速切除全线路范围以内的故障,因此称为限时电流速断保护。

由图 1-19 可以看出,设置电流Ⅱ段保护的目的是保护本线路全长,保护 1 的Ⅱ段保护区必然会伸入下一线路(相邻线路),在图 1-19 中 K 点发生故障时,保护 1 的Ⅱ段保护区存在与下一线路保护 2"抢动"的问题。

发生如图 1-19 所示故障时,保护 1 的Ⅱ段、保护 2 的Ⅰ段电流继电器均动作,而按照保护选择性的要求,保护 2 的Ⅰ段动作跳开断路器 QF2,保护 1 的Ⅱ段不跳开断路器 QF1。为了保证选择性,保护 1 的Ⅱ段保护动作带有一个延时,动作慢于保护2的Ⅰ段保护。这样下一线路始端发生故障时Ⅱ段保护与下一线路Ⅰ段保护同时启动但不立即跳闸,下一线路Ⅰ段保护动作跳闸后短路电流消失,Ⅱ段保护返回。本线路末端短路时,下一线路 Ⅰ段保护不动作,本线路Ⅱ段保护经延时动作跳闸。

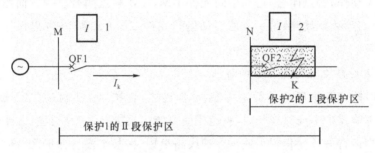

图 1-19　Ⅱ段保护与下一线路Ⅰ段保护"抢动"

Ⅱ段保护整定的原则是与下一线路Ⅰ段保护配合。

（1）动作时限配合：

$$t^{\mathrm{II}} = t^{\mathrm{I}} + \Delta t$$

因为
$$t^{\mathrm{I}} = 0$$

所以
$$t^{\mathrm{II}} = t^{\mathrm{I}} + \Delta t = \Delta t$$

式中,Δt 为时间级差,应长于Ⅰ段保护动作、断路器跳闸、Ⅱ段保护返回时间之和,同时还要考虑时间继电器误差以及留有一定裕度;$\Delta t = 0.3 \sim 0.5$ s,一般取0.5 s,时间元件精度较高时 Δt 可取较小值。

（2）保护区配合：Ⅱ段保护区不伸出下一线路Ⅰ段保护区。

保护1的Ⅱ段保护区配合如图 1-20 所示,若保护1的Ⅱ段保护区伸出下一线路 Ⅰ段保护区,在图中 K 区域发生故障时,保护2的Ⅰ段保护区不动,保护1的Ⅱ段保护区与保护2的Ⅱ段保护区启动,同时动作,跳开断路器 QF1、QF2,保护动作为非选择性的。

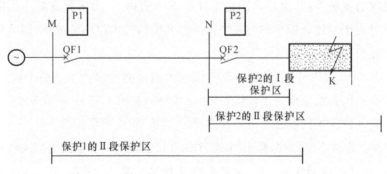

图 1-20　Ⅱ段保护区配合

电流Ⅱ段保护整定公式为

$$\begin{cases} I_{act}^{II} = K_{rel} I_{act.2}^{I} \\ t^{II} = \Delta t \end{cases} \tag{1-13}$$

式中　　K_{rel}——可靠系数,考虑到短路电流中的非周期分量已衰减,$K_{rel} = 1.1 \sim 1.2$;

　　　　$I_{act.2}^{I}$——下一线路Ⅰ段动作电流;

　　　　Δt——动作时限,一般取 0.5 s。

电流Ⅱ段整定过程如图 1-21 所示。

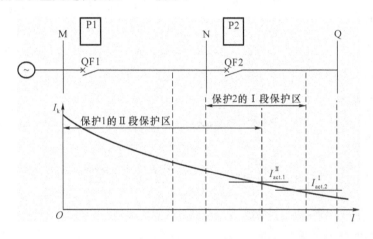

图 1-21　电流Ⅱ段动作电流整定

2) 灵敏度校验

设置限时电流速断保护的目的是保护本线路全长,故应校验在本线路发生故障、短路电流最小的情况下保护能否可靠动作。电流保护动作条件为 $I_K > I_{act}^{II}$,保护反映故障能力以灵敏系数表示,即

$$K_{sen} = \frac{I_K}{I_{act}^{II}} \tag{1-14}$$

考虑电流互感器 TA、电流继电器误差,当 K_{sen} 大于规定值(1.3~1.5)时,才认为电流保护能可靠动作。灵敏度校验按最不利情况计算,即在最小运行方式下,被保护线路末端发生两相短路时,短路电流为本线路内部故障时最小的短路电流,以此短路电流校验灵敏度,即

$$K_{sen}^{II} = \frac{I_{k.min}^{(2)}}{I_{act}^{II}} \tag{1-15}$$

$K_{sen}^{II} > 1.3 \sim 1.5$,灵敏度合格,说明Ⅱ段保护有能力保护本线路全长。当灵

敏系数不能满足要求时,限时电流速断保护可与相邻线路限时电流速断保护配合整定,即动作时限为 $t_1^{II} = t_2^{I} + \Delta t = 2\Delta t$, $I_{act}^{II} = K_{rel} I_{act.2}^{I}$,或使用其他性能更好的保护(如距离保护)。

2. 限时电流速断保护的单相原理图

如图 1-22 所示,它与无时限电流速断保护相比,增加了时间继电器 KT。时间元件的作用是建立保护所需的延时,当电流元件启动后,必须经过时间元件的延时 t_1^{II},才能动作跳闸。如果在 t_1^{II} 前故障已经切除,则电流元件返回,保护不动作。

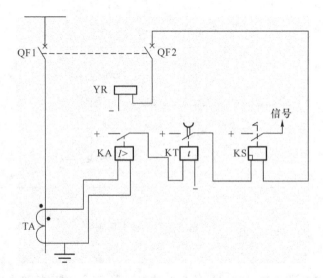

图 1-22　限时电流速断保护的单相原理图

3. 限时电流速断保护的特点

限时电流速断保护结构简单,动作可靠,能保护本线路全长,但受系统运行方式变化的影响较大。它是靠动作电流的整定和动作时限的配合获得选择性的。与无时限电流速断保护相比,其灵敏度较高,可作为本线路无时限电流速断保护的近后备保护。

三、定时限过电流保护(电流Ⅲ段)

定时限过电流保护是动作电流按躲过被保护线路最大负荷电流整定的一种保护,其动作时间按阶梯原则进行整定,以实现动作的选择性。

正常运行时保护不动作,当电网发生故障时,反应电流增大而动作,能保护本线路全长,作本线路的近后备保护,而且还能保护相邻线路的全长甚至更远,作相邻线路的远后备保护。由于该保护的动作时间是固定的,与短路电流大小无关,因此称为定时限过电流保护。

1. 过电流保护动作时限整定

无时限电流速断保护和限时电流速断的保护动作电流,都是按某点的短路电流整定的。定时限过电流保护要求保护区较长,其动作电流按通过最大负荷电流整定,一般动作电流较小,其保护范围伸出相邻线路末端。

电流Ⅰ段的动作选择性由动作电流保证,电流Ⅱ段的选择性由动作电流与动作时限共同保证,而电流Ⅲ段是依靠动作时限的所谓"阶梯特性"来保证的。

电流保护动作的阶梯特性如图 1-23 所示,实际上就是实现指定的跳闸顺序,距离故障点最近的(也是距离电源最远的)保护先跳闸。阶梯的起点是电网末端,每个"台阶"是 Δt,一般为 0.5 s,Δt 的考虑与Ⅱ段保护动作时限一样。

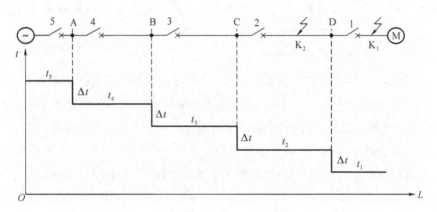

图 1-23　单侧电源串联线路中各过电流保护动作时限的确定

图 1-23 中Ⅲ段保护动作时限整定满足以下关系:$t_5^{\mathrm{III}}>t_4^{\mathrm{III}}>t_3^{\mathrm{III}}>t_2^{\mathrm{III}}>t_1^{\mathrm{III}}$,保护 1 位于线路的最末端,只要电动机内部故障,它就可以瞬时动作予以切除,t_1 即为保护装置本身的固有动作时间。对保护 2 来讲,为了保证 K_1 点短路时动作的选择性,则应整定其动作时限 $t_2>t_1$,引入 Δt,则保护 2 的动作时限为 $t_2=t_1+\Delta t$;保护 2 的动作时限确定以后,当 K_2 点短路时,它将以 t_2 的时限切除故障,此时为了保证保护 3 动作的选择性,又必须整定 $t_3>t_2$,引入 Δt 后,得 $t_3=t_2+\Delta t$;依此类推,保护 4 与保护 5 的动作时限分别为 $t_4=t_3+\Delta t$,$t_5=t_4+\Delta t$。

一般说来,任一过电流保护的动作时限,应选择得比下一级线路保护的动作时限至少高出一个 Δt,只有这样才能充分保证动作的选择性。

2. 过电流保护动作电流整定

为保证被保护线路通过最大负荷时不误动作,以及当外部短路故障切除后出现最大自启动电流时应可靠返回,过电流保护应按以下 2 个条件整定:

(1) 为保证过电流保护在正常运行时不动作,其动作电流应大于最大负荷电流,即

$$I_{act}^{\text{III}} = K_{rel}^{\text{III}} I_{L.max} \tag{1-16}$$

(2) 保证过电流保护在外部故障切除后可靠返回,其返回电流应大于外部短路故障切除后流过保护的最大自启动电流,即

$$I_{re}^{\text{III}} = K_{rel}^{\text{III}} K_{MS} I_{L.max}$$

也即

$$I_{act}^{\text{III}} = \frac{K_{rel}^{\text{III}} K_{MS}}{K_{re}} I_{L.max} \tag{1-17}$$

式中 K_{rel}^{III}——可靠系数,它是考虑继电器动作电流误差和负荷电流计算不准
确等因素而引入的大于 1 的系数,一般取 1.15~1.25;

K_{re}——返回系数,一般取 0.85;

K_{MS}——电动机自启动系数,它取决于网络接线和负荷性质,一般取 1.5~3。

自启动情况如图 1-24 所示,当故障发生在保护 1 的相邻线路 K 点时,保护 1 和保护 2 同时启动;保护动作切除故障后,变电所 B 母线电压恢复,接于 B 母线上的处于制动状态的电动机要自启动。此时,流过保护 1 的电流不是最大负荷电流而是自启动电流,自启动电流大于负荷电流,以 $K_{MS} I_{L.max}$ 表示。

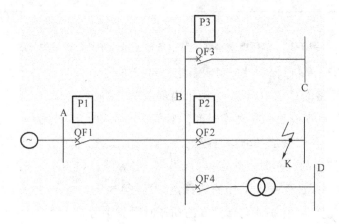

图 1-24   自启动情况

式(1-16)、式（1-17）必须同时满足,整定电流Ⅲ段保护动作电流时取两式计算结果较大的值。显然由式(1-17)计算的动作电流较大,因此Ⅲ段保护的动作电流为

$$I_{\mathrm{act}}^{\mathrm{III}} = \frac{K_{\mathrm{rel}}^{\mathrm{III}} K_{\mathrm{MS}}}{K_{\mathrm{re}}} I_{\mathrm{L.\,max}} \tag{1-18}$$

3. 过电流保护灵敏系数校验

过电流保护用作本线路近后备保护,同时作为相邻线路的远后备保护。故应按这两种情况校验灵敏系数,即以最小运行方式下本线路末端两相金属性短路时的短路电流,校验近后备灵敏系数;以最小运行方式下相邻线路末端两相金属性短路时的短路电流,校验远后备灵敏系数。

以图 1-25 中保护的Ⅲ段为例,近后备灵敏系数 $K_{\mathrm{sen.\,1}}^{\mathrm{III}} = \dfrac{I_{\mathrm{k.\,min.\,1}}^{(2)}}{I_{\mathrm{act}}^{\mathrm{III}}}$,要求

$K_{\mathrm{sen.\,1}}^{\mathrm{III}} > 1.5$;远后备灵敏系数 $K_{\mathrm{sen.\,2}}^{\mathrm{III}} = \dfrac{I_{\mathrm{k.\,min.\,2}}^{(2)}}{I_{\mathrm{act}}^{\mathrm{III}}}$,要求 $K_{\mathrm{sen.\,2}}^{\mathrm{III}} > 1.25$。

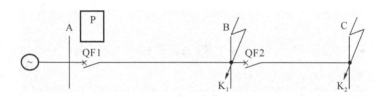

图 1-25　Ⅲ段保护灵敏度校验

四、线路相间短路的三段式电流保护装置

由瞬时电流速断保护、限时电流速断保护、定时限过电流保护组合构成三段式电流保护装置。这三部分保护分别称为Ⅰ、Ⅱ、Ⅲ段,其中Ⅰ段瞬时电流速断保护、Ⅱ段限时电流速断保护是主保护,Ⅲ段定时限过电流保护是后备保护。

1. 三段式电流保护各段保护范围及时限的配合

如图 1-26 所示,当在 L1 线路首端短路时,保护 1 的Ⅰ、Ⅱ、Ⅲ段均启动,由Ⅰ段将故障瞬时切除,Ⅱ段和Ⅲ段返回;在线路末端短路时,保护Ⅱ段和Ⅲ段启动,Ⅱ段以 0.5 s 时限切除故障,Ⅲ段返回。若Ⅰ、Ⅱ段拒动,则过电流保护以较长时限将 QF1 跳开,此为过电流保护的近后备作用。当在线路 L2 上发生故障时,应由保护 2 动作跳开 QF2,但若 QF2 拒动,则由保护 1 的过电流保护动作将 QF1 跳开,这是过电流保护的远后备作用。

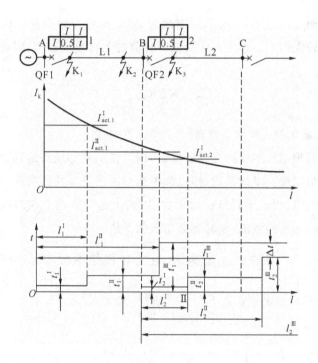

图1-26 三段式电流保护各段保护范围及时限配合

2. 三段式电流保护的接线图

继电保护接线图分原理图、展开图和安装图3种。

（1）原理图。把整个继电器和有关的一、二次元件绘制在一起，能直观而完整地表示它们之间的电气连接及工作原理的接线图，称为原理图。三段式电流保护的原理图如图1-27(a)所示。图中各元件均以完整的图形符号表示，有交流及直流回路，图中所示的接线方式是广泛应用于小接地电流系统输电线路的两相不完全星形接线。接于A相的三段式电流保护，由继电器KA1、KM、KS1组成Ⅰ段；KA3、KT1、KS2组成Ⅱ段；KA5、KT2、KS3组成Ⅲ段。接于C相的三段式电流保护，由继电器KA2、KM、KS1组成Ⅰ段；KA4、KT1、KS2组成Ⅱ段；KA6、KT2、KS3组成Ⅲ段。为使保护接线简单，节省继电器，A相与C相共用其中的中间继电器、信号继电器及时间继电器。

原理图的主要优点是便于阅读，能表示动作原理，有整体概念；但原理图不便于现场查线及调试，接线复杂的保护原理图绘制、阅读比较困难。同时，原理图只能画出继电器各元件的连线，元件内部接线、引出端子、回路标号等细节不能表示出来，所以还要有展开图和安装图。

（2）展开图。以电气回路为基础，将继电器和各元件的线圈、触点按保护动作顺序，自左而右、自上而下绘制的接线图，称为展开图。图 1-27（b）所示为三段式电流保护的展开图。展开图的特点是分别绘制保护的交流电流回路、交流电压回路、直流回路及信号回路。各继电器的线圈和触点也分开，分别画在其各自所属的回路中，但属于同一个继电器或元件的所有部件都注明同样的文字符号，所有继电器或元件的图形符号按国家标准统一编制。绘制展开图时应遵守的规则如下：

① 回路的排列次序，一般是先交流电流、交流电压回路，后是直流回路及信号回路；

② 每个回路内，各行的排列顺序，对交流回路是按 a、b、c 相序排列，直流回路按保护的动作顺序自上而下排列；

③ 每一行中各元件（继电器的线圈、触点等）按实际顺序绘制。

以图 1-27 为例说明如何由图 1-27（a）原理图绘制成图 1-27（b）的展开图。首先画交流电流回路，交流电流从电流互感器 TAa 出来，经电流继电器 KA1、KA3、KA5 的线圈流到中线经 KA7 形成回路。同理，从 TAc 流出的交流电流经 KA2、KA4、KA6 流到中线经 KA7 形成回路。其次，画直流回路，将属于同一个回路的各元件的触点、线圈等按直流电流经过的顺序连接起来，如“＋”→KA1→KM→“－”等，形成了展开图的各行。各行按动作先后顺序由上而下垂直排列，形成直流回路展开图。为便于阅读，在展开图各回路的右侧还有文字说明表，以说明各行的性质或作用，如“Ⅰ段电流”、“跳闸回路”等，最后绘制信号回路，过程同上。

阅读展开图时，先交流后直流再信号，从上而下，从左到右，层次分明。展开图对于现场安装、调试、查线都很方便，在生产中应用广泛。

（3）安装图。安装图主要用于安装、配线、调试及试验。安装图方面的知识在其他课程中有详细介绍，这里不再赘述。

3. 三段式电流保护整定计算举例

图 1-28 所示为三段式电流保护单侧电源辐射形网络，已知线路每千米的正序阻抗 $Z_1 = 0.4\ \Omega/\text{km}$，$E_\Phi = 10.5/\sqrt{3}\ \text{kV}$，$X_{\text{s.max}} = 0.3\ \Omega$，$X_{\text{s.min}} = 0.3\ \Omega$，$I_{\text{A-B.Lmax}} = 150\ \text{A}$，$K_{\text{rel}}^{\text{I}} = 1.25$，$K_{\text{rel}}^{\text{II}} = 1.1$，$K_{\text{rel}}^{\text{III}} = 1.2$，$K_{\text{sen}} = 1.8$，$K_{\text{re}} = 0.85$，$t_3^{\text{III}} = 0.5\ \text{s}$。试对保护 1 进行三段式电流保护的整定计算。

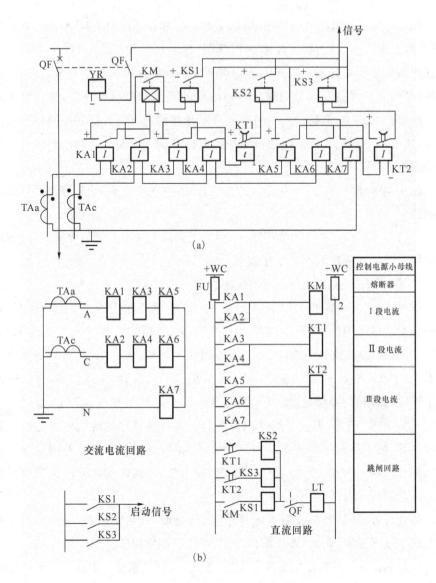

图 1-27 三段式电流保护原理图和展开图

(a)原理图;(b)展开图

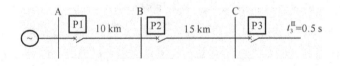

图 1-28 三段式电流保护整定计算举例

解:

(1) 保护 1 电流 I 段整定计算。

① 求动作电流:

$$I_{\text{set.1}}^{\text{I}} = K_{\text{rel}}^{\text{I}} I_{\text{K.B.max}} = 1.25 \times \frac{10.5 \times 10^3}{\sqrt{3}(0.2 + 0.4 \times 10)} = 1\,804.27(\text{A})$$

② 灵敏度校验,即求最小保护范围:

$$I_{\min} = \frac{1}{Z_1}\left(\frac{\sqrt{3}}{2}\frac{E_\varphi}{I_{\text{set.1}}^{\text{I}}} - X_{\text{s.max}}\right) = \frac{1}{0.4}\left[\frac{\sqrt{3}}{2} \times \frac{10.5 \times 10^3}{\sqrt{3} \times 1\,804.27} - 0.3\right] = 6.52(\text{km})$$

$$\frac{l_{\min}}{l_{\text{AB}}} = \frac{6.52}{10} = 65.2 > 15\% \quad (\text{满足要求})$$

③ 动作时间: $t_1^{\text{I}} = 0$ s

(2) 保护 1 电流 II 段整定计算。

① 求动作电流:

$$I_{\text{set.1}}^{\text{II}} = K_{\text{rel}}^{\text{II}} I_{\text{set.2}}^{\text{I}} = K_{\text{rel}}^{\text{II}}(K_{\text{rel}}^{\text{I}} I_{\text{K.C.max}}) = 1.1 \times 1.25 \times \frac{10.5 \times 10^3}{\sqrt{3}(0.2 + 0.4 \times 25)} = 817.23(\text{A})$$

② 灵敏度校验:

$$K_{\text{sen}} = \frac{I_{\text{K.B.min}}}{I_{\text{set.1}}^{\text{II}}} = \frac{\dfrac{\sqrt{3}}{2} \times \dfrac{10.5 \times 10^3}{\sqrt{3}(0.3 + 0.4 \times 10)}}{817.23} = 1.49 > 1.3 \quad (\text{满足要求})$$

③ 动作时间: $t_1^{\text{I}} = t_2^{\text{I}} + 0.5 = 0.5$ s

(3) 保护 1 电流 III 段整定计算。

① 求动作电流:

$$I_{\text{set.1}}^{\text{III}} = \frac{K_{\text{rel}}^{\text{III}} K_{\text{ss}}}{K_{\text{re}}} I_{\text{AB.Lmax}} = \frac{1.2 \times 1.5}{0.85} \times 150 = 317.65(\text{A})$$

② 灵敏度校验:

近后备灵敏系数为:

$$K_{\text{sen}} = \frac{I_{\text{K.B.min}}}{I_{\text{set.1}}^{\text{III}}} = \frac{\dfrac{\sqrt{3}}{2} \times \dfrac{10.5 \times 10^3}{\sqrt{3}(0.3 + 0.4 \times 10)}}{317.65} = 3.84 > 1.3 \quad (\text{满足要求})$$

远后备灵敏系数为：

$$K_{sen}=\frac{I_{K.C.min}}{I_{set.1}^{III}}=\frac{\frac{\sqrt{3}}{2}\times\frac{10.5\times10^3}{\sqrt{3}(0.3+0.4\times25)}}{317.65}=1.6>1.2 \quad (满足要求)$$

③ 动作时间：$t_1^{III}=t_3^{III}+0.5+0.5=1.5$（s）

技能训练

（1）会进行三段式电流保护整定计算。

（2）能识读三段式电流保护图纸，学会按照图纸完成保护试验调试接线，掌握调试的有效方法。

（3）掌握分析、查找、排除输电线路保护故障的方法。

（4）正确填写继电器的检验、调试、维护记录和校验报告。

（5）会正确使用、维护和保养常用校验设备、仪器和工具。

完成任务

班级分组要求每组4～6人，教师为各组设定不同的参数要求，学生制订工作计划和实施方案，列出工具、仪器仪表、装置的需要清单；教师审核工作计划和实施方案，引导学生确定最终实施方案；学生根据新要求，对三段式电流保护原理和调试方法进行反思内化，练习使用继电保护测试仪，对调试结果进行分析，逐步形成调试技能；学生逐项填写试验清单和误差分析，归档技术资料，小组展示成果，并根据事先提出的目标进行自我评估；老师听取学生的反馈信息，评价学生工作过程和工作结果的优劣、学生的协作精神、安全意识，提出存在问题和改进意见。

学习评价

1. 工作成果评价

严格按照国家电网公司电力安全工作规程，对三段式电流保护试验操作程序、操作行为和操作水平等进行评价，如表1-4所示。

表 1-4　三段式电流保护工作评价表

学习目标	评价指标	评价标准	自评	小组评	教师评
调校准备	操作程序	正确			
	操作行为	规范			
	操作水平	熟练			
调校实施	操作程序	正确			
	操作行为	规范			
	操作水平	熟练			
	操作精度	达到要求			
后续工作	操作程序	正确			
	操作行为	规范			
	操作水平	熟练			

2. 学习成果评价

按照职业教育技术类技能型人才培养要求,主要评价学生三段式电流保护调校知识与技能、操作技能及情感态度等的情况,如表 1-5 所示。

表 1-5　三段式电流保护学习成果评价表

评价项目	评　价　标　准	等级(权重)分				自评	小组评	教师评
		优秀	良好	一般	较差			
知识与技能	理解与掌握三段式电流保护知识	10	8	5	3			
	能进行三段式电流保护整定值计算	10	8	5	3			
	能识读三段式电流保护图纸并接线	10	8	5	3			
	掌握调试与排故障方法	8	6	4	2			
操作技能	熟悉运用网络独立收集、分析、处理和评价信息的方法	10	8	5	3			
	积极参与小组合作与交流	10	8	5	3			
	能制作PPT,将搜集到的材料用PPT清楚地展现出来,而且比较有创新	8	6	4	2			

续表

评价项目	评 价 标 准	等级(权重)分				自评	小组评	教师评
		优秀	良好	一般	较差			
情感态度	课堂上积极参与,积极思维,积极动手、动脑,发言次数多	8	6	4	2			
	小组协作交流情况:小组成员间配合默契,彼此协作愉快,互帮互助	10	8	5	3			
	对本内容兴趣浓厚,提出了有深度的问题	8	6	4	2			
课堂调查:书面写出你在学习本节课时所遇到的困难,向教师提出较合理的教学建议		8	6	4	2			
自评意见:								
小组评意见:								
教师评意见:								
努力方向:								

思考与练习

一、填空题

1. 定时限过电流保护又称为_____。

2. 瞬时电流速断保护的动作电流按大于本线路末端的_____整定,其灵敏性通常用_____来表示。

3. 按阶梯时限原则整定的过电流保护,越靠近电源侧,短路电流越大,动作时限_____。

4. 在系统最大运行方式下,电流速断保护范围为_____。

二、简答题

1. 第Ⅱ段电流保护的动作时限、动作电流及灵敏系数如何计算?为什么?

2. 第Ⅲ段电流保护是如何保证选择性的?在整定计算中为什么要考虑返

回系数及自启动系数？

3. 三段式电流保护哪一段最灵敏，哪一段最不灵敏？它们是采用什么措施来保证选择性的？

4. 在一条线路上是否一定要用三段式保护？两段行吗？为什么？

5. 三段式电流保护是怎样构成的？画出三段式电流保护各段的保护范围和时限配合图。

6. 什么是原理图、展开图？它们的特点有何不同？各有何用途？绘制这些图纸时应遵守哪些规定？阅读这些图纸时应注意哪些规律？

任务三　方向电流保护构成与运行

引言

在小电流接地系统中，随着电力工业的发展和对用户供电可靠性要求的提高，现代的电力系统实际上都是由多电源组成的复杂网络，特别是地方电网（小火电、小水电、厂矿企业自备电厂）并入国家电网以后，相间方向电流保护以其接线简单、灵敏度高、运行可靠、维护方便而得到更加广泛的使用。但由于使用单位对相间功率方向继电器带负荷试验手段不健全，各有不同的理解，甚至对投入运行的功率方向继电器保护就干脆不试验，直至发生误动或拒动，造成严重的损失才恍然大悟。电网相间短路的方向电流保护应设计正确，整定计算无误，安装接线合理，调整试验的项目、要求和方法必须要按检验规程进行严格的试验，这是实现方向电流保护正确动作的基本条件。正式投入运行之前，必须用负荷电流和系统电压检测方向元件的电流和电压回路接线是否准确无误。因此，方向电流保护构成与运行被列为必修项目。

学习目标

（1）双侧电源输电线路相间短路的方向电流保护原理。

（2）功率方向继电器的原理。

过程描述

（1）教师下发项目任务书，描述项目学习目标。

（2）教师通过图片、动画、录像等讲解本次项目中功率方向继电器的原理。

（3）通过现场试验设备演示继电保护测试仪使用方法，功率方向继电器的接线、调试方法及步骤。

（4）学生进行继电保护测试仪和功率方向继电器的认识，查阅功率方向继电器工作原理和调试指导书，学生根据任务书要求，收集有关调试规程、职业工种要求、装置说明书等资料，根据获得的信息进行分析讨论。

过程分析

为了达到功率方向继电器试验的标准要求，试验的各项操作必须严格按照国家电网公司电力安全工作规程操作。

（1）功率方向继电器外观检查，机械部分检查，绝缘检查同任务一。

（2）执行元件动作电流及返回电流检验。

（3）潜动试验，如图 1-29 所示。图中，380 V 交流电源经移相器和调压器调整后，由 bc 相分别输入功率方向继电器的电压线圈，A 相电流输入至继电器的电流线圈，注意同名端方向。

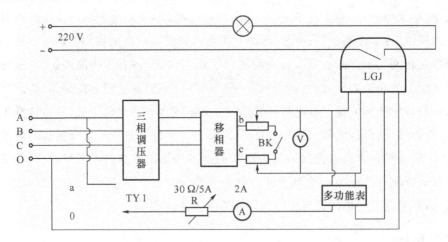

图 1-29　功率方向继电器实验原理接线图

调节三相调压器和单相调压器，使其输出电压为 0 V，将移相器调至 0 度，将滑线电阻滑动触头移到其中间位置。合上三相电源开关、单相电源开关。打开多功能表电源开关，将其功能选择开关置于相位测量位置（"相位"指示灯亮），相位频率测量单元的开关拨到"外接频率"位置。调节三相调压器使移相器输出电压为 20 V,调节单相调压器使电流表读数为 1 A,观察分析多功能表读数是否正确。若不正确,则说明输入电流和电压相位不正确,分析原因,并加以改正。

在多功能表读数正确时,使三相调压器和单相调压器输出均为 0 V,断开单相电源开关。

检查功率继电器是否有潜动现象。电压潜动测量:将电流回路开路,对电压回路加入 110 V 电压;测量极化继电器 JJ 两端之间电压,若小于 0.1 V,则说明无电压潜动。

知识链接

一、方向电流保护的工作原理

1. 电流保护用于双电源线路时的问题

为提高供电可靠性,可采用双电源或单电源环形电网供电,但却带来新问题。

1) Ⅰ、Ⅱ段灵敏度可能下降

如图 1-30 所示,以保护 3 的 Ⅰ 段为例,整定电流应躲过本线路末端短路时的最大短路电流,除了躲过 Q 母线处短路时 M 侧电源提供的短路电流,还必须躲过 P 母线背侧短路时 N 侧电源提供的短路电流。当两侧电源相差较大且 N 侧电源强于 M 侧电源时,可能使整定电流增大,缩短 Ⅰ 段保护的保护区,严重时可以导致 Ⅰ 段保护丧失保护区。

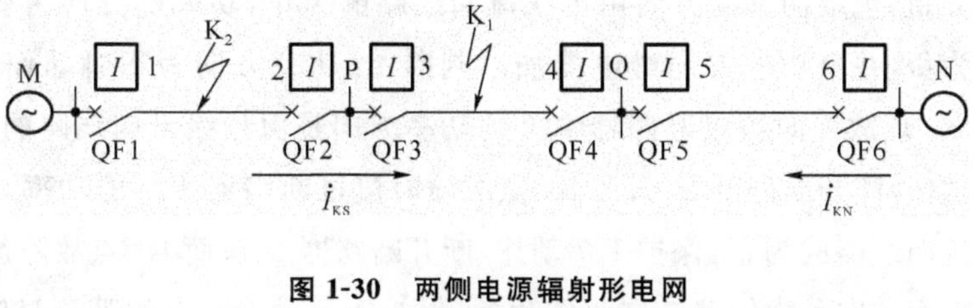

图 1-30　两侧电源辐射形电网

整定电流保护 Ⅱ 段时也有类似的问题,除了与保护 5 的 Ⅰ 段配合,还必须与保护 2 的 Ⅰ 段配合,可能导致灵敏度下降。

2) 无法保证Ⅲ段动作选择性

Ⅲ段动作时限采用"阶梯特性",距离电源最远处为起点,动作时限最短。

图 1-30 中保护 2、3 的 Ⅲ 段动作时限分别为 t_2、t_3，当 K_1 点故障时，保护 2、3 的电流 Ⅲ 段同时启动，按选择性要求应该保护 3 动作，即要求 $t_3 < t_2$；而 K_2 点故障时，又希望保护 2 动作，即要求 $t_3 > t_2$，显然无法同时满足两种情况下后备保护的选择性。

2. 原因分析

造成电流保护在双电源线路上应用困难的原因是需要考虑"反向故障"。

以 3 号断路器的电流保护为分析对象。在 K_1 点短路时流过 3 号断路器的电流从母线到线路；在 K_2 点短路时流过 3 号断路器的电流从线路到母线。显然，K_1 点短路和 K_2 点短路流过 3 号断路器的电流从数值上讲，都有可能达到保护的动作值。因为电流保护不能判别电流的方向，所以在 K_1 点和 K_2 点短路时 3 号断路器的电流保护都有可能动作。在 K_2 点发生短路故障时，N 侧电源提供的短路电流流过保护 3，而如果仅存在电源 M，K_2 点发生短路故障时则没有短路电流流过保护 3，不需要考虑，根据选择性的要求 3 号断路器的保护是不应该动作的，如若动作，这是无选择性的动作。从保护安装处看出去，在"母线指向线路"方向上发生的故障称为正向故障，反之称为反向故障。

3. 方向性保护的概念

为解决选择性问题，我们在原来保护的基础上装设方向元件（功率方向继电器）。当双侧电源网络上的保护装设方向元件后，就可以把他们拆开成两个单侧电源网络看待，两组方向保护之间不要求配合关系，其整定计算仍可按单侧电源网络保护原则进行，如图 1-31 所示。

图 1-31(a)所示为 K_1 点故障时的电流分布，图 1-31(b)所示为 K_2 点故障时的电流分布，规定功率的方向由母线流向线路的为正，功率的方向由线路流向母线的为负，并由功率方向继电器加以判断，当功率方向为正时动作，反之不动。在 K_1 点故障时流过断路器 2、6 的功率方向是由母线流向线路的为正，保护 2、6 动作，断开断路器 2、6；在 K_2 点故障时流过断路器 1、7 的功率方向也是由母线流向线路的为正，保护 1、7 动作，断开断路器 1、7；而 K_1 点故障流过断路器 1 的功率方向是由线路流向母线为负，保护 1 不动；K_2 点故障流过断路器 6 的功率也是由线路流向母线的为负，保护 6 不动。这样就保证了动作的选择性。因此，借助功率方向继电器，就能很好地解决电流保护用于双侧电源或单电源环网输电线路时的选择性问题。

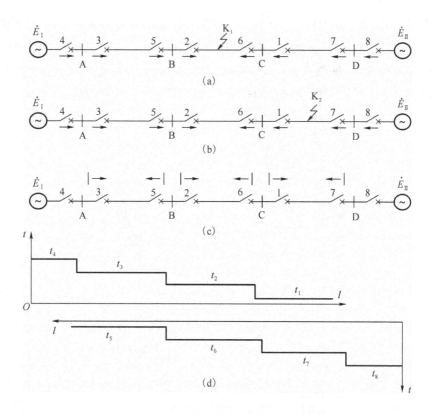

图 1-31　方向过电流保护的电流分布和时限特性

(a)K_1 点短路时的电流分布；(b)K_2 点短路时的电流分布；(c)各保护动作方向的规定；
(d)方向过电流保护的阶梯形时限特性

从图 1-31 中不难看出，在 K_1 点短路时，通过断路器 3 的功率方向也是由母线指向线路，断路器 3 的保护也满足动作条件。断路器 3 是断路器 2 的上级，断路器 3 的保护能反映 K_1 点故障的是带延时的保护，当 K_1 点故障时，断路器 2 在断路器 3 之前动作切除故障，故障切除后，断路器 3 的保护返回，保证供电的连续性。方向过电流保护的时限特性，如图 1-31(d)所示。

根据以上分析，判别短路功率的方向，是解决电流保护用于双侧电源或单电源环网输电线路选择性问题的有效方法。这种附加判别功率方向的电流保护，称为方向电流保护。

4. 方向电流保护单相原理图

方向电流保护单相原理图如图 1-32 所示，其保护装置由三个主要元件组成：启动元件（电流继电器 KA 用来判别电流的大小）、功率方向元件（功率方向继电器 KW,用来判别功率的方向)和时限元件(时间继电器 KT)。工作原理是功率方向继电器 KW 和启动电流继电器 KA 构成与门,二者同时动作才能启动时间继电器 KT。即只有在正向范围内故障,继电器 KW、KA 均动作才能去启动时间继电器 KT,经预定延时动作跳闸,断路器才断开切除故障。

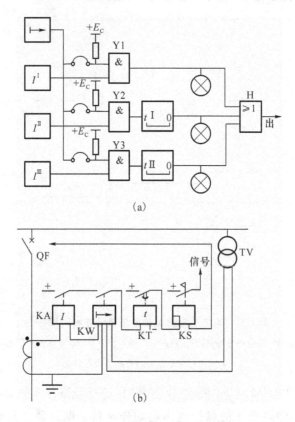

图 1-32 方向电流保护单相原理图

应当指出,在双侧电源线路上,并不是所有过流保护装置中都需要装设功率方向元件,只有在仅靠时限不能满足动作选择性时,才需要装设功率方向元件。

无时限电流速断保护在原理上用于双侧电源线路时,其动作电流要按同时躲过线路首端和末端短路的最大短路电流,才能保证动作的选择性。但是,由于线路两侧电源的容量和系统阻抗不同,当线路发生短路时,两侧电源供给的短路电流大小并不相同,甚至数值相差很大,这时安装在小电源一侧的电流速断保护范围就不能满足灵敏度的要求,甚至可能没有保护范围。在这种情况下,小电源一侧需要采用方向电流速断保护。当保护后发生短路时,利用功率方向元件闭锁,使保护只根据小电源一侧的短路功率方向来动作。因此,这时小电源侧方向电流速断保护只需躲过线路末端短路时通过该保护的短路电流来整定即可,从而提高了保护的灵敏性,满足了保护范围的要求。

二、功率方向继电器的结构和工作原理

功率方向继电器的作用是测量送入继电器的电压 U_K 和电流 I_K 之间的相位,以判别功率的方向。方向元件(功率方向继电器)之所以能判别正、反向故障是因为正、反向故障时,保护安装处的母线残压与被保护线路上的电流之间的相位关系不同。方向元件正是根据这种不同来识别正、反向故障的。正方向故障,功率从母线流向线路时就动作;反方向故障,功率从线路流向母线时不动作。仍以 QF3 上的保护为分析对象。如图 1-33 所示,在正方向 K_1 点故障时流过 QF3 的电流 $\dot{I}_{K1}$ 与母线电压 $\dot{U}_K$ 间的夹角为 φ_{K1};在反方向 K_2 点故障时,$\dot{I}_{K2}$ 的方向与 $\dot{I}_{K1}$ 相反,$\dot{I}_{K2}$ 与母线电压的夹角为 φ_{K2}。由图 1-33(b)可知,正向故障 φ_{K1} 在 $0°\sim90°$ 范围内变化,φ_{K1} 为锐角,其短路功率 $P_{K1}=U_K I_{K1}\cos\varphi_{K1}$;反方向 K_2 点故障时,如图 1-33(c),$\varphi_{K2}=180°+\varphi_{K1}$,其短路功率 $P_{K2}=U_K I_{K2}\cos(180°+\varphi_{K1})<0$。从短路功率分析可以得出:$P_K>0$ 为正方向故障;$P_K<0$ 为反方向故障,则方向元件的动作条件可表示为:

$$-90°\leqslant\arg\frac{\dot{U}_K}{\dot{I}_K}\leqslant90° \tag{1-19}$$

式中　arg——表示取复数 $\dfrac{\dot{U}_K}{\dot{I}_K}$ 的相角。

若相角在式(1-19)的范围内时,$P_K>0$,功率(电流)是从母线流向线路,继电器动作;否则不动作。

下面分析以式(1-19)为判据构成的整流型功率方向继电器。整流型功率方向继电器由极化继电器、电压形成回路、比较回路构成。

1. 极化继电器

极化继电器是指由极化磁场与控制电流通过控制线圈所产生的磁场的综合作用而动作的继电器。其极化磁场一般由磁钢或通直流的极化线圈产生;继电器衔铁的吸动方向取决于控制绕组中流过的电流方向。在自动装置、遥控遥测装置和通信设备中可作为脉冲发生、直流与交流转换以及求和、微分和信号

放大等线路的元件。

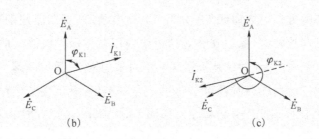

图 1-33　功率方向继电器工作原理说明

(a)网络接线；(b)K_1 点故障相量图；(c)K_2 点故障相量图

极化继电器的原理可用图 1-34 分析。在线圈上加直流,正极接在 * 端,可动衔铁产生上为 N、下为 S 的磁场,由于磁铁同性相斥、异性相吸,使触点迅速闭合;当直流反向加到极化继电器线圈上时,可动衔铁产生上为 S、下为 N 的磁场,使触点打开,继电器不动作。根据极化继电器的结构,不难看出它有下述优缺点:优点是动作速度快,且能判别直流的方向;缺点是不能加交流量,若在极化继电器线圈上加交流量,触点就会随电流的变化来回摆动,摆动的频率为所加交流量的频率,当频率较高时由于可动衔铁惯性的作用会来不及摆动而不动。

2. 电压形成回路

方向继电器比相的电流、电压取自于电流互感器 TA 和电压互感器 TV 的二次侧。由极化继电器的工作特性可知,要用它来判别交流的方向(相位),首先应该进行整流,即将交流转换为直流。为满足交直流转换器中二极管的工作条件,加到二极管上的电压必须由电压形成回路提供。

电压形成回路分别由电抗变压器 TX 和辅助电压互感器 TVA 构成,接线如图 1-35 所示。电抗变压器 TX 的作用是将测量电流 $\dot{I}_m$ 变换成电压量 $\dot{K}_I \dot{I}_m$,$\dot{K}_I$ 为 TX 的转移阻抗。辅助电压互感器 TVA 的作用是将测量电压 $\dot{U}_m$ 成比例

地变换成电压 $\dot{K}_U\dot{U}_\mathrm{m}$，$\dot{K}_U$ 为 TVA 的变比，且 $0\leqslant\dot{K}_U\leqslant1$。

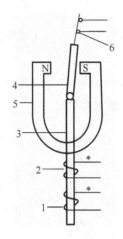

图 1-34　极化继电器原理结构图

1、2—线圈；3—电磁铁；4—可动衔铁；5—永久磁铁；6—触点

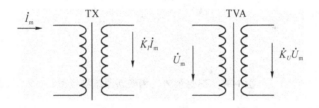

图 1-35　TX、TVA 原理图

3. 比较回路

比较回路是方向继电器的核心。整流型功率方向继电器的比较回路有环形相位比较回路和绝对值比较回路。

（1）环形相位比较回路。设参与比相的量为：

$$\dot{C}=\dot{K}_U\dot{U}_\mathrm{m}$$

$$\dot{D}=\dot{K}_I\dot{I}_\mathrm{m}$$

则式（1-19）可写成

$$-90°\leqslant\arg\frac{\dot{C}}{\dot{D}}\leqslant90°$$

$$-90° \leqslant \arg \frac{\dot{K}_U \dot{U}_m}{\dot{K}_I \dot{I}_m} \leqslant 90° \tag{1-20}$$

环形比相回路如图 1-36 所示。为分析比相原理,可将图 1-34 画成如图 1-35 所示的等效电路。

在图 1-36 和图 1-37 中,KP1、KP2 是极化继电器的 2 个线圈,任何一个极性端通入正的直流电流,极化继电器均动作。

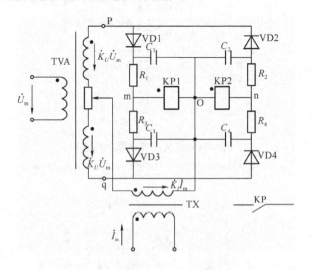

图 1-36　环形整流比相回路原理接线图

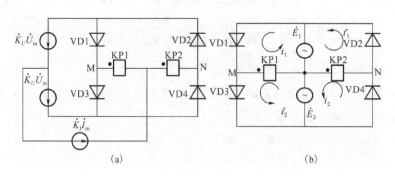

（a）　　　　　　　　　　　　　（b）

图 1-37　环形整流比相回路等效电路

在图 1-37 中,$\dot{E}_1 = \dot{K}_I \dot{I}_m + \dot{K}_U \dot{U}_m$,当 $\dot{E}_1$ 为正时产生 $\dot{I}_1$,当 $\dot{E}_1$ 为负时产生 $\dot{I}_1'$。$\dot{I}_1$ 和 $\dot{I}_1'$ 分别从 KP 极性端流入,故为动作量。

$\dot{E}_2 = \dot{K}_I \dot{I}_m - \dot{K}_U \dot{U}_m$,当 $\dot{E}_2$ 为正时产生 $\dot{I}_2$,当 $\dot{E}_2$ 为负时产生 $\dot{I}_2'$。$\dot{I}_2$ 和

$\dot{I}'_2$ 分别从 KP 非极性端流入，故为制动量，所以动作条件为 $|\dot{E}_1|>|\dot{E}_2|$，即

$$|\dot{K}_I\dot{I}_m+\dot{K}_U\dot{U}_m|>|\dot{K}_I\dot{I}_m-\dot{K}_U\dot{U}_m| \tag{1-21}$$

满足式(1-21)的条件是 $\dot{K}_U\dot{U}_m$ 与 $\dot{K}_I\dot{I}_m$ 的夹角必须小于 90°，即

$$-90°\leqslant\arg\frac{\dot{K}_U\dot{U}_m}{\dot{K}_I\dot{I}_m}\leqslant90°$$

因此，图 1-36 电路能判断 $\dot{K}_U\dot{U}_m$ 与 $\dot{K}_I\dot{I}_m$ 的相位关系。

(2) 绝对值比较回路。根据平行四边形法则，可将 $\dot{K}_U\dot{U}_m$ 与 $\dot{K}_I\dot{I}_m$ 的比相转换成 $\dot{A}$ 与 $\dot{B}$ 的比绝对值大小。相位比较与绝对值比较的转换可用图 1-38 说明。

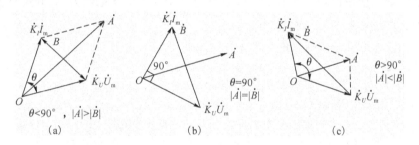

图 1-38　相位比较与绝对值比较的互换

从图 1-38 中可看出

$$\dot{A}=\dot{K}_I\dot{I}_m+\dot{K}_U\dot{U}_m$$

$$\dot{B}=\dot{K}_I\dot{I}_m-\dot{K}_U\dot{U}_m$$

当 $\dot{K}_U\dot{U}_m$ 与 $\dot{K}_I\dot{I}_m$ 的夹角小于 90°时，$|\dot{A}|>|\dot{B}|$；$\dot{K}_U\dot{U}_m$ 与 $\dot{K}_I\dot{I}_m$ 的夹角等于时 90°，$|\dot{A}|=|\dot{B}|$；$\dot{K}_U\dot{U}_m$ 与 $\dot{K}_I\dot{I}_m$ 的夹角大于 90°时，$|\dot{A}|<|\dot{B}|$。因此，比相的动作条件为 $-90°\leqslant\arg\frac{\dot{K}_U\dot{U}_m}{\dot{K}_I\dot{I}_m}\leqslant90°$，对应于绝对值比较回路的动作条件为 $|\dot{A}|\geqslant|\dot{B}|$，即

$$|\dot{K}_I\dot{I}_m+\dot{K}_U\dot{U}_m|\geqslant|\dot{K}_I\dot{I}_m-\dot{K}_U\dot{U}_m| \tag{1-22}$$

绝对值比较回路又分均压法和环流法，如图 1-39 所示。

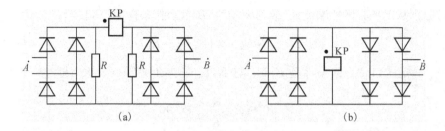

图 1-39　绝对值比较回路

（a）均压法比较回路；（b）环流法比较回路

4. 整流型功率方向继电器

实际应用中的功率方向继电器,既有采用比相原理的也有采用比绝对值原理的。现以应用比较广泛的 LG-11 型比绝对值原理的继电器为例,分析整流型功率方向继电器的工作原理。

LG-11 型的电路原理图如图 1-40 所示。

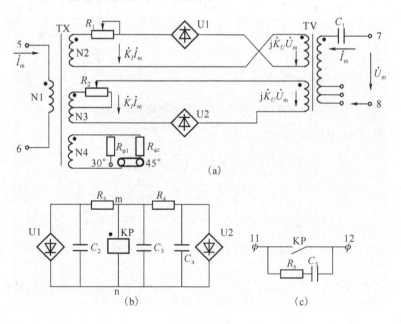

图 1-40　LG-11 型的电路原理接线图

在分析方向继电器工作原理时,首先要掌握以下几个基本概念:

动作区——以某一电气量为参考相量,另一些(或一个)电气量在某一区域变化时,继电器能动作,该区域就是继电器的动作区。

死区——在保护范围内发生故障时,保护应该动作但由于某种因素使保护拒绝动作的区域,称为继电器的死区。

最大灵敏角 $\varphi_{\text{sen.max}}$——继电器的动作量最大、制动量最小(或保护范围最长)时,接入继电器的电压 $\dot{U}_{\text{m}}$ 与电流 $\dot{I}_{\text{m}}$ 的夹角称为 $\varphi_{\text{sen.max}}$。

由式(1-22)可知,在保护出口故障时($\dot{K}_U\dot{U}_{\text{m}}=0$),这时保护本应动作,但式(1-22)不满足动作条件,继电器将拒动,即出现死区(亦称电压死区)。为消除死区,在辅助电压互感器的一次侧串联电容器 C,让 C 的容抗等于 TVA 的等效电抗,即 $X_C=X_L$,构成串联谐振回路。这样当外接电压 $\dot{U}_{\text{m}}$ 由于近处故障突然降到零时,因其内部谐振,使 $\dot{K}_U\dot{U}_{\text{m}}\neq0$,则死区就可被消除。

接入电容器 C 后,电压 $\dot{U}_{\text{m}}$ 与 $\dot{K}_U\dot{U}_{\text{m}}$ 的相位关系发生变化,即 $\dot{K}_U\dot{U}_{\text{m}}$ 超前 $\dot{U}_{\text{m}}$ 90°。从图 1-41 可看出,因 C 与 TVA 构成谐振回路,则 $\dot{I}_U$ 与 $\dot{U}_{\text{m}}$ 就同相位,而 $\dot{K}_U\dot{U}_{\text{m}}$ 取的是 TV 一次侧绕组电感上的电压,$\dot{K}_U\dot{U}_{\text{m}}$ 超前 $\dot{I}_U$ 90°,所以 $\dot{K}_U\dot{U}_{\text{m}}$ 超前 $\dot{U}_{\text{m}}$ 90°。

电压 $\dot{K}_I\dot{I}_{\text{m}}$ 取自电抗变压器 TX,所以 $\dot{K}_I\dot{I}_{\text{m}}$ 超前 $\dot{I}_{\text{m}}$ 的角度为 φ_{TX},φ_{TX} 是 TX 转移阻抗的阻抗角 $\alpha(\alpha=90°-\varphi_{\text{TX}})$,称为功率方向继电器的内角(取值为 30°或 45°)。

在上述原理论述基础上,再来分析继电器的动作区。根据动作区的定义,分析以 $\dot{K}_U\dot{U}_{\text{m}}$ 为参考相量,$\dot{K}_I\dot{I}_{\text{m}}$ 变化能使继电器动作的动作区,如图 1-41(a)所示。进而分析以 $\dot{U}_{\text{m}}$ 为参考相量,$\dot{I}_{\text{m}}$ 变化能使继电器动作的动作区,如图 1-41(b)所示。

图 1-41(a)有利于帮助理解动作区的概念,要满足 $|\dot{A}|>|\dot{B}|$ 的动作条件,$\dot{K}_I\dot{I}_{\text{m}}$ 只能处在上半部(阴影部分)。有了图 1-41(a)后,要给出实际应用中的以 $\dot{U}_{\text{m}}$ 为参考相量,$\dot{I}_{\text{m}}$ 的动作区,只需要根据 $\dot{K}_I\dot{I}_{\text{m}}$ 与 $\dot{I}_{\text{m}}$ 的角度关系、$\dot{K}_U\dot{U}_{\text{m}}$ 与 $\dot{U}_{\text{m}}$ 的角度关系画出即可,如图 1-41(b)所示。由图可知,要使继电器动作量最大、制动量最小及继电器动作最灵敏,接入继电器的电流 $\dot{I}_{\text{m}}$ 要超前电压 $\dot{U}_{\text{m}}$ 一个 α 角,即当 $\varphi_{\text{m}}=-\alpha$($\dot{I}_{\text{m}}$ 超前 $\dot{U}_{\text{m}}$ 的角度为负)时继电器动作最灵敏。因此,将 $\varphi_{\text{m}}=-\alpha=\varphi_{\text{sen.max}}$ 称为最灵敏角,此时 $\dot{I}_{\text{m}}$ 超前 $\dot{U}_{\text{m}}$ 角度的线称为最灵敏线。

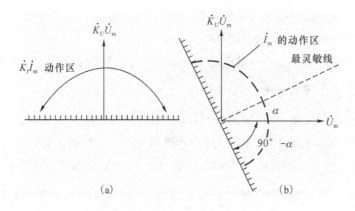

图 1-41   LG-11 型继电器的动作区

(a)$\dot{K}_U\dot{U}_m$ 为参考相量 $\dot{K}_I\dot{I}_m$ 的动作区；(b)$\dot{U}_m$ 为参考相量 $\dot{I}_m$ 的动作区

三、功率方向继电器的接线方式及分析

功率方向继电器的接线方式是指它与电流互感器和电压互感器之间的连接方式。反映相间短路的功率方向继电器的接线方式。

对接线方式的要求如下：

（1）应能正确反映故障的方向。正方向任何形式短路时，继电器应动作，反方向短路时，继电器不动作。

（2）故障后加入继电器的电流和电压应尽可能大，正方向故障时应使继电器灵敏地工作，使短路阻抗角接近于最大灵敏角，以便消除和减小方向元件的死区。φ_m 尽量地接近最大灵敏角 $\varphi_{sen.max}$，以提高继电器的灵敏度。

对于相间短路保护用的功率方向继电器，为满足上述要求，广泛采用 90°接线方式。所谓 90°接线，是假设在三相对称且功率因数 $\cos\varphi=1$ 的情况下，加入方向继电器的电流 $\dot{I}_m$ 超前电压 $\dot{U}_m$ 相位相差 90°的一种接线方式。

各相功率方向继电器所加电压 $\dot{U}_m$ 和电流 $\dot{I}_m$ 列于表 1-6 中。需要注意，功率方向继电器电流线圈和电压线圈的极性必须与电流、电压互感器二次线圈的极性正确连接。图 1-42 所示为功率方向继电器采用 90°接线方式时，方向过电流保护的接线原理。

表 1-6　90°接线方式功率方向继电器接入的电流及电压

功率方向继电器	电流	电压
KW1	$\dot{I}_A$	$\dot{U}_{BC}$
KW2	$\dot{I}_B$	$\dot{U}_{CA}$
KW3	$\dot{I}_C$	$\dot{U}_{AB}$

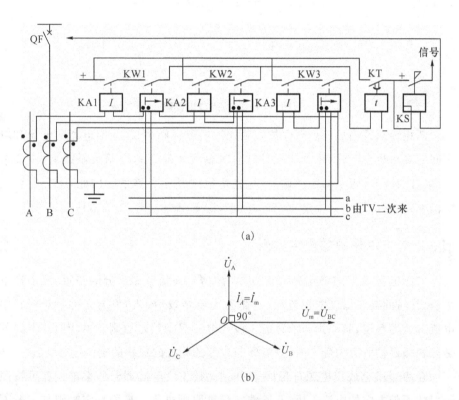

(a)

(b)

图 1-42　功率方向继电器的 90°接线方式

(a)接线图;(b)说明 90°接线的相量图

　　接线方式确定后,继电器内角的大小是决定方向继电器能否正确判断电流方向的主要因素。LG-11 型方向继电器的内角分别为 30°和 45°。选定 30°和 45°的理由,可由分析各种故障(两相、三相、近处、远处)时的动作行为来说明。下面只分析三相短路的情况。

　　设短路阻抗角为 φ_K,TX 的转移阻抗角 $\varphi_{TX} = 90° - \alpha$,作相量图如图 1-43 所示。从图中可知,当 $\varphi_{TX} = \varphi_K$ 时,继电器正好工作在最灵敏线上。通正向电流,方向继电器能正确动作;通反向电流,方向继电器不动作。所以,当 α 为 φ_K 的余角时继电器动作最灵敏。

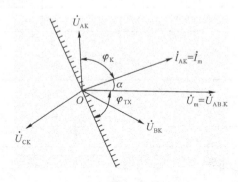

图 1-43　三相短路相量图

两相短路且当故障点到保护安装处的远近不同时,接入继电器的电流和电压间的夹角也会变化,要方向元件在各种情况下都工作在最灵敏线上,则要求 φ_{TX} 可自动调节,即 α 可自动调节,这在运行中是不可能的。因此,综合各种故障情况,实际应用中宜选定 $\alpha=30°$ 或 $45°$,即 $\varphi_{TX}=60°$ 或 $45°$ 为最佳。

四、方向电流保护的整定原则

方向电流保护的整定有两个方面的内容:一是电流部分的整定,即动作电流、动作时间与灵敏度的校验;二是是否需要装设(投入)方向元件。对于其中电流部分的整定,其原则与前述的三段式电流保护整定原则基本相同。不同的是与相邻保护的定值配合时,只需要与相邻的同方向保护的定值进行配合。

在两端供电或单电源环形网络中,Ⅰ段、Ⅱ段电流部分的整定计算可按照一般的不带方向的电流Ⅰ段、Ⅱ段整定计算原则进行。Ⅲ段整定时则与一般不带方向的Ⅲ段整定计算原则有所不同,下面加以说明。

1. Ⅲ段保护整定

(1) Ⅲ段保护动作电流。Ⅲ段动作电流需躲过被保护线路的最大负荷电流,即

$$I_{act}^{Ⅲ}=\frac{K_{rel}}{K_{re}}I_{L.max} \tag{1-23}$$

式中　$I_{L.max}$——考虑故障切除后电动机自启动的最大负荷电流。

Ⅲ段动作电流还需要躲过非故障相的电流为:

$$I_{act}^{\text{III}} = K_{rel} I_{unf} \tag{1-24}$$

在小接地电流电网中,非故障相电流为负荷电流,只需按照式(1-23)进行整定。对于大电流接地系统,非故障相电流除了负荷电流 I_L 外,还包括零序电流 I_0,此时整定动作电流为

$$I_{act}^{\text{III}} = K_{rel}(I_L + K3I_0) \tag{1-25}$$

式中　K——非故障相中的零序电流与故障相电流的比例系数,显然,对于单相接地故障 $K=1/3$。

另外,Ⅲ段动作电流需与同方向相邻Ⅲ段保护进行灵敏度配合。为确保选择性,应使得前一段线路保护的动作电流大于后一段线路保护的动作电流,即同方向保护的动作电流,从离电源最远处开始逐级增大,这就是与同方向相邻设备灵敏度的配合。

(2)Ⅲ段保护动作时间。方向电流保护Ⅲ段动作时间按照同方向阶梯特性整定,即前一段线路保护的保护动作时间比同方向后一段线路保护的动作时间长。

(3)保护的灵敏度配合。方向电流保护的灵敏度,主要由电流元件决定,其电流元件的灵敏度校验方法与不带方向性的电流保护相同。对于方向元件,一般因为方向元件的灵敏度较高,故不需要校验灵敏度。

现以图1-44所示电网为例来说明方向电流保护的整定。在图中标明了各个保护的动作方向,其中,P1、P3、P5、P7为动作方向相同的一组保护,即同方向保护;P2、P4、P6、P8为同方向保护,于是它们的动作电流、动作时间的配合关系应为:

$$I_{act1}^{\text{III}} > I_{act3}^{\text{III}} > I_{act5}^{\text{III}} > I_{act7}^{\text{III}}, t_1^{\text{III}} > t_3^{\text{III}} > t_5^{\text{III}} > t_7^{\text{III}}$$

$$I_{act8}^{\text{III}} > I_{act6}^{\text{III}} > I_{act4}^{\text{III}} > I_{act2}^{\text{III}}, t_8^{\text{III}} > t_6^{\text{III}} > t_4^{\text{III}} > t_2^{\text{III}}$$

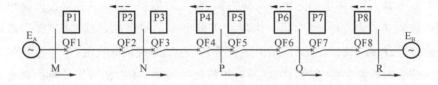

图 1-44　方向电流保护整定举例

2. 方向元件的装设

方向元件并非所有保护都需要装设,只有当反方向故障可能造成保护无选

择性动作时,才需要装设方向元件。例如,在图 1-44 中,若保护 3 的 I 段动作电流大于其反方向母线 N 处短路时的流过保护 3 的电流,则该 I 段不需经方向元件闭锁,反之则应当经方向元件闭锁;同理保护 3 的 II 段动作电流大于其反方向保护 2 的 II 段动作电流,则该 II 段不需经方向元件闭锁,反之则应当经方向元件闭锁。对于母线 N 处保护 3 与 2,如 $t_3^{III} > t_2^{III}$ 当线路 MN 上发生故障时,保护 2 先于 3 动作,将故障线路切除,即动作时间的配合已能保证保护 3 不会非选择性动作,故保护 3 的 III 段可以不装设方向元件。

根据上述讨论可以得出如下结论: I 段动作电流大于其反方向母线短路时的电流,不需要装设方向元件; II 段动作电流大于其同一母线反方向保护的 II 段动作电流时,不需要装设方向元件;对装设在同一母线两侧的 III 段来说,动作时间最长的,不需要装设方向元件;除此以外反向故障时有故障电流流过的保护必须装设方向元件。

技能训练

(1) 能检验功率方向继电器的工作特性。
(2) 方向电流保护的整定计算。
(3) 掌握分析、查找、排除输电线路保护故障的方法。
(4) 正确填写继电器的检验、调试、维护记录和校验报告。
(5) 会正确使用、维护和保养常用校验设备、仪器和工具。

完成任务

班级分组要求每组 4～6 人,教师为各组设定不同的参数要求,学生制订工作计划和实施方案,列出工具、仪器仪表、装置的需要清单;教师审核工作计划和实施方案,引导学生确定最终实施方案;学生根据新要求,对功率方向继电器原理和调试方法进行反思内化,练习使用继电保护测试仪,进行功率方向继电器的接线、检验、调试,对调试结果进行分析,逐步形成调试技能;学生逐项填写试验清单和误差分析,归档技术资料,小组展示成果,并根据事先提出的目标进行自我评估;老师听取学生的反馈信息,评价学生工作过程和工作结果的优劣,学生的协作精神,安全意识,提出存在问题和改进意见。

学习评价

1. 工作成果评价

严格按照国家电网公司电力安全工作规程,对功率方向继电器试验操作程序、操作行为和操作水平等进行评价,如表 1-7 所示。

表 1-7　功率方向继电器工作评价表

学习目标	评价指标	评价标准	自评	小组评	教师评
调校准备	操作程序	正确			
	操作行为	规范			
	操作水平	熟练			
调校实施	操作程序	正确			
	操作行为	规范			
	操作水平	熟练			
	操作精度	达到要求			
后续工作	操作程序	正确			
	操作行为	规范			
	操作水平	熟练			

2. 学习成果评价

按照职业教育技术类技能型人才培养要求,主要评价学生功率方向继电器试验知识与技能、操作技能及情感态度等的情况,如表 1-8 所示。

表 1-8　功率方向继电器学习成果评价表

评价项目	评 价 标 准	等级(权重)分				自评	小组评	教师评
		优秀	良好	一般	较差			
知识与技能	简述方向电流保护的工作原理	10	8	5	3			
	能检验功率方向继电器的工作特性	10	8	5	3			
	理解与运用功率方向继电器的接线方式及分析	10	8	5	3			
	知道方向电流保护的整定原则	8	6	4	2			

评价项目	评价标准	等级（权重）分				自评	小组评	教师评
		优秀	良好	一般	较差			
操作技能	熟悉运用网络独立收集、分析、处理和评价信息的方法	10	8	5	3			
	积极参与小组合作与交流	10	8	5	3			
	能制作PPT，将搜集到的材料用PPT清楚地展现出来，而且比较有创新	8	6	4	2			
情感态度	课堂上积极参与、积极思维，积极动手、动脑，发言次数多	8	6	4	2			
	小组协作交流情况：小组成员间配合默契，彼此协作愉快，互帮互助	10	8	5	3			
	对本内容兴趣浓厚，提出了有深度的问题	8	6	4	2			
课堂调查：书面写出你在学习本节课时所遇到的困难，向教师提出较合理的教学建议		8	6	4	2			

自评意见：

小组评意见：

教师评意见：

努力方向：

思考与练习

一、填空题

1. 相间短路的功率方向继电器的最大灵敏角 $\varphi_{\mathrm{sen}} = $ _____。

2. 按 90°接线的功率方向继电器，若 $\dot{I}_{\mathrm{m}} = \dot{I}_{\mathrm{C}}$，则 $\dot{U}_{\mathrm{m}} = $ _____。

3. 在双侧电源系统中，采用方向元件是为了提高保护的_____。

4. 有一功率方向继电器其内角 $\alpha = 90°$，当采用 90°接线方式时，其线路的阻抗角为_____时,正方向三相短路功率方向继电器动作最灵敏。

二、简答题与计算题

1. 双侧电源或单电源环网的线路电流保护为什么要加装方向元件? 何谓动作区、死区、最灵敏角?

2. 为什么要特别注意方向元件接线的极性? 在实际应用中若将方向继电器中的电流或电压线圈的极性接反,会产生什么后果?

3. 设 LG-11 型功率方向继电器采用 90°接线,其电抗变压器 TX 的转移阻抗角 $\varphi_{TX}=60°$,试问:

(1) 该继电器的内角为多大? 灵敏角为多大?

(2) 被保护线路的短路阻抗角应为多大在三相短路时继电器的动作最灵敏?

任务四 接地保护构成与运行

引言

为了保证安全可靠供电,新建的变电所在投入运行前或者已经运行的变电所每年都要对所内继电保护、自动化、信号等系统进行通电传动试验。电流保护可通过升流器升流,从互感器一次侧输入电流来检查二次侧接线是否正确,继电保护、信号系统是否可靠动作,断路器跳闸是否灵活等。对 10 kV 系统接地保护的传动试验,一般采用手动将接地继电器接点闭合,或用调压器在接地继电器线圈上加交流电压的方法,使继电器动作。这种简单的传动试验方法,对一般年校试验基本上能满足要求。但对新建的变电所,这种传动试验法,不能发现电压互感器二次侧错接线。对已经运行的变电所,因每年预防性试验时,要测量电压互感器一、二次侧线圈的直流电阻、绝缘电阻,都需要将互感器二次侧接线从端子接线柱上拆除,试验完后恢复二次侧接线时,可能会发生错接线,二次侧小保险、辅助开关接点接触不良造成接地保护不动作或电压表指示不正确等故障。因此,10 kV 接地保护必须从互感器的高压侧加电做传动试验,接地保护构成与运行被列为必修项目。

学习目标

(1) 大接地系统故障保护的配置。

（2）三段式零序方向电流的原理。

（3）小接地系统单相接地故障分析。

（4）小接地系统保护的配置。

过程描述

（1）教师下发项目任务书，描述项目学习目标。

（2）教师通过图片、动画、录像等讲解本次项目中保护的原理。

（3）通过现场试验设备演示继电保护测试仪使用方法，线路保护装置的接线、调试方法及步骤。

（4）学生进行继电保护测试仪的认识，查阅接地保护原理和调试指导书，学生根据任务书要求，收集有关调试规程、职业工种要求、装置说明书等资料，根据获得的信息进行分析讨论。

过程分析

为了达到接地保护高压传动试验的标准要求，试验的各项操作必须严格按照国家电网公司电力安全工作规程操作。

（1）断开 10 kV 母线侧进、出线的油断路器、4 刀闸，只合 PT4.9 刀闸，使互感器准备受电。

（2）任一种 10 kV 出线，4 刀闸负荷侧和断路器之间任一相如 A 相的引线上接单相接地线。

（3）装上 10 kV 所用变高压熔断器，合上 10 kV 所用变低压侧进线刀闸，10 kV 所用变高压熔断器运行，10 kV 母线三相空载节电和互感器投入运行。用标准电压表测量互感器三相对地、三相之间和开口三角的二次电压值。检查 10 kV 母线三相指示仪表电压值是否正确，并做好记录。

（4）操作人员穿上绝缘鞋，戴绝缘手套，合上已单相接地的 10 kV 出线 4 刀闸，10 kV 母线单相接地，用标准电压表测量电压互感器三相对地、三相之间、开口三角的二次电压值，并检查母线指示仪表电压值，其结果应接地保护继电器动作，发出预告音响，光字牌显示接地，接地的 A 相对地电压为零，B 相和 C 相电压升高 $\sqrt{3}$ 倍为线电压，三相之间的线电压对称，开口三角的二次电压为 100 V 左右，说明正常，否则不正确。

（5）断开出线 4 刀闸、所用变高压熔断器、低压进线刀闸，拆除接地线，试验工作结束。若试验发现问题,经检查处理后再试。

知识链接

电力系统中性点工作方式,是综合考虑了供电可靠性、系统过电压水平、系统绝缘水平、继电保护的要求,对通信线路的干扰以及系统稳定的要求等因素而确定的。我国采用的中性点工作方式主要有中性点直接接地方式、中性点经消弧线圈接地方式和中性点不接地方式。

目前,我国 110 kV 及以上电压等级的电力系统,都是中性点直接接地系统。在中性点直接接地系统中,当发生单相接地短路时产生较大的短路电流,所以中性点直接接地系统又称为大接地电流系统。据统计,在这种系统中,单相接地故障占总故障的 $80\%\sim90\%$,甚至更高。上述电流保护,当采用完全星形接线方式时,也能反映单相接地短路,但灵敏度常常不能满足要求,而且保护动作时间长。因此,为了反映接地短路,必须装设专用的接地短路保护,并作用于跳闸。

我国 35 kV 及以下电压等级的电力系统中,采用中性点不接地方式或中性点经消弧线圈接地方式。当发生单相接地故障时,接地故障电流较小,所以这种系统又叫小接地电流系统。

在电力系统中发生接地故障时,电流和电压可以利用对称分量法分解为正序、负序、零序分量,接地短路的特点是有零序分量存在,应用这一特点可以构成反映接地故障的保护。电力系统中性点工作方式不同,发生单相接地故障时零序分量特点也不同。下面分别介绍零序分量的不同特点及接地保护。

一、电网中性点运行方式

星形连接变压器或发电机的中性点运行方式,即电网中性点的运行方式有以下几种:中性点不接地、中性点经消弧线圈接地和中性点直接接地。前两种接地电网系统称为小接地电流系统,后一种接地系统称为大接地电流系统,小接地电流系统和大接地电流系统的区分是根据电网中发生单相接地故障时,接地电流的大小来区分的。小接地电流系统和大接地电流系统的划分标准,是依据系统的零序电抗 X_0 与正序电抗 X_1 的比值。我国规定:凡是中性点 $X_0/X_1>(4\sim5)$ 的系统属于小接地电流系统,$X_0/X_1\leqslant(4\sim5)$ 的系统属于大接地电流系统。运行接地方式的选择,需要综合考虑电网的绝缘水平、电压等级、通信干扰、单相接地短路电流、继电保护配置、电网过电压水平、系统接线、供电可靠性和稳定性等因素。

在我国,一般情况下 110 kV 及以上的电压等级电网采用中性点直接接地运行方式,66 kV 及以下的电压等级电网采用中性点不接地或经消弧线圈接地运行方式。

二、中性点直接接地电网接地故障的特点

1. 接地故障分析

中性点直接接地方式,即是将中性点直接接入大地。该系统运行中若发生一相接地故障时,就形成单相短路,其接地电流很大,使断路器跳闸切除故障,故又称这种系统为大接地电流系统。我国 110 kV 及以上电压等级的电网,均采用大接地电流系统。统计表明,在大接地电流系统中发生的故障,绝大多数是接地短路故障。因此,在这种系统中需装设有效的接地保护,并使之动作于跳闸,以切断接地的短路电流。从原理上讲,接地保护可以与三相星形接线的相间短路保护共用一套设备,但实际上这样构成的接地保护灵敏度低(因继电器的动作电流必须躲开最大短路电流或负荷电流),动作时间长(因保护的动作时限必须满足相间短路时的阶梯原则),所以普遍采用专门的接地保护装置。下面以图 1-45 为例,分析接地故障的特点。

不考虑负荷电流的影响,设 A 相发生单相接地故障。边界条件为:

$$\dot{I}_A = \dot{I}_{AK}, \dot{I}_B = \dot{I}_C = 0$$

$$\dot{U}_A = 0, \dot{U}_B = \dot{E}_B, \dot{U}_C = \dot{E}_C$$

则

$$3\dot{I}_0 = \dot{I}_A + \dot{I}_B + \dot{I}_C = \dot{I}_{AK} \qquad (1-26)$$

$$3\dot{U}_0 = \dot{U}_A + \dot{U}_B + \dot{U}_C = \dot{U}_B + \dot{E}_C = -\dot{E}_A \qquad (1-27)$$

由此可见,接地故障产生零序分量是最显著的特点。正常运行和三相短路及两相短路都不产生零序分量。

取出零序分量用以构成专门的接地保护,称为零序保护。它的构成简单,易于实现,而且在装设这种专门的接地保护后,相间短路保护的接线还可采用简单的两相不完全星形接线。

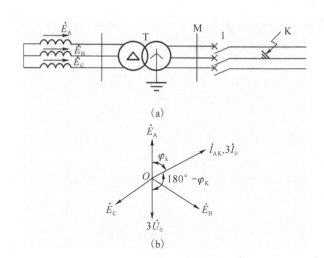

图 1-45 零序分量分析

(a)网络接线图;(b)相量图

从图 1-45(a)可知,零序电流的分布,取决于变压器中性点接地的分布。设线路的零序阻抗角为 φ_K,画出相量图如图 1-45(b)所示,从图可知 $3\dot{I}_0$ 超前 $3\dot{U}_0$ 为$(180°-\varphi_K)$。因故障点的 $\dot{U}_A=0$,由式(1-27)可知,故障点的零序电压最高,离故障点越远$(\dot{U}_A\neq0)$零序电压越低,变压器中性点处的零序电压为零。保护安装处的零序电压,为保护安装处至变压器中性点之间零序阻抗上的压降,由图 1-45(a)可知,应为

$$3\dot{U}_0=-Z_{0T}3\dot{I}_0 \tag{1-28}$$

式中 Z_{0T}——变压器的零序阻抗。

零序功率为

$$P=3I_0 3U_0\cos(180°-\varphi_k)$$

因$(180°-\varphi_K)$为钝角,零序功率的值为负值,表明零序功率是由接地故障点的零序电压产生,由故障线路流向母线。

2. 零序电流滤过器

要构成专门的接地保护,需要取出零序电流(或零序电压),根据对称分量的表达式,将三相电流互感器二次侧同极性端并联,便构成零序电流滤过器,如图 1-46 所示。

将三相电流同极性相加,其输出的量是三相电流之和,即零序分量电流。

因为不对称电流中使用对称分量法分解出来正序、负序电流都是对称电流,三相之和等于零。只有零序分量电流是三相大小相等、方向相同。

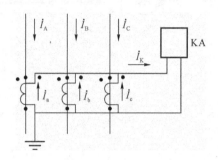

图 1-46   零序电流滤过器

从图 1-46 可知,流入继电器的电流为:

$$\dot{I}_{K}=\dot{I}_{a}+\dot{I}_{b}+\dot{I}_{c}=3\dot{I}_{0}$$

因为只有接地故障时才产生零序电流,正常运行和相间短路时不产生零序电流,理想情况下 $\dot{I}_{K}=0$,继电器不会动作。但实际上三相电流互感器励磁特性不一致,继电器中会有不平衡电流流过。设三相电流互感器的励磁电流分别为 $\dot{I}_{A.E}$、$\dot{I}_{B.E}$、$\dot{I}_{C.E}$,则流入继电器的电流为:

$$\dot{I}_{K}=\frac{1}{n_{TA}}[(\dot{I}_{A}-\dot{I}_{A.E})+(\dot{I}_{B}-\dot{I}_{B.E})+(\dot{I}_{C}-\dot{I}_{C.E})]$$

$$=\frac{1}{n_{TA}}(\dot{I}_{A}+\dot{I}_{B}+\dot{I}_{C})-\frac{1}{n_{TA}}(\dot{I}_{A.E}+\dot{I}_{B.E}+\dot{I}_{C.E}) \qquad (1\text{-}29)$$

$$=\frac{1}{n_{TA}}\times3\dot{I}_{0}+\dot{I}_{nnb}$$

式中 n_{TA}——电流互感器变比;

$\dot{I}_{nnb}$——不平衡电流,$\dot{I}_{nnb}=-\dfrac{1}{n_{TA}}(\dot{I}_{A.E}+\dot{I}_{B.E}+\dot{I}_{C.E})$。

在正常运行时,不平衡电流很小;在相间故障时互感器一次电流很大,由于铁芯饱和使不平衡电流增大。接地保护的动作电流应躲过此时的不平衡电流,以防止误动。

3. 零序电流互感器

零序电流互感器是一种利用单相接地故障线路的零序电流值较非故障电路大的特征,用电流互感器取出零序电流信号使继电器动作,实现有选择性跳闸或发出信号的装置。对于采用电缆引出的线路,广泛采用零序电流互感器以取得零序电流,如图 1-47 所示。零序电流互感器套在电缆的外面,电缆穿过变流器(零序电流互感器)的铁芯为一次绕组,即互感器一次电流是 $\dot{I}_A + \dot{I}_B + \dot{I}_C = 3\dot{I}_0$。二次绕组绕在铁芯上并与电流继电器串联。正常运行或三相对称短路时,没有零序电流;当单相接地时,有接地电容电流通过铁芯,在一次侧通过零序电流时,在互感器二次侧才有相应的零序电流输出,而使继电器动作,故称为零序电流互感器。它的优点是不平衡电流小,接线简单。

发生接地故障时,接地电流不仅可能在地中流动,还可能沿着故障线路电缆的导电外皮或非故障电缆的外皮流动;正常运行时,地中杂散电流也可能在电缆外皮上流过。这些电流可能导致保护的误动作、拒绝动作或使其灵敏度降低。为了解决这个问题,在安装零序电流互感器时,电缆头应与支架绝缘,并将电缆头外皮的接地线穿过零序电流互感器的铁芯窗口后再接地,如图 1-47 所示。这样,沿电缆外皮流动的电流来回 2 次穿过铁芯,互相抵消,因而在铁芯中不会产生相应磁通,也就不至于影响保护的正确工作了。

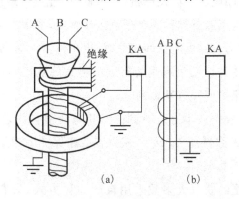

(a)　　　　　　　(b)

图 1-47　零序电流互感器

(a)结构图;(b)接线图

4. 零序电压滤过器

为了获取零序电压,需采用零序电压滤过器。构成零序电压滤过器时,必须考虑零序磁通的铁芯路径,所以采用的电压互感器铁芯型式只能是三个单相的或三相五柱式的。其二次绕组顺极性接成开口三角,即首尾相连,如图 1-48(a)、(b)所示,以获得零序电压。

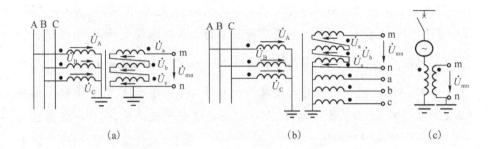

图 1-48　零序电压滤过器

(a)由 3 个单相电压互感器组成;(b)由三相五柱式电压互感器组成;

(c)由发电机中性点电压互感器(零序电压互感器)取得零序电压

输出电压为:

$$\dot{U}_{mn} = \dot{U}_a + \dot{U}_b + \dot{U}_c = 3\dot{U}_0$$

即零序电压滤过器只输出零序电压。

当发电机(变压器)中性点经电压互感器或消弧线圈接地时,可直接通过它们的二次侧取得零序电压。因发电机(变压器)中性点对地的电压,即为零序电压的值,故可将该电压互感器称为零序电压互感器,如图 1-48(c)所示。

实际上在正常运行和电网相间短路时,由于电压互感器的误差及三相系统对地电压不平衡,在开口三角形侧会有数值不大的电压输出,此电压称为不平衡电压,零序电压保护应躲过其影响。

微机保护根据数据采集系统得到的三相电压值再用软件进行矢量相加得到 $3U_0$ 值,这种方式称为自产 $3U_0$ 方式。在线路保护中 $3U_0$ 主要用于接地故障时判别故障方向。

目前,零序电压的获取大多数采用自产 $3U_0$ 方式,只有在电压互感器 TV 断线时才改用开口三角形绕组处的 $3U_0$。

三、中性点直接接地系统的接地保护

在大接地电流系统中发生接地故障时,系统中将出现零序电流、零序电压,因此可以利用零序电流实现大接地电流系统的接地保护。中性点直接接地系统发生接地故障时产生很大的零序电流,反映零序电流增大而构成的保护称为零序电流保护。零序电流保护与相间短路的电流保护相同,也可以构成阶段式保护,通常为三段式或四段式。三段式零序电流保护由瞬时零序电流速断(零

序Ⅰ段)、限时零序电流速断(零序Ⅱ段)、零序过电流(零序Ⅲ段)组成。这三段
保护在保护范围、动作值、动作时间方面的配合与三段式电流保护类似。
图1-49所示为三段式零序电流保护原理接线图,图中采用零序电流滤过器取得
零序电流,零序Ⅰ段由电流继电器 KA1、中间继电器 KM 和信号继电器 KS1 组
成;零序Ⅱ段由电流继电器 KA2、时间继电器 KT1,信号继电器 KS2 组成;零序
Ⅲ段由电流继电器 KA3、时间继电器 KT2 和信号继电器 KS3 组成。零序Ⅰ段
保护瞬时动作,保护范围为线路首端的一部分;零序Ⅱ段经一个时限级差动作,
保护线路全长;零序Ⅲ段保护作为本线路及下一线路的后备保护,保护本线路
及下一线路的全长。

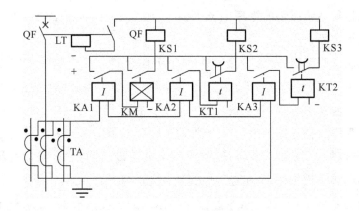

图 1-49 三段式零序电流保护原理接线图

1. 无时限零序电流速断保护(零序电流Ⅰ段)

为保证选择性,无时限零序电流速断保护的工作原理原则,与相间短路的
无时限电流速断保护类似,其整定原则如下:

(1)零序Ⅰ段的动作电流应躲过被保护线路末端发生单相或两相接地短路
时可能出现的流过本保护的最大零序电流 $3I_{0.\max}$,即

$$I_{\text{act}}^{\text{I}} = K_{\text{rel}}^{\text{I}} 3I_{0.\max} \qquad (1-30)$$

式中 $K_{\text{rel}}^{\text{I}}$——可靠系数,取 1.2~1.3。

在计算最大零序电流时,要考虑零序电流为最大的运行方式和接地故障
类型。

(2)躲过由于断路器三相触头不同时合闸时,流过本保护的最大零序电
流,即

$$I_{act}^{I} = K_{rel}^{I} 3I_{0.unbmax} \tag{1-31}$$

式中　K_{rel}^{I}——可靠系数,取 1.1~1.2;

　　　　$3I_{0.unbmax}$——断路器三相触头不同时合闸时,出现的最大零序电流。

保护的整定值取(1)、(2)中较大者。若按照整定原则(2)整定使动作电流较大,灵敏度不满足要求时,可在零序电流速断的接线中装一个小延时的中间继电器,使保护装置的动作时间大于断路器三相触头不同时合闸的时间,则整定原则(2)可不考虑。

(3) 在 220 kV 及以上电压等级的电网中,当采用单相或综合重合闸时,会出现非全相运行状态,若此时系统又发生振荡,将产生很大的零序电流,按规定原则(1)、(2)来整定的零序Ⅰ段可能误动作。如果使零序Ⅰ段的动作电流按躲开非全相运行系统振荡的零序电流来整定,则整定值高,正常情况下发生接地故障时保护范围缩小。

为解决这个问题,通常设置 2 个零序Ⅰ段保护。一个是按整定原则(1)、(2)整定,由于其定值较小,保护范围较大,称为灵敏Ⅰ段,针对全相运行状态下的接地短路起保护作用,非全相运行时退出。在单相重合闸时,将其自动闭锁,并自动投入第二种零序Ⅰ段。第二种零序Ⅰ段,按躲开非全相振荡的零序电流整定,其定值较大,灵敏系数较低,称为不灵敏Ⅰ段,针对非全相运行状态下的接地短路起保护作用,对全相运行也起到一定的保护作用。

灵敏的零序Ⅰ段,其灵敏系数按保护范围的长度来校验,要求最小保护范围不小于线路全长的 15%。

2. 限时零序电流速断保护(零序电流Ⅱ段)

零序电流Ⅰ段能瞬时动作,但不能保护线路全长,为了以较短时限切除全线的接地故障,还应装设限时零序电流速断保护(零序电流Ⅱ段)。它的工作原理与相间短路限时电流速断一样,其动作电流与下一级线路零序Ⅰ段保护相配合,按躲过下一线路零序Ⅰ段保护区末端接地故障时,通过本保护装置的最大零序电流整定,保护范围不超过下级线路零序Ⅰ段保护范围的末端,即

$$I_{act.1}^{II} = K_{rel}^{II} I_{act.2}^{I} \tag{1-32}$$

式中　K_{rel}^{II}——可靠系数,取 1.1~1.2;

　　　　$I_{act.2}^{I}$——相邻线路保护 2 的零序电流Ⅰ段的动作电流。

当相邻 2 个保护之间的变电站母线上接有中性点接地的变压器时,需要考虑分支电路对零序电流分布的影响。

与相间短路限时电流速断相同,零序Ⅱ段的动作时限比下一线路零序Ⅰ段的动作时限大一个时限级差 Δt,一般取 0.5 s。

零序Ⅱ段的灵敏系数,按本线路末端接地短路时流过本保护的最小零序电流来校验,要求 $K_{sen} \geqslant 1.5$。当下一线路比较短或运行方式变化比较大,灵敏系数不满足要求时,可采用下列措施加以解决。

(1) 使本线路的零序Ⅱ段与下一线路的零序Ⅱ段相配合,其动作电流、动作时限都与下一线路的零序Ⅱ段配合:动作电流为 $I_{act.1}^{II} = K_{rel} I_{act.2}^{II}$,动作时限为 1 s。

(2) 采用两个灵敏性不同的零序Ⅱ段保护,保留原来 0.5 s 时限的零序Ⅱ段,保证在正常、最大方式下快速切除故障;增设一个与下一线路零序Ⅱ段配合的、动作时限为 1 s 左右的零序Ⅱ段,它们与瞬时零序电流速断及零序过电流保护一起,构成四段式零序电流保护,保证在各种方式下切除故障。

(3) 从电网接线的全局考虑,改用接地距离保护。

3. 零序过电流保护(零序电流Ⅲ段)

零序过电流保护与相间短路过电流保护类似,用作本线路接地短路的近后备和下一线路接地短路的远后备。但在中性点直接接地电网的终端线路上,也可以作为主保护。零序过电流保护在正常运行及下一线路相间短路时不应动作,而此时零序电流滤过器有不平衡电流输出并流过本保护,所以零序Ⅲ段的动作电流,应按躲过下一线路出口处相间短路所出现的最大不平衡电流来整定,即

$$I_{act}^{III} = K_{rel}^{III} I_{unb.max} \tag{1-33}$$

式中　K_{rel}^{III}——可靠系数,取 1.2～1.3;

　　　$I_{unb.max}$——最大不平衡电流,相邻线路出口处发生三相短路时,零序电流
　　　　　　　　滤过器所输出的最大不平衡电流。

零序电流保护Ⅲ段的灵敏系数,按保护范围末端接地短路时流过本保护的最小零序电流来校验。当作为本线路近后备保护时,应按本线路末端发生接地短路时流过保护的最小零序电流来校验,校验点取本线路末端,要求 $K_{sen} \geqslant 1.3～1.5$;当作为相邻线路远后备保护时,应按相邻元件末端发生接地短路时流过保护的最小零序电流来校验,校验点取下一线路末端,要求 $K_{sen} \geqslant 1.2$。

按上述原则整定的零序过电流保护,其动作电流的数值都很小,当电网发生接地短路故障时,同一电压等级内各零序过电流保护都有可能启动。为了保

证动作的选择性,各零序过电流保护动作时限也应按阶梯原则进行配合。但是,考虑到零序电流只在接地故障点与变压器接地中性点之间的一部分电网中流通,所以只在这一部分线路的零序保护上进行时限的配合即可。例如,在图 1-50 所示的电网中,零序过电流保护 3 可以是无延时的,不必考虑与变压器 T2 后面的保护 4 相配合,即可取 $t_{03} = 0$ s。因为在变压器 T2 的 A 侧(低压侧)发生接地短路故障时,不可能在 Y 侧产生零序电流,所以没有零序电流流过保护。但保护 1、2、3 的动作时限,则应符合阶梯原则,即 $t_{02} = t_{03} + \Delta t$,$t_{01} = t_{02} + \Delta t$。其时限特性,如图 1-50 所示。

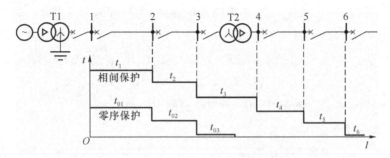

图 1-50   零序过电流保护与相间过电流保护时限特性的比较

但是,相间短路的过电流保护则不同。由于相间故障不论发生在变压器的 A 侧还是在 Y 侧,故障电流均要从电源一直流至故障点,所以整个电网过电流保护的动作时限,应从离电源最远处的保护开始,逐级按阶梯原则进行配合。为了便于比较,在图 1-50 中也绘出了相间短路过电流保护的时限特性。保护 3 的时限 t_3,要与变压器 T2 后的保护 4 相配合;保护 4 的时限还要与再下一元件的保护时限相配合。比较接地保护的时限特性曲线和相间过电流保护的时限特性曲线可知:虽然它们在配合上均遵循阶梯原则,但零序过电流保护需要配合的范围小,其动作时限要比相间短路保护短。同一线路上的零序过电流保护的时限小于相间短路过电流保护的动作时限,这是装设零序过电流保护的又一优点。

4. 对零序电流保护的评价

(1)相间电流保护三相星形接线也可保护单相接地,但零序电流保护与之相比,有其独特优点。

① 零序过电流保护(零序Ⅲ段)整定值小,灵敏性高,动作时限较短。

相间过电流保护:躲过最大负荷电流(5~7 A)。零序过电流保护:躲过不平衡电流(2~3 A)。

② 零序电流保护不受系统非正常运行状态的影响,如系统振荡,过负荷等。

③ 零序电流保护受系统运行方式变化的影响较小。线路零序阻抗比正序阻抗大,$X_0=(2\sim3.5)X_1$,零序电流曲线变化较陡,零序 I 段保护范围大且较稳定,零序 II 段的灵敏性也容易满足要求。

④ 方向性零序电流保护没有电压死区问题。保护出口处短路时,零序电压最高,不为零。在 110 kV 及以上高压和超高压电网中,单相接地故障占全部故障的70%~90%,零序电流保护为绝大多数的故障提供了保护,有显著优越性。

(2) 零序电流保护的不足。

① 对于运行方式变化很大或接地点变化很大的电网,不能满足系统运行的要求。

② 单相重合闸过程中,系统又发生振荡,可能出现较大零序电流的情况,影响零序电流保护的正确工作。

③ 当采用自耦合变压器联系 2 个不同电压等级的电网,任一侧发生接地短路都将在另一侧产生零序电流,使得零序电流保护的整定计算复杂化。

5. 零序方向电流保护

(1) 装设方向元件的必要性。在双侧电源或多电源的中性点直接接地系统中,线路两端有中性点接地变压器的情况下,当线路上发生接地短路时,故障点的零序电流将分为 2 个支路分别流向两侧的接地中性点。这种情况与双侧电源电网中实施相间短路的电流保护一样,不装设方向元件将不能保证保护动作的选择性。例如,在图 1-51 所示的电网中,当 K_1 点发生接地短路时,有零序电流流过保护 2 和保护 3,为保证选择性,应使 $t_{02}<t_{03}$。但当接地短路发生在 K_2 点时,这时为保证选择性又要求 $t_{02}<t_{03}$,显然这是矛盾的。因此,与方向电流保护相同,必须在零序电流保护上增加零序功率方向元件,以判别零序电流的方向,构成零序方向电流保护,以保证在各种接地故障情况下保护动作的选择性。因此,需装设方向元件构成零序方向电流保护,以保证选择性。

(2) 整流型零序功率方向继电器。接地保护广泛采用 LG-12 型功率方向继电器,它是由电抗变换器 TX、电压变换器 TVA、均压法幅值比较回路和极化继电器等组成。电抗变换器 TX 有 2 个相同的二次绕组,当一次通入电流 $\dot{I}_r$ 时,在 2 个二次绕组中产生电压 $\dot{K}_I\dot{I}_m$;电压变换器 TVA 也有 2 个相同的二次绕组,二次绕组上的电压为 $\dot{K}_U\dot{U}_m$;U1 为动作量整流桥,U2 为制动量整流桥。当线路发生接地故障,流过正方向的零序电流时,它应该动作并工作在最灵敏的动作区域。

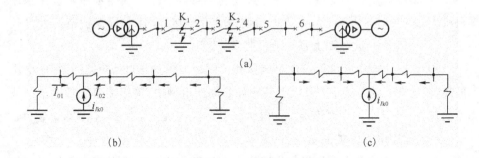

图 1-51   零序方向电流保护方向性分析

(a)网络接线;(b)K_1 点接地短路时的零序网络;(c)K_2 点接地短路时的零序网络

考虑到在保护装设处附近发生接地短路时零序电压值最大,因此零序功率方向继电器不存在电压死区的问题,故在中间变压器上不采用记忆回路,如图 1-52(a)所示。显然,这时 TVA 的一次电压就是 $\dot{U}_m$,而二次电压 $\dot{K}_U\dot{U}_m$ 与 $\dot{U}_m$ 同相,即 $\dot{K}_U$ 为一实数。

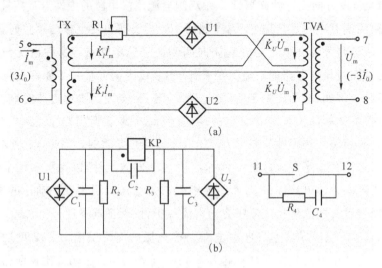

图 1-52   LG-12 型功率方向继电器

(a)原理接线图;(b)均压比较回路

　　零序功率方向继电器采用均压法比较回路,如图 1-52 所示。整流器 U1 和 U2 直流侧的输出电压分别加在电阻器 R_2 和 R_3 上,当整流器 U1 的输出电压 $|\dot{K}_I \dot{I}_m + \dot{K}_U \dot{U}_m|$ 大于整流器 U2 的输出电压 $|\dot{K}_I \dot{I}_m - \dot{K}_U \dot{U}_m|$ 时,极化继电器内流过正向动作电流,继电器动作;反之,继电器不动作。因此,这种电路中极化继电器接于两个电压差上,直接比较两电压的大小,故称为均压法比较回路。

　　由原理接线图可知,LG-12 型继电器的动作量为 $|\dot{K}_I \dot{I}_m + \dot{K}_U \dot{U}_m|$,制动量为 $|\dot{K}_I \dot{I}_m - \dot{K}_U \dot{U}_m|$,继电器的动作条件为:

$$|\dot{K}_I \dot{I}_m + \dot{K}_U \dot{U}_m| > |\dot{K}_I \dot{I}_m - \dot{K}_U \dot{U}_m| \tag{1-34}$$

　　动作条件可作出继电器的动作区,如图 1-53 所示,图中示出了继电器的动作区和灵敏角。以 $\dot{U}_m$ 为基准相量画于横轴位置,$\dot{K}_U \dot{U}_m$ 与 $\dot{U}_m$ 同相位。$\dot{K}_I \dot{I}_m$ 超前 $\dot{I}_m$ 的角度为电抗变换器的转移阻抗角 φ_{TX}。当 $\dot{K}_U \dot{U}_m$ 与 $\dot{K}_I \dot{I}_m$ 同相位时,由式(1-34)可知,此时动作量最大,制动量最小,继电器最灵敏。因此,当 $\dot{U}_m$ 超前 $\dot{I}_m$ 的角度 $\varphi_m = \varphi_z = \varphi_{TX}$ 时,继电器最灵敏,继电器的最大灵敏角为 $\varphi_m = \varphi_z = \varphi_{TX} = \varphi_{sen.max}$ 得灵敏线,作灵敏线的垂线为该继电器动作区与非动作区的边界线,图中阴影区域为动作区。从图 1-45(b)相量图可知,为使 LG-12 型功率方向继电器在正方向故障时最灵敏,所加工作电压 $\dot{U}_m$ 应为 $-3\dot{U}_0$。

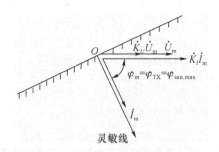

图 1-53　LG-12 型功率方向继电器动作区和灵敏角

　　(3) 三段式零序方向电流保护。三段式零序方向电流保护的原理接线图,如图 1-54 所示,它是由零序方向电流速断、限时零序方向电流速断和零序方向过电流保护所组成。与图 1-49 相比,增加了一个零序功率方向继电器 KW。它的触点控制了保护的操作电源,因而只有在零序功率方向元件动作后,零序电流保护才能动作于跳闸,所以只要零序功率方向继电器的接线是正确的,则三段式零序电流保护就只能在正向接地故障时才动作。从图 1-54 中看出三段公用一个零序功率方向继电器 KW。

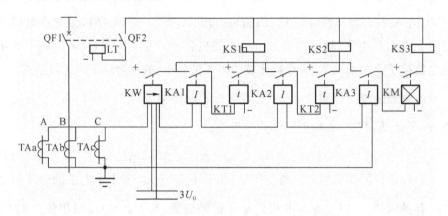

图 1-54 三段式零序方向电流保护的原理接线图

在零序电流保护中加装方向元件后,只需同一方向的保护在保护范围和动作时限上进行配合。例如,在图 1-55 中,保护 1、3、5 为相同动作方向,保护 2、4、6 为相同动作方向,它们之间的配合以及各段的配合,如图 1-55 所示。

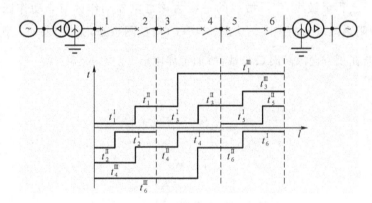

图 1-55 三段式零序方向电流保护时限特性

在同一保护方向上零序方向电流保护动作电流和动作时限的整定计算原则,与前面所讲的三段式零序电流保护相同。零序电流元件灵敏度的校验也与前相同。

6. 对大接地电流系统零序保护的评价

带方向和不带方向的零序电流保护是简单而有效的接地保护方式,它与采用完全星形接线方式的相间短路电流保护兼作接地短路保护比较,具有如下特点：

（1）灵敏度高。过电流保护是按躲过最大负荷电流整定，继电器动作电流一般为 5～7 A。而零序过电流保护是按躲过最大不平衡电流整定，继电器动作电流一般为 2～4 A。因此，零序过电流保护的灵敏度高。

由于零序阻抗远较正序阻抗、负序阻抗大，故线路始端与末端接地短路时，零序电流变化显著，曲线较陡。因此，零序Ⅰ段和零序Ⅱ段保护范围较大，其保护范围受系统运行方式影响较小。

（2）动作迅速。零序过电流保护的动作时限，不必与 Yd 接线的降压变压器后的线路保护动作时限相配合。因此，其动作时限比相间过电流保护动作时限短。

（3）不受系统振荡和过负荷的影响。当系统发生振荡和对称过负荷时，三相是对称的，反映相间短路的电流保护都受其影响，可能误动作。而零序电流保护则不受其影响，因为振荡及对称过负荷时，无零序分量。

（4）接线简单、经济、可靠。零序电流保护反映单一的零序分量，故用一个测量继电器就可以反映接地短路，使用继电器的数量少，所以零序电流保护接线简单、经济，调试维护方便，动作可靠。

随着系统电压的不断提高，电网结构日趋复杂，特别是在电压较高的网络中，零序电流保护在整定配合上，无法满足灵敏度和选择性的要求，此时可采用接地距离保护。

四、中性点非直接接地系统的接地保护

1. 中性点不接地系统单相接地时的电流和电压

中性点不接地系统正常运行时，系统的三相电压对称。为便于分析，忽略电源和线路上的压降，用集中电容 $C_{0.F}$ 表示 3 个相各自的对地电容，即 $C_A = C_B = C_C = C_{0.F}$，并设负荷电流为零。这 3 个电容相当于一对称星形负载，中性点就是大地，电源中性点与负荷中性点电位相等。正常运行时，电源中性点对地电压等于零，即 $\dot{U}_N = 0$，由于忽略电源和线路上的压降，所以各相对地电压即为相电动势。各相电容 $C_{0.F}$ 在三相对称电压作用下，产生的三相电容电流也是对称的，并超前相应的相电压 90°。三相对地电压之和与三相电容电流之和都为零，所以电网正常运行时无零序电压和零序电流。

中性点不接地系统单相接地时，接地相对地电容 $C_{0.F}$ 被短接，接地故障相

对地电压变为零,该相电容电流也为零。由于三相对地电压以及电容电流的对称性遭到破坏,因而将出现零序电压和零序电流。如图 1-56 所示,L3 线路上发生 A 相接地时,从图中的分析可得出如下的结论:

(1) 接地相对地电压降为零,此时中性点对地电压 $\dot{U}_N = -\dot{E}_A$。线路各相对地电压和零序电压分别为:

$$\begin{cases} \dot{U}_A = 0 \\ \dot{U}_B = \dot{E}_B - \dot{E}_A = \sqrt{3}\,\dot{E}_A \mathrm{e}^{-\mathrm{j}150°} \\ \dot{U}_C = \dot{E}_C - \dot{E}_A = \sqrt{3}\,\dot{E}_A \mathrm{e}^{-\mathrm{j}150°} \\ \dot{U}_0 = \dfrac{1}{3}(\dot{U}_A + \dot{U}_B + \dot{U}_C) = -\dot{E}_A \end{cases}$$

由此可知,A 相接地后,B 相和 C 相对地电压升高为 $\sqrt{3}$ 倍,升高为线电压,中性点发生位移,中性点电压等于正常运行时的相电压。此时三相电压之和不为零,出现了零序电压,其相量图如图 1-56(b) 所示。

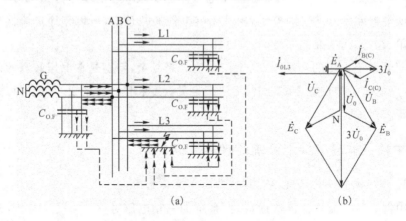

图 1-56 中性点不接地系统单相接地

(a)电容电流的分布;(b)电流电压相量图

(2) 接地相电容电流为零,其他两相电容电流随该两相对地电压升高而增大到正常值的 $\sqrt{3}$ 倍,因而线路上出现零序电流。非故障线路的零序电流为本线路两非故障相的电容电流的相量和,其相位超前零序电压 90°,方向由母线流向线路;故障线路始端的零序电流等于系统全部非故障线路对地电容电流之和,其相位滞后零序电压 90°,其方向为由线路流向母线。

根据以上特点,可构成不同原理的接地保护装置。

（3）综上所述，中性点不接地电网单相接地时零序分量有以下特点：

① 单相接地时，故障相对地电压降为零，非故障相电压升高为原来的$\sqrt{3}$倍，电网中出现零序电压，其大小等于故障前电网的相电压。

② 在非故障线路中保护安装处流过的零序电流，其数值等于线路本身非故障相对地电容电流之和，方向由母线流向线路。

③ 在故障线路中保护安装处流过的零序电流，其数值为所有非故障线路零序电流之和，方向由线路流向母钱。

2. 中性点经消弧线圈接地电网中单相接地故障的特点

根据上面的分析，中性点不接地系统中发生单相接地时，流过故障点的电流为整个系统电容电流的总和。如果这个电流数值较大，就会在接地点燃起电弧，引起间歇性弧光过电压，甚至造成非故障相的绝缘破坏，从而发展成相间短路故障或多点接地短路故障，扩大事故。为了解决这个问题，在接地故障电流大于一定值的电网中，中性点均应采用经消弧线圈接地的方式。如当 22～66 kV 电网单相接地时，故障点的零序电容电流总和若大于 10 A，10 kV 电网大于 20 A，3～6 kV 电网大于 30 A，则其电源、中性点应采取经消弧线圈（带铁芯的电感线圈）接地方式。这样当单相接地时，在接地点就有一个电感分量电流流过，此电流和原电网的电容电流相抵消，使故障点电流减小。

中性点经消弧线圈接地系统发生单相接地时，电容电流的分布与图 1-56(a) 完全相同。但是在中性点对地电压的作用下，在消弧线圈中产生一个电感电流 $\dot{I}_L$，此电流也经接地故障点而构成回路，如图 1-57 所示。这时接地故障点的电流包括两个成分，即原来的接地电容电流 $\dot{I}_C$ 和消弧线圈的电感电流 $\dot{I}_L$。因为电感电流 $\dot{I}_L$ 的相位与电容电流 $\dot{I}_C$ 的相位相反，相互抵消，起到了补偿作用，结果使接地点故障电流减小，从而使接地故障点的电弧消除。

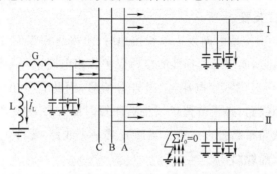

图 1-57 中性点经消弧线圈接地电网单相接地故障

由前面分析可知,消弧线圈的作用就是用电感电流来补偿接地点的电容电流。根据对电容电流补偿程度不同,可以分为完全补偿、欠补偿和过补偿 3 种方式。

(1) 完全补偿就是 $I_L = I_C$,此时接地故障点的电流为零。从消除故障点的电弧及避免出现弧光过电压的角度来看,这种补偿方式最好。但它存在严重缺点,因为当完全补偿时,感抗等于电网的容抗,会发生串联谐振,使系统产生过电压。此外,在断路器三相触头不同时闭合或断开时,也将短时出现一个数值更大的零序分量电压 $\dot{U}_0$,电压 $\dot{U}_0$ 将在串联谐振回路中产生更大的电流,此电流在消弧线圈上又会产生更大的电压降,从而使电源中性点对地电压升高,这是不允许的,因此实际上不采用完全补偿方式。

(2) 欠补偿就是使 $I_L < I_C$,补偿后的接地点电流仍然是容性的。当系统运行方式改变时,如某个元件被切除,或某些线路因检修被迫切除或因短路跳闸时,系统零序电容电流会减小,致使可能得到完全补偿引起过电压,所以欠补偿方式一般也不采用。

(3) 过补偿就是使 $I_L < I_C$,补偿后接地点残余电流是感性的。这时即使系统运行方式发生改变,也不会发生串联谐振产生过电压的问题,因此这种补偿方式在实际中得到广泛应用。

3. 中性点不接地电网单相接地的保护

中性点不接地电网发生单相接地时,由于故障点电流很小,三相线电压仍然对称,对负荷供电影响小,因此一般情况下,要求保护装置只发信号,而不必跳闸(允许再继续运行 1~2 h),只在对人身和设备的安全有危险时,才动作于跳闸。中性点不接地电网单相接地的保护方式有无选择性的绝缘监视装置、零序电流保护、零序功率方向保护。

1) 绝缘监视装置

利用中性点不接地电网发生单相接地时,电网出现零序分量电压的特点,构成绝缘监视装置,实现无选择性的接地保护。当电网中任一线路发生单相接地时,全电网都会出现零序电压,发出告警信号,因此它发出的是无选择性信号。为找出故障线路,必须由值班人员顺序短时断开各条线路,并继之以自动重合闸将断开线路重新投入运行。当断开某一个线路,零序电压信号消失,说明该线路即是故障线路。

如图 1-58 所示。绝缘监视装置由一个过电压继电器 KV 接于三相五柱式电压互感器二次侧开口三角形绕组的输出端构成。电压互感器 TV 的二次侧有 2 组绕组,其中一组接成星形,在它的引出线上接 3 只电压表加 1 个三相切换开关用以测量各相对地电压;另一组接成开口三角形,以取得零序电压。过电压继电器接在开口三角形的开口处,用来反映系统的零序电压,并接通信号回路。

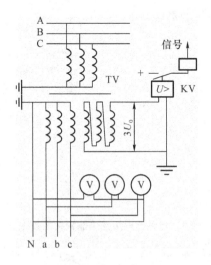

图 1-58　绝缘监视装置原理接线图

正常运行时,系统三相电压对称,无零序分量电压,所以 3 只电压表读数相等,分别指示各自的相电压,过电压继电器不动作。当电网母线上任一条线路发生金属性单相接地时,接地相电压变为零,该相电压表读数为零,而其他两相对地电压升高至原来的 $\sqrt{3}$ 倍,所以电压表读数升高。系统各处都会出现零序电压,因此开口三角有零序电压输出,使继电器动作并启动信号继电器发信号。为了知道哪一相发生了接地故障,可以通过电压表读数来判别,接地相对地电压为零,非故障相电压升高到线电压。

在电网正常运行时,由于电压互感器本身有误差以及高次谐波电压存在,在 TV 开口三角形绕组输出端有不平衡电压输出,因此电压继电器的动作电压要躲过这一不平衡电压,一般取 15 V。

2) 零序电流保护

当发生单相接地时,故障线路的零序电流是所有非故障元件的零序电流之和。当出线较多时,故障线路零序电流比非故障线路零序电流大,利用这个特点可以构成有选择性的零序电流保护。

　　这种保护一般用在有条件安装零序电流互感器的电缆线路或经电缆引出的架空线上。

　　保护的原理接线图如图1-59所示。保护装置通过零序电流互感器取得零序电流,电流继电器用来反映零序电流的大小并动作于信号。采用零序电流互感器,其不平衡电流较小,电流继电器的整定值按不平衡电流和自身的电容电流整定,从而提高了保护的灵敏系数。

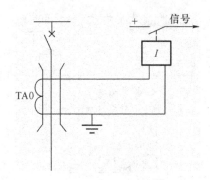

图 1-59　用零序电流互感器构成的接地保护

　　发生单相接地时,故障线路的零序电流大,保护动作发信号,非故障线路的零序电流较小,保护不动作,因此零序电流保护是有选择性的。但当出线少时往往难以实现。

　　3)零序功率方向保护

　　在中性点不接地电网中出线较少的情况下,非故障相零序电流与故障相零序电流差别可能不大,采用零序电流保护不能满足灵敏性要求,这时可采用零序功率方向保护。其原理接线图如图1-60所示,图中零序功率方向继电器输入$3\dot{U}_0$和$3\dot{I}_0$。

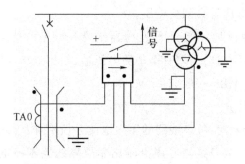

图 1-60　零序功率方向保护原理接线图

发生接地故障时,故障线路的零序电流滞后于零序电压 90°,若使零序功率方向继电器的最大灵敏角为 90°,则此时保护装置能灵敏动作;非故障线路的零序电流超前零序电压 90°,零序电流落入非动作区,保护不动作。

零序功率方向保护多用于零序电流保护不能满足灵敏系数的要求和接线复杂的网络中。在实际运行中零序功率方向保护有拒动和误动的可能。因此,小接地电流系统的单相接地保护还有待进一步研究和开发。

例 1-1 网络如图 1-61 所示,已知电源等值正序电抗、零序电抗为 $X_{1s}=X_{2s}=$ 5 Ω和 $X_{0s}=8$ Ω;线路 AB、BC 正序电抗和负序电抗为 $X_1=0.4$ Ω/km 和 $X_2=$ 1.4 Ω/km;变压器 T1 的额定参数为 31.5 MVA、110 kV/6.6 kV 和 $U_k\%=$ 10.5%。已知 BC 线路零序电流保护第Ⅲ段保护时限 $t_{02}^{Ⅲ}=1.2$ s,其他参数如图 1-61所示,试确定 AB 线路的零序电流保护Ⅰ段、Ⅱ段、Ⅲ段的动作电流、灵敏系数和动作时限。

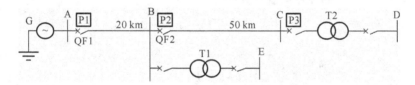

图 1-61 例题的网络图

解:

(1) 计算零序短路电流。先求各元件的各序电抗值。

线路 AB:$X_1=X_2=0.4$ Ω/km×20 km=8 (Ω),$X_0=1.4$ Ω/km×20 km=28 (Ω)

线路 BC:$X_1=X_2=0.4$ Ω/km×50 km=20 (Ω),$X_0=1.4$ Ω/km×50 km=70 (Ω)

变压器 T1:$X_1=X_2=\dfrac{U_K\%}{100}\cdot\dfrac{U_N^2}{S_N}=\dfrac{10.5}{100}\times\dfrac{110^2}{31.5}=40.33$ (Ω)

B 母线短路时的零序电流计算如下:

因为 $X_{1\Sigma}=X_{2\Sigma}=5+8=13$ (Ω),$X_{0\Sigma}=8+28=36$ (Ω),$X_{0\Sigma}>X_{1\Sigma}$,所以 $I_{K0}^{(1)}>I_{K0}^{(1,1)}$,故按单相接地短路作为整定条件,两相接地短路作为灵敏度校验条件,则

$$I_{K0}^{(1,1)} = I_{K1} \cdot \frac{X_{2\Sigma}}{X_{2\Sigma} + X_{0\Sigma}} = \frac{E_{p_h}}{X_{1\Sigma} + \dfrac{X_{2\Sigma} X_{0\Sigma}}{X_{2\Sigma} + X_{0\Sigma}}} \cdot \frac{X_{2\Sigma}}{X_{2\Sigma} + X_{0\Sigma}}$$

$$= \frac{115\,000}{\sqrt{3}\left(13 + \dfrac{13 \times 36}{13 + 36}\right)} \times \frac{13}{13 + 36} = 780(A)$$

$$3 I_{K0}^{(1,1)} = 3 \times 780 = 2\,340(A)$$

$$I_{K0}^{(1)} = \frac{E_{p_h}}{\sqrt{3}(X_{1\Sigma} + X_{2\Sigma} + X_{2\Sigma})} = \frac{115\,000}{\sqrt{3}(13 + 13 + 36)} = 1\,070(A)$$

$$3 I_{K0}^{(1)} = 3 \times 1\,070 = 3\,210(A)$$

B 母线的最大三相短路电流为：

$$3 I_{KB.\,max}^{(3)} = \frac{E_{p_h}}{\sqrt{3} X_{1\Sigma}} = \frac{115\,000}{\sqrt{3} \times 13} = 5\,110(A)$$

C 母线短路时的零序电流计算如下：

$$X_{1\Sigma} = X_{2\Sigma} = 5 + 8 + 20 = 33\ (\Omega), X_{0\Sigma} = 8 + 28 + 70 = 106(\Omega)$$

$$3 I_{K0}^{(1,1)} = \frac{3 \times 115\,000}{\sqrt{3}\left(33 + \dfrac{33 \times 106}{33 + 106}\right)} \times \frac{33}{33 + 106} = 813(A)$$

$$3 I_{K0}^{(1)} = \frac{3 \times 115\,000}{\sqrt{3}(33 + 33 + 106)} = 1\,158(A)$$

(2) 进行各段零序电流保护的整定计算和灵敏度校验。

① 零序第 I 段保护：

$$I_{op.\,1}^{I} = K_{rel}^{I} 3 I_{0.\,max} = 1.25 \times 3\,210 = 4\,013(A)$$

单相接地短路时保护区的长度 l 计算如下：

$$4\,013 = \frac{3 \times 115\,000}{\sqrt{3}(13 + 13 + 2 \times 0.4l + 1.4l)}$$

$$l = 14.4\ (km) > 0.2 \times 20 = 4(km)$$

两相接地短路时保护区的长度 l 计算如下：

$$4\,013 = \frac{3 \times 115\,000}{\sqrt{3}(5 + 0.4l + 16 + 2 \times 1.4l)}$$

$$l = 9(km) > 0.2 \times 20 = 4(km)$$

② 零序第 II 段保护：

$$I_{op.\,1}^{II} = 1.15 \times (1.25 \times 1\,158) = 1\,664(A)$$

$$K_{\text{rel}}^{\text{II}}=\frac{2\ 340}{1\ 664}=1.4>1.3（满足要求）$$

$$动作时限：t_1^{\text{II}}=\Delta t=0.5\ (\text{s})$$

③ 零序第Ⅲ段保护：因为 110 kV 线路可以不考虑非全相运行情况，按躲过末端最大不平衡电流整定，即

$$I_{\text{op.1}}^{\text{III}}=K_{\text{rel}}^{\text{III}}K_{\text{st}}K_{\text{np}}K_{\text{err}}I_{\text{KB.max}}^{(3)}=1.25\times0.5\times1.5\times0.1\times5\ 110=480（\text{A}）$$

近后备保护：$K_{\text{sen}}^{\text{III}}=\dfrac{3I_{\text{k0.B}}^{1.1}}{I_{\text{op.1}}^{\text{III}}}=\dfrac{2\ 340}{480}=4.9（满足要求）$

远后备保护：$K_{\text{sen}}^{\text{III}}=\dfrac{3I_{\text{k0.C}}^{1.1}}{I_{\text{op.1}}^{\text{III}}}=\dfrac{813}{480}=1.69（满足要求）$

动作时限：$t_{01}^{\text{III}}=t_{02}^{\text{III}}+\Delta t=1.2+0.5=1.7（\text{s}）$

技能训练

(1) 能分析三段式零序方向电流保护的逻辑框图。

(2) 三段式零序方向电流保护的整定计算。

(3) 大接地系统接地保护的调试。

(4) 小接地系统接地保护的调试。

(5) 掌握分析、查找、排除输电线路保护故障的方法。

(6) 正确填写继电器的检验、调试、维护记录和校验报告。

(7) 会正确使用、维护和保养常用校验设备、仪器和工具。

完成任务

班级分组要求每组 4～6 人，教师为各组设定不同的参数要求，学生制订工作计划和实施方案，列出工具、仪器仪表、装置的需要清单；教师审核工作计划和实施方案，引导学生确定最终实施方案；学生根据新要求，对原理和调试方法进行反思内化，练习使用继电保护测试仪，进行保护装置的接线、接地保护功能的检验、调试，对调试结果进行分析，逐步形成调试技能；学生逐项填写试验清单和误差分析，归档技术资料，小组展示成果，并根据事先提出的目标进行自我评估；老师听取学生的反馈信息，评价学生工作过程和工作结果的优劣、学生的协作精神、安全意识，提出存在问题和改进意见。

学习评价

1. 工作成果评价

严格按照国家电网公司电力安全工作规程,对接地保护高压传动试验过程操作程序、操作行为和操作水平等进行评价,如表1-9所示。

表1-9　接地保护高压传动试验工作评价表

学习目标	评价指标	评价标准	自评	小组评	教师评
调校准备	操作程序	正确			
	操作行为	规范			
	操作水平	熟练			
调校实施	操作程序	正确			
	操作行为	规范			
	操作水平	熟练			
	操作精度	达到要求			
后续工作	操作程序	正确			
	操作行为	规范			
	操作水平	熟练			

2. 学习成果评价

按照职业教育技术类技能型人才培养要求,主要评价学生接地保护高压传动试验知识与技能、操作技能及情感态度等的情况,如表1-10所示。

表1-10　接地保护高压传动试验学习成果评价表

评价项目	评价标准	等级(权重)分				自评	小组评	教师评
		优秀	良好	一般	较差			
知识与技能	简述电网中性点运行方式	10	8	5	3			
	三段式零序方向电流保护的逻辑框图	10	8	5	3			
	三段式零序方向电流保护的整定计算	10	8	5	3			
	接地保护的调试与排故	8	6	4	2			

续　表

评价项目	评价标准	等级（权重）分				自评	小组评	教师评
		优秀	良好	一般	较差			
操作技能	熟悉运用网络独立收集、分析、处理和评价信息的方法	10	8	5	3			
	积极参与小组合作与交流	10	8	5	3			
	能制作 PPT，将搜集到的材料用 PPT 清楚地展现出来，而且比较有创新	8	6	4	2			
情感态度	课堂上积极参与，积极思维，积极动手、动脑，发言次数多	8	6	4	2			
	小组协作交流情况：小组成员间配合默契，彼此协作愉快，互帮互助	10	8	5	3			
	对本内容兴趣浓厚，提出了有深度的问题	8	6	4	2			
课堂调查：书面写出你在学习本节课时所遇到的困难，向教师提出较合理的教学建议		8	6	4	2			
自评意见：								
小组评意见：								
教师评意见：								
努力方向：								

思考与练习

一、填空题

1. 对中性点直接接地的电力系统，当发生接地短路时，零序电流的大小和分布与_____和_____有关。

2. 零序过电流保护与相间过电流保护相比，由于_____，所以灵敏度更高。

3. 零序过电流保护的动作电流应躲过下一条线路首端发生三相短路时由

零序电流过滤器输出的最大_____。

4. 零序电压在接地故障点处_____,故障点距离保护安装置处越近,该处的零序电压_____。

5. 中性点非直接接地电网中,单相接地不产生短路电流,故过流保护的电流互感器采用_____。

6. 三段式零序电流保护中,一般第_____不能保护本线路全长,而第_____段不能保护本线路全长,第_____段与相应的相间电流保护第_____段相比,其动作时限较小。

二、简答题与计算题

1. 说明零序电压、电流滤过器的基本原理。

2. 中性点直接接地系统阶段式零序电流保护是如何构成的?说明其整定计算原则和时限特性。

3. 在图 1-62 中,拟在断路器 QF1～QF6 处装设过电流保护和零序过电流保护,已知 $\Delta t = \Delta t_0 = 0.5$ s,试确定:

(1) 相间短路过电流保护和接地零序过电流保护的动作时间;

(2) 画出上述 2 种保护的时限特性并进行评价。

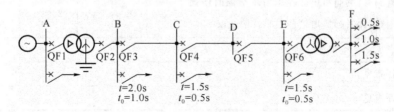

图 1-62 习题 3 图

4. 试述在中性点不接地系统中发生单相接地故障时零序电流、零序电压的特点,绘出相量图及电容电流的分布图并加以说明。

5. 说明零序电流互感器的构造和工作原理,并指出为什么在小接地电流系统中的零序电流保护多采用零序电流互感器而不是零序电流滤过器;为什么要求电缆头的接地线要穿过互感器的窗孔后再接地。

项目二

输电线路阶段式距离保护构成与运行

本项目包含 2 个工作任务:距离保护构成与阻抗继电器动作特性及距离保护整定计算与对距离保护的评价。

任务一　距离保护构成与阻抗继电器动作特性

引言

大多数电流电压保护,其保护范围要随系统运行方式的变化而变化,对长距离、重负荷线路,由于线路的最大负荷电流可能与线路末端短路时的短路电流相差甚微,采用电流、电压保护,其灵敏性也常常不能满足要求。随着电力系统的发展,电压等级逐渐提高,网络的结构越来越复杂,系统的变化方式比较多,电流、电压保护难于满足电网对保护的要求,一般只适用于 35 kV 及以下电压等级的配电网。对于 110 kV 及以上电压等级的复杂网,线路保护采用性能更加完善的距离保护装置,而距离保护能否正确动作,取决于保护能否正确地测量从短路点到保护安装处的阻抗,并使该阻抗与整定阻抗比较,这个任务由阻抗继电器来完成。因此,距离保护构成与阻抗继电器动作特性被列为必修项目。

学习目标

(1) 阻抗继电器的动作特性。

(2) 距离保护的工作原理。

(3) 分析影响距离保护正确测量阻抗的因素,并能采取一定措施予以消除。

过程描述

（1）阻抗继电器检验准备工作。认真了解阻抗继电器与运行设备相关的连线，制定安全技术措施。准备工具材料和仪器仪表，做好阻抗继电器检验准备工作并办理工作许可手续。

（2）阻抗继电器调校试验。做阻抗继电器的阻抗整定值的整定、调整及静态特性测试工作，并用实际断路器做传动试验，做好装置投运准备工作，记录阻抗继电器检验发现的问题及处理情况。

（3）工作完成后，需要运行专业工作票，终结工作票后，工作才算完成，全部工作完毕后，工作班应清扫、整理现场。

过程分析

为了达到阻抗继电器试验的标准要求，试验的各项操作必须严格按照国家电网公司电力安全工作规程操作。

（1）阻抗整定值的整定、调整。要求阻抗继电器阻抗整定值为 $Z_{zet}=5\ \Omega$，实验时检查电抗变压器原方匝数应为 16 匝。计算电压变换器的变比，副方线圈对应的匝数为原方匝数的 32%。在阻抗继电器面板上选择 20 匝、10 匝，2 匝插孔插入螺钉。改变电抗变压器原方匝数为 20 匝，重复上述步骤，在阻抗继电器面板上选择 40 匝、0 匝，0 匝插孔插入螺钉。上述步骤完成后，保持整定值不变，继续做下一个试验。

（2）阻抗继电器的静态特性测试。按图 2-1 所示试验原理图接线。

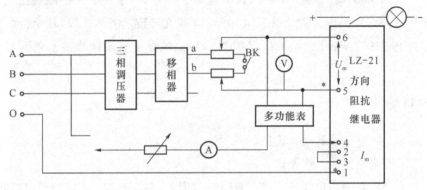

图 2-1　LZ-21 阻抗继电器实验原理接线图

逆时针方向将所有调压器调到 0 V,将移相器调到 0°,将滑线电阻的滑动触头移至其中间位置,将继电器灵敏角度整定为 72°,整定阻抗设置为 5 Ω。合上三相电源开关、单相电源开关和直流电源开关。打开多功能表电源开关,将其功能选择开关置于相位测量位置("相位"指示灯亮),相位频率测量单元的开关拨到"外接频率"位置。调节三相调压器使电压表读数为 20 V,调节单相调压器使电流表读数为 1 A,检查多功能表,看其读数是否正确,分析继电器接线极性是否正确。调节单相调压器的输出电压,保持方向阻抗继电器的电流回路通过的电流为 $I_m = 20$ A。测量给定电压分别为 10、8、6、4、2、1.5、1.2、1.0(V)时使继电器动作的 2 个角度 φ_1、φ_2,画出静态特性图,求出整定灵敏度 φ。

知识链接

一、距离保护的构成与运行

1. 距离保护的引入

如图 2-2 所示,K 点短路时,短路电流 $\dot{I}_K = \dot{E}/(Z_s + Zl_K)$,随着系统运行方式的变化,系统的等值阻抗 Z_s 变化范围越大,反映到短路电流与故障距离的曲线上,就是最大短路电流曲线 $\dot{I}_{K.max}$ 与最小短路电流曲线 $\dot{I}_{K.min}$ 间的间距越大,可能导致电流保护在最小运行方式下没有保护区(图 2-2 中最小短路电流曲线 $\dot{I}_{K.min}$ 继续向下平移),也就是电流保护的灵敏度很低。同理可得,电压保护或者零序电流保护同样受系统运行方式的影响。

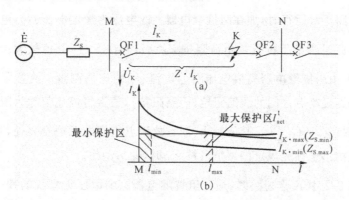

图 2-2　电流保护灵敏度受运行方式的影响分析

在图 2-2 中,母线 M 的电压与电流在 K 点发生三相短路时,有如下关系:

$$\dot{U}_K = \dot{I}_K Z l_K$$

即

$$\frac{\dot{U}_K}{\dot{I}_K} = Z l_K \qquad (2\text{-}1)$$

式中　l_K——保护安装处到故障点的距离;

　　　Z——线路每千米阻抗。

由式(2-1)可知,保护安装处的电压、电流的比值与故障点距离成正比,且与系统的运行方式无关。距离保护就是利用该比值判断故障的一种保护,且不受系统运行方式的影响,可以获得较为稳定的灵敏度。

2. 距离保护概述

1) 距离保护的基本概念

距离保护是反应故障点至保护安装处之间的距离,并根据该距离的远近确定动作时限的一种继电保护装置。短路点越靠近保护安装处,其测量阻抗就越小,则保护的时限就越短;反之,短路点越远,其测量阻抗就越大,则保护动作时限就越大。

测量保护安装处至故障点的距离,实际上是测量保护安装处至故障点之间的阻抗大小,故有时又称之为阻抗保护。该阻抗为被保护线路始端电压和线路电流的比值,用来完成这一测量任务的元件称为阻抗继电器。

2) 距离保护工作原理

在线路正常运行时,加在阻抗继电器上的电压为额定电压 $\dot{U}_N$,电流为负荷电流 $\dot{I}_L$,此时测量阻抗就是负荷阻抗 $Z_K = Z_L = \dot{U}_N / \dot{I}_L$,其值较大。当系统发生短路时,由阻抗继电器完成电压 $\dot{U}_m$、电流 $\dot{I}_m$ 的比值测量。测量阻抗等于保护安装处到短路点之间的线路阻抗(短路阻抗),通常将该比值称为阻抗继电器的测量阻抗 $Z_K = \dot{U}_K / \dot{I}_K$,其值较小,而且故障点越靠近保护安装处,其值越小。当测量阻抗小于预先规定的整定阻抗 Z_{set} 时,保护动作。

在图 2-2 中 K 点短路时,加在阻抗继电器上的电压为母线的残压 $\dot{U}_{mK}$,电流为短路电流 $\dot{I}_K$,阻抗继电器的一次测量阻抗就是短路阻抗 $Z_K = Z l_K = \dfrac{\dot{U}_{mK}}{\dot{I}_K}$。

由于 $U_{mK} \ll U_N$，$I_K \gg I_L$，$Z_K \ll Z_L$。因此，利用阻抗继电器的测量阻抗可以区分故障与正常运行，并且能够判断出故障的远近。

由式（2-1）可知，故障距离越远，测量阻抗越大。因此测量阻抗越大，保护动作时间应当越长，并采用三段式距离保护来满足继电保护的基本要求。三段式距离保护的动作原则与电流保护类似。距离保护阶梯形时限特性，如图 2-3 所示。

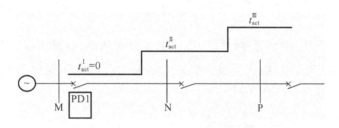

图 2-3　距离保护的阶梯形时限特性

距离保护的第Ⅰ段是瞬时动作的，为保证选择性，保护区不能伸出本线路，其启动阻抗的整定值必须躲开短路点所测量到的阻抗，即测量阻抗小于本线路Ⅰ段动作时动作阻抗。如图 2-3 所示，考虑到阻抗继电器和电流、电压互感器的误差，需引入可靠系数 K_{rel}^{I}（$K_{rel}^{I}=0.8\sim0.85$），保护 PD1 的 Ⅰ 段动作阻抗为：

$$Z_{act.1}^{I}=K_{rel}^{I}Z_{MN} \tag{2-2}$$

为了切除本线路末端 15%～20% 范围以内的故障，需要设置距离保护第Ⅱ段。为保证选择性，保护区不能伸出下一条线路距离Ⅰ段的保护范围，即测量阻抗小于本线路阻抗与相邻线路Ⅰ段动作时动作阻抗之和，同时高出相邻线路距离Ⅰ段一个 Δt 的时限动作。引入可靠系数 K_{rel}^{II}（K_{rel}^{II} 一般取 0.8），保护 PD1 的Ⅱ段动作阻抗为：

$$Z_{act.1}^{II}=K_{rel}^{II}(Z_{MN}+K_{rel}^{I}Z_{NP}) \tag{2-3}$$

距离Ⅰ段和Ⅱ段的联合工作构成本线路的主保护。

距离保护的第Ⅲ段除了作为本线路的近后备保护外，还要作为相邻线路的远后备保护，所以除了在本线路故障有足够的灵敏度外，相邻线路故障也要有足够的灵敏度，其测量阻抗小于负荷阻抗时启动，故动作阻抗小于最小的负荷阻抗。动作时间与电流保护Ⅲ段时间有相同的配置原则，即大于相邻线路最长的动作时间。

3）距离保护组成

与电流保护类似,目前电网中应用的距离保护装置,一般也都采用阶梯时限配合的三段式配置方式。如图 2-4 所示,距离保护一般由启动元件 I、阻抗测量元件(Z_I、Z_{II}、Z_{III})、时间元件(t_{II}、t_{III})、振荡闭锁、电压回路断线闭锁、配合逻辑和出口等几部分组成,它们的作用分述如下:

（1）电压二次回路断线闭锁元件。由式 $Z_m = \dfrac{\dot{U}_m}{\dot{I}_m} = Z_1 l + Z_{Ld}$ 和 $Z_m = \dfrac{\dot{U}_m}{\dot{I}_m} = Z_1 l_K$ 可知,当电压二次回路断线时 $\dot{U}_m = 0$,$\dot{Z}_m = 0$,保护会误动作。为防止电压二次回路断线时保护的误动作,当出现电压二次回路断线时可将距离保护闭锁。

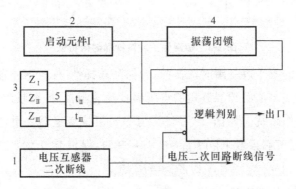

图 2-4　三段式距离保护原理框图

（2）启动元件。被保护线路发生短路故障时,立即启动整套保护装置,以判别被保护线路是否发生故障。采用的是过电流继电器或者阻抗继电器。

（3）I、II、III 段阻抗测量元件 Z_I、Z_{II}、Z_{III},由阻抗继电器实现,用来测量故障点到保护安装处阻抗的大小(距离的长短),以判别故障是否发生在保护范围内,决定保护是否动作。

（4）振荡闭锁元件。振荡闭锁元件是用来防止当电力系统发生振荡时距离保护的误动作。在正常运行或系统发生振荡时,振荡闭锁装置可将保护闭锁;而当系统发生短路故障时,解除闭锁开放保护。因此,振荡闭锁元件又可理解为故障开放元件。

（5）时间元件。根据保护间配合的需要,根据预定的时限特性确定动作的时限,以保证保护动作的选择性,一般采用时间继电器。正常运行时,阻抗测量

元件 Z_{I}、Z_{II}、Z_{III} 均不动作,距离保护可靠地不动作。

正常运行时,启动元件不启动,保护装置处于被闭锁状态。

当被保护线路发生故障时,启动元件启动、振荡闭锁元件开放,阻抗测量元件 Z_{I}、Z_{II}、Z_{III} 测量故障点到保护安装处的阻抗,在保护范围内故障,保护出口跳闸。

3. 距离保护与电流保护的主要差别

(1) 测量元件采用阻抗元件而不是电流元件。

(2) 电流保护中不设专门的启动元件,而是与测量元件合二为一;距离保护中每相均有独立的启动元件,可以提高保护的可靠性。

(3) 电流保护只反映单一电流的变化,而距离保护既反映电流的变化(增加)又反映电压的变化(降低),其灵敏度明显高于电流保护。

(4) 电流保护的保护范围与系统运行方式和故障类型有关;而距离保护的保护范围基本上不随系统运行方式变化而变化,较稳定。

二、阻抗继电器原理及其动作特性

在距离保护中,阻抗继电器是距离保护装置的核心元件,其主要作用是在系统发生短路故障时,测量故障点到保护安装处之间的距离(阻抗),获得故障环上的测量阻抗 Z_{m},并与整定阻抗值 Z_{set} 进行比较,以确定出故障所处的区段,在判断为区内故障的情况下,给出动作信号。

在上面分析中,得出了正向故障情况下测量阻抗 Z_{m} 与整定阻抗值 Z_{set} 在阻抗复平面上同方向,而反向故障情况下两者方向相反的结论,并据此给出了在线路阻抗的方向上,通过比较 Z_{m} 和 Z_{set} 的大小来实现故障区段判断的方法。但在实际工况下,由于互感器误差、故障点存在过渡电阻等因素,继电器测量到的 Z_{m} 一般不能严格地落在与 Z_{set} 同向的直线上,而是落在该直线附近的一个区域中。为保证区内故障情况下阻抗继电器可靠动作,在复平面上,其动作的范围应该是一个包括 Z_{set} 在内,但在 Z_{set} 的方向上不超过 Z_{set} 的区域,如圆形区域、四边形区域、苹果形区域、橄榄形区域等。当测量阻抗 Z_{m} 落在动作区域以内时,判断为区内故障,阻抗继电器给出动作信号;当测量阻抗 Z_{m} 落在动作区域以外时,判断为区外故障,阻抗继电器不动作。该区域的边界就是阻抗继电器的临界动作边界。动作区域的形状,称为动作特性,如动作区域为圆形,称为圆特性;动作区域为四边形,称为四边形特性。下面主要介绍其中的圆特性与四边形特性阻抗继电器。

1. 圆特性阻抗继电器

根据动作特性圆在阻抗复平面上位置和大小的不同,圆特性又可分为偏移圆特性、方向圆特性、全阻抗圆特性和上抛圆特性等几种。

1) 偏移圆特性阻抗继电器

偏移圆阻抗特性的动作区域如图 2-5 所示,它包括 2 个整定阻抗,即正方向整定阻抗 Z_{set1} 和反方向整定阻抗 Z_{set2}($Z_{set2} = \rho Z_{set1}$,ρ 为偏移率),2 个整定阻抗对应相量末端的连线构成特性圆的直径。特性圆包括坐标原点,圆心位于 $1/2(Z_{set1} + Z_{set2})$ 处,半径为 $|1/2(Z_{set1} - Z_{set2})|$。圆内为动作区,圆外为非动作区,当测量阻抗 R 正好落在圆周上时,阻抗继电器处于临界动作状态。

其动作方程可以有 2 种不同的表达形式:一种是比较两个量大小的绝对值比较原理表达式;另一种是比较两个量相位的相位比较原理表达式,分别称为绝对值(或幅值)比较动作方程和相位比较动作方程。本书只讨论绝对值(或幅值)比较原理的情况。

偏移特性阻抗继电器的动作特性,如图 2-5 所示。当测量阻抗 Z_m 落在圆内或圆周上时,Z_m 末端到圆心的距离一定小于或等于圆的半径,而当测量阻抗 Z_m 落在圆外时,Z_m 末端到圆心的距离一定大于圆的半径,所以动作条件可以表示为:

$$Z_m - \left| \frac{1}{2}(Z_{set1} + Z_{set2}) \right| \leqslant \left| \frac{1}{2}(Z_{set1} - Z_{set2}) \right| \tag{2-4}$$

式中,Z_{set1} 和 Z_{set2} 均为已知的整定阻抗;Z_m 由测量电压 $\dot{U}_m$ 和测量电流 $\dot{I}_m$ 求出。

当 Z_m 满足式(2-4)时,阻抗继电器动作,否则不动作。

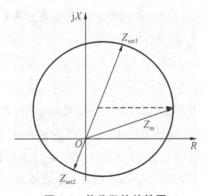

图 2-5 偏移阻抗特性圆

使阻抗元件处于临界动作状态的测量阻抗,称为动作阻抗,通常用 Z_{op} 来表示。对于具有偏移圆特性的阻抗继电器来说,当测量阻抗 Z_m 的阻抗角不同时,对应的动作阻抗是不同的。当测量阻抗 Z_m 的阻抗角与正向整定阻抗 Z_{set1} 的阻抗角相等时,阻抗继电器的动作阻抗 Z_{op} 最大(等于 Z_{set1}),即 $Z_{op}=Z_{set1}$。此时继电器最为灵敏,所以 Z_{set1} 的阻抗角又称为最灵敏角。最灵敏角是阻抗继电器的一个重要参数,一般取为与被保护线路的阻抗角相等。当测量阻抗 Z_m 的阻抗角与反向整定阻抗 Z_{set2} 的阻抗角相等时,动作阻抗最小,正好等于 Z_{set2},即 $Z_{op}=Z_{set2}$。当测量阻抗 Z_m 的阻抗角为其他角度时,动作阻抗将随着阻抗角的变化而变化。

偏移圆特性阻抗继电器的特点如下:

(1)具有一定的方向性。

(2)动作阻抗有无数个,当测量阻抗与正向整定阻抗的阻抗角相等时,动作阻抗最大,动作最灵敏的阻抗角又称最灵敏角,一般取为被保护线路的阻抗角。当测量阻抗与反向整定阻抗的阻抗角相等时,动作阻抗最小。

(3)一般用于距离保护的后备段。

2)方向圆特性阻抗继电器

在偏移圆特性中,如果令 $Z_{set2}=0$,$Z_{set1}=Z_{set}$,则动作特性变化成方向圆特性,动作区域如图 2-6 所示,特性圆经过坐标原点处,圆心位于 $Z_{set}/2$ 处,半径为 $|Z_{set}/2|$。当正方向短路时,若故障在保护范围内部,继电器动作。当反方向短路时,测量阻抗在第Ⅲ象限,继电器不动。因此,这种继电器的动作具有方向性。

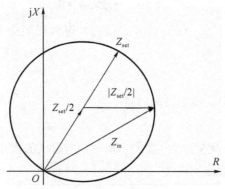

图 2-6　方向阻抗特性圆

将 $Z_{set2}=0, Z_{set1}=Z_{set}$ 代入式(2-4),可以得到方向圆特性的绝对值比较动作方程,即

$$|Z_m-Z_{set}/2|\leqslant |Z_{set}/2|$$ (2-5)

方向圆特性阻抗继电器的特点如下:

(1)具有方向性。

(2)动作阻抗有无数个,在整定阻抗的方向上,动作阻抗最大;在整定阻抗的反方向上,动作阻抗为零。

(3)一般用于距离保护的主保护段。

3)全阻抗圆特性阻抗继电器

在偏移圆特性中,如果令 $Z_{set2}=-Z_{set}, Z_{set1}=Z_{set}$,则动作特性变化成全阻抗圆特性,动作区域如图 2-7 所示,它没有方向性。特性圆的圆心位于坐标原点处,半径为 $|Z_{set}|$。

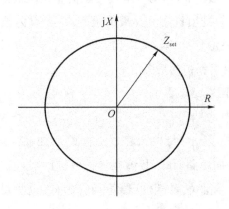

图 2-7   全阻抗特性圆

将 $Z_{set2}=-Z_{set}, Z_{set1}=Z_{set}$ 代入式(2-5),可以得到全阻抗圆特性的绝对值比较动作方程,即

$$|Z_m|\leqslant |Z_{set}|$$ (2-6)

全阻抗圆特性阻抗继电器的特点如下:

(1)无方向性。

(2)动作阻抗有无数个,且其大小均与整定阻抗的大小相等。

2. 四边形特性阻抗继电器

在高压或超高压输电线路中,发生经过渡电阻接地短路时,圆特性的阻抗元件在整定值较小时,动作特性圆也比较小,区内经过渡电阻短路时,测量阻抗

容易落在区外,导致测量元件拒动作;而当整定值较大时,动作特性圆也较大,负荷阻抗有可能落在圆内,从而导致测量元件误动作。具有多边形特性的阻抗元件可以克服这些缺点,能够同时兼顾耐受过渡电阻的能力和躲负荷的能力,最常用的多边形为四边形和稍做变形的准四边形特性,如图 2-8 所示。

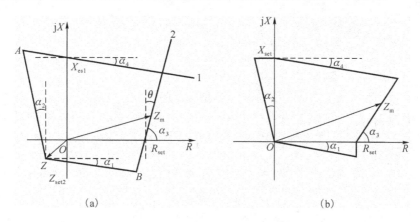

图 2-8　多边形特性

(a)四边形特性;(b)准四边形特性

图 2-8(a)所示的四边形可以看作是准电抗特性直线 1、准电阻特性直线 2 和折线 AZB 复合而成的,当测量阻抗 Z_m 落在它们所包围的区域时,测量元件动作;落在该区域以外时,测量元件不动作,其动作方程本书不再讨论。

图 2-8(b)所示的特性是由四边形特性稍做变形得到的,可称为准四边形特性,下面讨论与之对应的动作方程。

设测量阻抗 Z_m 实部为 R_m,虚部为 X_m,则图 2-8(b)在第 Ⅰ 象限部分的特性可以表示为:

$$\begin{cases} R_m \leqslant R_{set} \\ X_m \geqslant -R_m \tan \alpha_1 \end{cases} \tag{2-7}$$

第 Ⅱ 象限部分的特性可以表示为:

$$\begin{cases} X_m \leqslant X_{set} \\ R_m \geqslant -X_m \tan \alpha_2 \end{cases} \tag{2-8}$$

第 Ⅲ 象限部分的特性可以表示为:

$$\begin{cases} R_m \leqslant R_{set} + X_m \cot \alpha_3 \\ X_m \leqslant X_{set} - R_m \tan \alpha_4 \end{cases} \tag{2-9}$$

综合式(2-7)～式(2-9),动作特性可以表示为:

$$\begin{cases} -X_m\tan\alpha_2 \leqslant R_m \leqslant R_{set}+\hat{X}_m\cot\alpha_3 \\ -R_m\tan\alpha_1 \leqslant X_m \leqslant X_{set}-\hat{R}_m\tan\alpha_4 \end{cases} \tag{2-10}$$

式中:

$$\hat{X}_m = \begin{cases} 0 & (X_m \leqslant 0) \\ X_m & (X_m > 0) \end{cases}$$

$$\hat{R}_m = \begin{cases} 0 & (R_m \leqslant 0) \\ R_m & (R_m > 0) \end{cases}$$

若取 $\alpha_1=\alpha_2=14°,\alpha_3=45°,\alpha_4=7.1°$,则 $\tan\alpha_1=\tan\alpha_2=0.249\approx0.25=1/4,\cot\alpha_3=1,\tan\alpha_4=0.124\,5\approx0.125=1/8$,式(2-10)可表示为:

$$\begin{cases} -\dfrac{1}{4}X_m \leqslant R_m \leqslant R_{set}+\hat{X}_m \\ -\dfrac{1}{4}R_m \leqslant X_m \leqslant X_{set}-\dfrac{1}{8}\hat{R}_m \end{cases} \tag{2-11}$$

式(2-10)可以方便地在数字式保护中实现。

3. 方向阻抗继电器的特殊问题

1) 方向阻抗继电器的死区及死区的消除方法

当保护正方向出口附近发生相间短路时,母线电压为零或很小,加到继电器上的电压小于继电器动作所需要的最小电压时,方向阻抗继电器不能动作。发生此情况的一定范围,称为方向阻抗继电器的死区。

消除死区的方法:中心思想就是寻找一个电压来代替原来的 U_m 起作用,寻找出来的电压我们也管它叫极化电压(插入电压)。

方法一:采用记忆回路,主要是保证方向阻抗继电器在暂态过程中正确动作。

方法二:当稳态情况下,靠引入非故障相电压(引入第三相电压)消除两相短路的死区。

2) 阻抗继电器的精确工作电流

当继电器的启动阻抗等于 0.9 倍的整定阻抗时,所对应的最小测量电流,称为精确工作电流。

引入精确工作电流的意义如下:

(1) 它是用来衡量继电器动作阻抗与整定阻抗之间的误差是否满足 10% 的要求。

（2）当加入阻抗继电器的电流大于精工电流,说明阻抗继电器的误差在10%之内。

（3）为了减小阻抗继电器的误差,精工电流越小越好。

4. 阻抗继电器的接线方式

接线方式要解决 $\dot{U}_m = ?$、$\dot{I}_m = ?$ 的问题。对于布线逻辑（保护的原理由接线来完成）的保护,接线方式的分析比较烦琐;对于数字逻辑（保护的原理由程度来完成）的保护,只需将 $\dot{U}_A$、$\dot{U}_B$、$\dot{U}_C$、$3\dot{U}_0$ 及 $\dot{I}_A$、$\dot{I}_B$、$\dot{I}_C$、$3\dot{I}_0$ 根据需求顺序接入屏上指定的端子排即可。下面分析布线逻辑阻抗保护的接线方式。

1）对阻抗继电器接线方式的基本要求

（1）阻抗继电器的测量阻抗应与故障点到保护安装处的距离成正比,即 $Z_m \propto L_K$。

（2）阻抗继电器的测量阻抗与故障的类型无关,即保护范围应不随故障类型而变化。以保证在不同类型故障时,保护装置都能正确动作。

（3）阻抗继电器的测量阻抗应不受短路故障点过渡电阻的影响。

2）反映相间故障的阻抗继电器的零度（0°）接线方式

所谓零度接线方式,是假设系统 $\cos\varphi = 1$ 时,接入继电器的电流、电压同相位（实际中 $\cos\varphi \neq 1$,若 $\cos\varphi = 1$,系统工作在谐振状态而无法运行）。

反映相间故障的阻抗继电器采用线电压与两相电流差（也可理解为线电流）的 0°接线方式。由于接入的是"线量",所以可不考虑零序分量的影响。相间短路阻抗继电器的 0°接线方式继电器接入的电压、电流如表 2-1 所示。

表 2-1 相间短路阻抗继电器的 0°接线方式

继电器编号	$\dot{U}_m$	$\dot{I}_m$
KR1	$\dot{U}_{AB}$	$\dot{I}_A - \dot{I}_B$
KR2	$\dot{U}_{BC}$	$\dot{I}_B - \dot{I}_C$
KR3	$\dot{U}_{CA}$	$\dot{I}_C - \dot{I}_A$

（1）三相短路。如图 2-9 所示,由于三相是对称的,3 个阻抗继电器KR1～KR3 的工作情况完全相同,仅以 KR1 为例进行分析。设短路点 K_1 至保护安装处的距离为 L_K,线路每千米的正序阻抗为 Z_1,则保护安装处的电压为:

$$\dot{U}_{AB} = \dot{U}_A - \dot{U}_B = \dot{I}_A Z_1 L_K - \dot{I}_B Z_1 L_K = Z_1 L_K(\dot{I}_A - \dot{I}_B) \qquad (2\text{-}12)$$

此时阻抗继电器的测量阻抗为:

$$Z_m^{(3)} = \frac{\dot{U}_{AB}}{\dot{I}_A - \dot{I}_B} = Z_1 l_K \qquad (2\text{-}13)$$

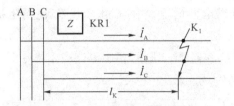

图 2-9　三相短路时测量阻抗分析图

在三相短路时,3 个继电器的测量阻抗均等于短路点到保护安装地点之间的正序阻抗,3 个继电器均能正确动作。

(2)两相短路。如图 2-10 所示,设在 K_2 点发生 BC 两相短路,对 KR2 来说,$\dot{I}_m = \dot{I}_B - \dot{I}_C = 2\dot{I}_B$,其所加电压为:

$$\dot{U}_{BC} = \dot{U}_B - \dot{U}_C = \dot{I}_B Z_1 l_K - \dot{I}_C Z_1 l_K = 2Z_1 l_K \dot{I}_B \tag{2-14}$$

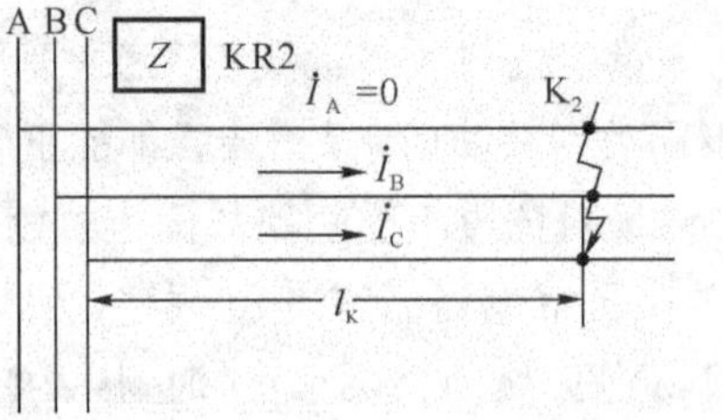

图 2-10　两相短路时测量阻抗分析图

此时阻抗继电器的测量阻抗为:

$$Z_m^{(2)} = \frac{\dot{U}_{BC}}{\dot{I}_B - \dot{I}_C} = \frac{2Z_1 l_K \dot{I}_B}{2\dot{I}_B} = Z_1 l_K \tag{2-15}$$

可采用同样的方法分析两相接地短路时 $Z_m^{(1.1)} = Z_1 l_K$,即反映相间短路的阻抗继电器采用 0°接线能满足要求。

显然,接入阻抗继电器的电压、电流组合不同,$\dot{U}_m$ 与 $\dot{I}_m$ 间的夹角也会不同,如 $\dot{U}_m = \dot{U}_{AB}$,$\dot{I}_m = -\dot{I}_B$ 称为 +30°接线。过去为提高阻抗保护的 K_{sen},这些接线起过一些作用,但随着数字保护的广泛应用,这些接线方式现在应用很少。

3)反映接地故障的阻抗继电器 0°接线方式

阻抗继电器要反映接地故障,就不能连接线电压和线电流。设 A 相发生单相接地,A 相的电压为:

$$\dot{U}_A = \dot{U}_1 + \dot{U}_2 + \dot{U}_0 = Z_1 l_K \dot{I}_1 + Z_2 l_K \dot{I}_2 + Z_0 l_K \dot{I}_0$$

$$= Z_1 l_K \left(\dot{I}_1 + \dot{I}_2 + \frac{Z_0}{Z_1} \dot{I}_0 \right) = Z_1 l_K \left(\dot{I}_1 + \dot{I}_2 + \dot{I}_0 - \dot{I}_0 + \frac{Z_0}{Z_1} \dot{I}_0 \right) \tag{2-16}$$

$$= Z_1 l_K \left(\dot{I}_A + \dot{I}_0 \frac{Z_0 - Z_1}{Z_1} \right) = Z_1 l_K (\dot{I}_A + 3K\dot{I}_0)$$

式中　$\dot{U}_1$、$\dot{U}_2$、$\dot{U}_0$——正序、负序、零序电压；

$\qquad$ $\dot{I}_1$、$\dot{I}_2$、$\dot{I}_0$——正序、负序、零序电流；

$\qquad$ $\dot{Z}_1$、$\dot{Z}_2$、$\dot{Z}_0$——正序、负序、零序单位长度的阻抗，输电线路的 $Z_1 = Z_2$，$\dot{K} = \dfrac{Z_0 Z_1}{3 Z_1}$。

取

$$\dot{U}_m = \dot{U}_A = Z_1 l_K (\dot{I}_A + 3\dot{K}\dot{I}_0)$$

$$\dot{I}_m = \dot{I}_A + 3\dot{K}\dot{I}_0$$

则

$$Z_m = \frac{\dot{U}_m}{\dot{I}_m} = \frac{Z_1 l_K (\dot{I}_A + 3\dot{K}\dot{I}_0)}{\dot{I}_A + 3\dot{K}\dot{I}_0} = Z_1 l_K \tag{2-17}$$

由式（2-17）可知，用于反映接地故障的阻抗继电器的接线方式应为：接相电压和同名相的电流加 $3\dot{K}\dot{I}_0$，具体接线如表 2-2 和图 2-11 所示。

表 2-2　反应接地故障阻抗继电器的接线方式

继电器编号	$\dot{U}_m$	$\dot{I}_m$
KR1	$\dot{U}_A$	$\dot{I}_A + 3\dot{K}\dot{I}_0$
KR2	$\dot{U}_B$	$\dot{I}_B + 3\dot{K}\dot{I}_0$
KR3	$\dot{U}_C$	$\dot{I}_C + 3\dot{K}\dot{I}_0$

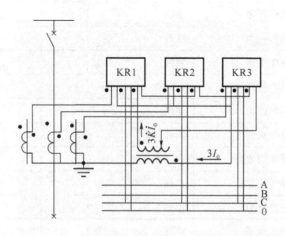

图 2-11　反映接地故障的阻抗继电器接线方式

技能训练

(1) 识读图纸。

(2) 能检验阻抗继电器的动作特性。

(3) 对输电线路进行距离保护配置。

(4) 电流表等仪表使用。

(5) 根据实验数据描点作图,进行传动试验。

完成任务

将班级学生分成小组,每组由 3 人组成,即工作负责人和 2 名工作班成员。试验进行中的接线、调节负载、保持电压或电流、记录数据等工作每人应有明确的分工,三者互相监督,不得互相兼任,以保证试验操作协调,记录数据准确可靠,发生故障时,继电器 100% 不误动。

学习评价

1. 工作成果评价

严格按照国家电网公司电力安全工作规程,对阻抗继电器的阻抗整定值的整定、调整及静态特性测试试验过程操作程序、操作行为和操作水平等进行评价,如表 2-2 所示。

表 2-2   阻抗继电器的阻抗整定值的整定、调整及静态特性测试试验工作评价表

学习目标	评价指标	评价标准	自评	小组评	教师评
调校准备	操作程序	正确			
	操作行为	规范			
	操作水平	熟练			
调校实施	操作程序	正确			
	操作行为	规范			
	操作水平	熟练			
	操作精度	达到要求			
后续工作	操作程序	正确			
	操作行为	规范			
	操作水平	熟练			

2. 学习成果评价

按照职业教育技术类技能型人才培养要求,主要评价学生阻抗继电器的阻抗整定值的整定、调整及静态特性测试试验知识与技能、操作技能及情感态度等的情况,如表 2-3 所示。

表 2-3　阻抗继电器的阻抗整定值的整定、调整及静态特性测试试验学习成果评价表

| 评价项目 | 评 价 标 准 | 等级(权重)分 | | | | 自评 | 小组评 | 教师评 |
		优秀	良好	一般	较差			
知识与技能	距离保护的构成与运行	10	8	5	3			
	掌握阻抗继电器的原理及其动作特性	10	8	5	3			
	原理图的识读	10	8	5	3			
	根据数据描点作图,进行传动试验	8	6	4	2			
操作技能	熟悉运用网络独立收集、分析、处理和评价信息的方法	10	8	5	3			
	积极参与小组合作与交流	10	8	5	3			
	能制作 PPT,将搜集到的材料用 PPT 清楚地展现出来,而且比较有创新	8	6	4	2			
情感态度	课堂上积极参与,积极思维,积极动手、动脑,发言次数多	8	6	4	2			
	小组协作交流情况:小组成员间配合默契,彼此协作愉快,互帮互助	10	8	5	3			
	对本内容兴趣浓厚,提出了有深度的问题	8	6	4	2			
课堂调查:书面写出你在学习本节课时所遇到的困难,向教师提出较合理的教学建议		8	6	4	2			
自评意见:								
小组评意见:								
教师评意见:								
努力方向:								

思考与练习

一、填空题

1. 距离保护是反映_____的距离,并根据距离的远近确定_____的一种保护。

2. 在距离保护中,启动元件的作用是_____。

3. 阻抗继电器是通过比较 2 个电气量的_____或相位构成的。

4. 偏移圆阻抗继电器、方向圆阻抗继电器和全阻抗继电器中,_____受过渡电阻的影响最大,_____受过渡电阻的影响最小。

5. 阻抗继电器的精确工作电流是指,当_____时,对应于 $Z_{act} = 0.9Z_{set}$ 时,通入继电器的电流。

二、简答题与计算题

1. 为什么要引入距离保护?

2. 简述距离保护的基本工作原理。

3. 有人说只要 $|Z_m| < |Z_{set}|$,阻抗继电器就动作。这种说法对吗? 为什么?

4. 理想的阻抗继电器动作特性表示在复平面上应为什么图形? 实际应用中为什么广泛采用圆特性?

5. 比较圆特性全阻抗、方向阻抗、偏移特性阻抗继电器性能,说明各自的优缺点。

6. 距离保护装置一般由哪几部分组成? 试简述各部分的作用。

7. 为什么阻抗继电器的动作特性必须是一个区域? 常用动作区域的形状有哪些?

任务二　距离保护整定计算与对距离保护的评价

引言

距离保护的灵敏度高,受电力系统运行方式的影响较小,躲负荷电流的能力强,装置运行灵活、动作可靠、性能稳定,可以应用在任何结构复杂、运行方式多变的电力系统中,能有选择地、较快地切除故障。因此,距离保护整定计算与对距离保护的评价被列为必修项目。

学习目标

(1) 能按照国家电网公司电力安全工作规程做好距离保护的校验准备工作。

(2) 能按照国家电网公司电力安全工作规程实施距离保护的校验工作。

(3) 能按照国家电网公司电力安全工作规程实施距离保护的校验的后续工作。

过程描述

(1) 距离保护的校验准备工作。认真了解阻抗继电器与运行设备相关的连线,制定安全技术措施。准备工具材料和仪器仪表,做好阻抗继电器检验准备工作并办理工作许可手续。

(2) 距离保护的现场校验。校验距离保护的整定阻抗及故障类型,并用实际断路器做传动试验,做好装置投运准备工作,记录校验距离保护发现问题及处理情况。

(3) 工作完成后,需要运行专业工作票,终结工作票后,工作才算完成,全部工作完毕后,工作班应清扫、整理现场。

过程分析

为了达到距离保护校验的标准要求,校验的各项操作必须严格按照国家电网公司电力安全工作规程操作。

(1) 仅投入"距离保护"压板,将保护控制字中相应的距离保护控制字置1。在空载状态等待保护充电,直至充电灯亮。现场校验时,可用试验仪中的"整组试验"来设置保护类型、整定阻抗、短路点、故障类型、故障方向等。

(2) 整定阻抗。当保护为偏移圆特性或采用阻抗定值的多边形特性时,整定阻抗大小为相应段的阻抗定值,角度为定值中的正序灵敏角度;当被保护采用电抗定值的多边形特性时,则整定阻抗大小为相应段的电抗定值,角度固定为90°。

(3) 故障类型。进行接地距离试验时,应选择与接地相关的试验,如单相接地、两相接地或三相短路试验;进行相间距离试验,应选择相间短路、两相接地或三相短路试验。

知识链接

一、距离保护的整定计算

理想的距离保护时限特性,应该是动作时间与故障点到保护安装处的距离成正比,即故障点离保护安装处越近,动作时间越短;故障点离保护安装处越远,动作时间越长。实际上要做成上述时限特性太困难,所以到目前为止,距离保护仍为阶段式特性。距离保护的整定计算,就是根据被保护电力系统的实际情况,计算出距离保护Ⅰ段、Ⅱ段和Ⅲ段测量元件对应的整定阻抗以及Ⅱ段和Ⅲ段的动作时限。

当距离保护应用于双侧电源的电力系统时,为便于配合,一般要求Ⅰ、Ⅱ段的测量元件要具有明确的方向性,即采用具有方向性的测量元件。第Ⅲ段为后备段,包括对本线路Ⅰ、Ⅱ段保护的近后备、相邻下一级线路保护的远后备和反向母线保护的后备,所以第Ⅲ段通常采用有偏移特性的测量元件。图2-12以各段测量元件均采用圆形动作特性为例,绘出了它们的动作区域。在该图中,为使各测量元件整定阻抗方向与线路阻抗方向一致,复平面坐标的方向做了旋转,圆周1、2、3分别为线路AB的A处保护Ⅰ、Ⅱ、Ⅲ段的动作特性圆,4为线路BC的B处保护Ⅰ段的动作特性圆。

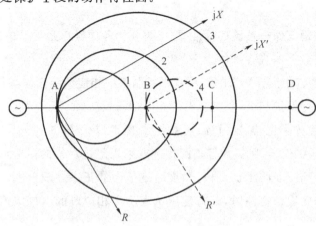

图2-12　距离保护各段动作区域示意图

下面讨论各段保护具体的整定原则。

1. 距离保护Ⅰ段的整定

距离Ⅰ段为瞬时动作的速动段（动作时限为零，不含阻抗元件的固有动作时间），同电流Ⅰ段一样，它只反映本线路的故障，为保证动作的选择性，在本线路末端或下级线路始端故障时，应可靠地不动作。其测量元件的整定阻抗，按躲过本线路末端短路时的测量阻抗来整定，即

$$Z_{set}^{I} = K_{rel} Z_{AB} = K_{rel} Z_1 l_{AB} \qquad (2-18)$$

式中　Z_{set}^{I}——距离Ⅰ段的整定阻抗；

　　　Z_{AB}——本线路末端短路时的测量阻抗；

　　　Z_1——线路单位长度的正序阻抗；

　　　l_{AB}——被保护线路的长度；

　　　K_{rel}——可靠系数（由于距离保护为欠量动作，所以 $K_{rel} < 1$，考虑到继电器动作阻抗及互感器误差等因素（在线路较短时，还应当靠考虑绝对误差），一般 $K_{rel} = 0.8 \sim 0.85$）。

式（2-18）表明，距离保护Ⅰ段的整定阻抗值为线路阻抗值的 $0.8 \sim 0.85$ 倍，整定阻抗的阻抗角与线路阻抗的阻抗角相同。这样，在线路发生金属性短路时，若不考虑测量误差，其最大保护范围为线路全长的 $80\% \sim 85\%$，否则满足不了选择性的要求。

2. 距离保护Ⅱ段的整定

为弥补距离Ⅰ段不能保护本线路全长的缺陷，增设距离Ⅱ段，要求它能够保护本线路的全长，保护范围需与下级线路的距离Ⅰ段（或距离Ⅱ段）相配合。

由于电网结构复杂，还有其他回路的影响，因此需要考虑分支电流的影响，如图 2-13 所示。

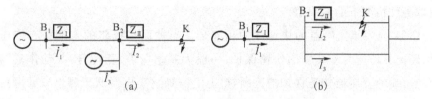

图 2-13　分支电路对测量阻抗的影响

（a）助增分支；（b）汲出分支

1）分支电路对测量阻抗的影响

图 2-13 中 K 点发生短路时，B_1 保护处的测量阻抗为：

$$Z_{m1} = \frac{\dot{U}_{B1}}{\dot{I}_1} = \frac{\dot{I}_1 Z_{12} + \dot{I}_2 Z_K}{\dot{I}_1} = Z_{12} + \frac{\dot{I}_2}{\dot{I}_1} Z_K = Z_{12} + K_{br} + Z_K \qquad (2-19)$$

式中 Z_{12}——母线 B_1、B_2 之间线路的正序阻抗；

Z_K——母线 B_2 与短路点之间线路的正序阻抗；

K_{br}——分支系数。

在图 2-13(a)所示的情况下，$K_{br} = \dfrac{\dot{I}_2}{\dot{I}_1} = \dfrac{\dot{I}_1 + \dot{I}_3}{\dot{I}_1} = 1 + \dfrac{\dot{I}_3}{\dot{I}_1}$，其值大于 1，使得 B_1 处保护测量到的阻抗 $Z_{m1} > Z_{12} + Z_K$。这种使测量阻抗变大的分支称为助增分支，对应的电流 $\dot{I}_3$ 称为助增电流。

在图 2-13(b)所示的情况下，$K_{br} = \dfrac{\dot{I}_2}{\dot{I}_1} = \dfrac{\dot{I}_1 - \dot{I}_3}{\dot{I}_1} = 1 - \dfrac{\dot{I}_3}{\dot{I}_1}$，其值小于 1，使得保护 1 测量得到的阻抗 $Z_{m1} < Z_{12} + Z_K$。这种使测量阻抗变小的分支称为外源分支，对应的电流 $\dot{I}_3$ 称为汲出电流。

2）距离Ⅱ段的整定阻抗

距离保护Ⅱ段的整定阻抗，应按以下 2 个原则进行计算：

（1）与相邻线路距离保护Ⅰ段相配合。为了保证在线路 2 上发生故障时，保护 1 处的Ⅱ段不越级跳闸，其Ⅱ段的动作范围不应该超出 2 处保护Ⅰ段的动作范围。若 2 处Ⅰ段的整定阻抗为 $Z_{set.2}^{I}$，则 1 处Ⅱ段的整定阻抗应为：

$$Z_{set.1}^{I} = K'_{rel} Z_{12} + K''_{rel} K_{br.min} Z_{set2}^{I} \qquad (2-20)$$

式中 K'_{rel}、K''_{rel}——可靠系数，一般 $K'_{rel} = 0.8 \sim 0.85$，$K''_{rel} = 0.8$。

当电网的结构或运行方式变化时，分支系数 K_{br} 会随之变化。为确保在各种运行方式下保护 1 的Ⅱ段范围不超过保护 2 的Ⅰ段范围，式（2-20）的 $K_{br.min}$ 应取各种情况下的最小值。

（2）与相邻变压器的快速保护相配合。当被保护线路的末端接有变压器时，距离Ⅱ段应与变压器的快速保护（一般为差动保护）相配合，其动作范围不应超出相邻变压器快速保护的范围，整定值按躲过变压器低压侧出口处短路时的阻抗值来确定。设变压器的阻抗为 Z_t，则距离Ⅱ段的整定值应为：

$$Z_{set1}^{II} = K'_{rel} Z_{12} + K''_{rel} K_{br.min} Z_t \qquad (2-21)$$

式中 K'_{rel}、K''_{rel}——可靠系数，一般 $K'_{rel} = 0.8 \sim 0.85$，$K''_{rel} = 0.7 \sim 0.75$。

当被保护线路末端变电所既有出线,又有变压器时,线路首端距离Ⅱ段的整定阻抗应分别按式(2-20)和式(2-21)计算,与所有的相邻出线的距离Ⅰ段配合,并取最小者作为整定阻抗。

如果相邻线路的Ⅰ段为电流保护或变压器以电流速断为快速保护,则应将电流保护的动作范围换算成阻抗,然后用上述公式进行计算。

3) 灵敏度校验

距离保护的Ⅱ段应能保护线路的全长和下级线路首端的一部分,本线路末端短路时,应有足够的灵敏度,可以用保护范围大小来衡量。考虑各种误差因素后,要求灵敏系数应满足:

$$K_{sen} = \frac{Z_{set}^{Ⅱ}}{Z_{12}} \geqslant 1.25 \tag{2-22}$$

如果 K_{sen} 不满足要求,则距离Ⅱ段应改为与相邻元件的Ⅱ段保护相配合。

4) 动作时间的整定

距离保护Ⅱ段的动作时间,与下级线路第Ⅰ段配合,在与之配合的相邻元件保护动作时间基础上,高出一个时间级差 Δt,即

$$t_1^{Ⅱ} = t_2^{(x)} + \Delta t \tag{2-23}$$

式中 $t_2^{(x)}$——与本保护配合的相邻元件保护段(x 为Ⅰ或Ⅱ)的动作时间。

时间级差 Δt 的选取方法与阶段式电流保护中时间级差选取方法相同。

3. 距离保护Ⅲ段的整定

1) Ⅲ段的整定阻抗

距离Ⅲ段保护为后备保护,应保证在正常运行时不动作,其整定阻抗按以下几个原则计算:

(1) 按与相邻下级线路距离保护Ⅱ或Ⅲ段配合整定。首先考虑与相邻下级线路距离保护Ⅱ段配合,则整定值为:

$$Z_{set1}^{Ⅲ} = K_{rel}' Z_{12} + K_{rel}'' K_{br.min} Z_{set2}^{Ⅱ} \tag{2-24}$$

可靠系数的取法与Ⅱ段整定中类似。

如果与相邻线路距离保护Ⅱ段配合灵敏系数不满足要求(一般较难满足),则应改为与相邻线路距离保护的Ⅲ段相配合,则整定值为:

$$Z_{set1}^{Ⅲ} = K_{rel}' Z_{12} + K_{rel}'' K_{br.min} Z_{set2}^{Ⅲ} \tag{2-25}$$

(2) 按与相邻下级变压器的电流、电压保护配合整定,则整定值为:

$$Z_{set1}^{Ⅲ} = K_{rel}' Z_{12} + K_{rel}'' K_{br.min} Z_{min} \tag{2-26}$$

式中 Z_{min}——电流、电压保护的最小保护范围对应的阻抗值。

（3）按躲过正常运行时的最小负荷阻抗整定。当线路上负荷最大时，即线路中的电流为最大负荷电流且母线电压最低时，负荷阻抗最小，其整定值为：

$$Z_{Lmin} = \frac{\dot{U}_{Lmin}}{\dot{I}_{Lmax}} = \frac{(0.9 \sim 0.95)\dot{U}_N}{\dot{I}_{Lmax}} \qquad (2\text{-}27)$$

式中 $\dot{U}_{Lmin}$——负荷情况下母线电压的最低值；

$\quad\quad \dot{I}_{Lmax}$——最大负荷电流；

$\quad\quad \dot{U}_N$——母线额定电压。

参考过电流保护的整定原则，考虑到外部故障切除后，电动机自启动的情况下，距离Ⅲ段必须立即可靠返回的要求，即故障切除后，应当可靠返回。

若采用全阻抗特性，动作阻抗即为整定阻抗，整定值为：

$$Z_{set1}^{\text{Ⅲ}} = \frac{K_{rel}}{K_{ast}K_{re}} Z_{Lmin} \qquad (2\text{-}28)$$

式中 K_{rel}——可靠系数，一般 $K_{rel}=0.8\sim0.85$；

$\quad\quad K_{ast}$——电动机自启动系数，一般 $K_{ast}=1.5\sim2.5$；

$\quad\quad K_{re}$——阻抗测量元件的返回系数，一般 $K_{re}=1.15\sim1.25$。

若采用方向特性，负荷阻抗与整定阻抗的阻抗角不同，动作阻抗随阻抗角的变化而变化，当阻抗角等于最大灵敏角时，动作阻抗才等于整定阻抗。整定阻抗为：

$$Z_{set1}^{\text{Ⅲ}} = \frac{K_{rel}Z_{Lmin}}{K_{ast}K_{re}\cos(\varphi_{set}-\varphi_L)} \qquad (2\text{-}29)$$

式中 φ_{set}——整定阻抗的阻抗角；

$\quad\quad \varphi_L$——负荷阻抗的阻抗角。

按上述 3 个原则进行计算，取其中的较小者作为距离Ⅲ段的整定阻抗。

当第Ⅲ段采用偏移特性时，反向动作区的大小通常用偏移率来整定，一般情况下偏移率取 5% 左右。

2）灵敏度校验

距离保护的Ⅲ段，一方面作为本线路Ⅰ、Ⅱ段保护的近后备，另一方面还作为相邻设备保护的远后备，灵敏度应分别进行校验。

作为近后备时，按本线路末端短路校验，即

$$K_{\text{sen}(1)} = \frac{Z_{\text{set}}^{\text{III}}}{Z_{12}} \geqslant 1.5 \tag{2-30}$$

作为远后备时,按相邻设备末端短路校验(如果有几个相邻线路,考虑几个远后备时,应取这几个灵敏度中的最小值),即

$$K_{\text{sen}(2)} = \frac{Z_{\text{set}}^{\text{III}}}{Z_{12} + K_{\text{br. max}} Z_{\text{next}}} \geqslant 1.2 \tag{2-31}$$

式中　Z_{next}——相邻设备(线路、变压器等)的阻抗;

　　　$K_{\text{br. max}}$——相邻设备末端短路时,分支系数的最大值。

相邻线路灵敏度需考虑分支系数的影响,取其中最大的分支系数。

3)动作时间的整定

距离保护Ⅲ段应按照阶梯原则确定动作时限,且需大于最大的振荡周期(1.5~2 s)。

4. 将整定参数换算到二次侧

在上面的计算中,得到的都是一次系统的参数值,实际应用时,应把这些一次系统值换算至二次系统。设电压互感器 TV 的变比为 n_{TV},电流互感器 TA 的变比为 n_{TA},系统的一次参数用下标"(1)"标注,二次参数用下标"(2)"标注,则一、二次测量阻抗之间的关系为

$$Z_{\text{m}(1)} = \frac{\dot{U}_{\text{m}(1)}}{\dot{I}_{\text{m}(1)}} = \frac{n_{\text{TV}} \dot{U}_{\text{m}(2)}}{n_{\text{TA}} \dot{I}_{\text{m}(2)}} = \frac{n_{\text{TV}}}{n_{\text{TA}}} Z_{\text{m}(2)}$$

$$\text{或 } Z_{\text{m}(2)} = \frac{n_{\text{TV}}}{n_{\text{TA}}} Z_{\text{m}(1)} \tag{2-32}$$

上述计算中得到的整定阻抗,也可以按照类似的方法换算到二次侧,即

$$Z_{\text{set}(2)} = \frac{n_{\text{TV}}}{n_{\text{TA}}} Z_{\text{set}(1)} \tag{2-33}$$

5. 整定计算举例

例 2-1　在图 2-14 所示 110 kV 网络中,各线路均装有距离保护,已知 $Z_{\text{SA. max}} = 20~\Omega$、$Z_{\text{SA. min}} = 15~\Omega$、$Z_{\text{SB. max}} = 25~\Omega$、$Z_{\text{SB. min}} = 20~\Omega$,线路 AB 的最大负荷电流 $I_{\text{L. max}} = 600~\text{A}$,功率因数 $\cos\varphi_{\text{L}} = 0.85$,各线路每千米阻抗 $Z_1 = 0.4~\Omega/\text{km}$,线路阻抗角 $\varphi_{\text{K}} = 70°$,电动机的自启动系数 $K_{\text{ast}} = 1.5$,保护 5 三段动作时间 $t_5^{\text{III}} = 2~\text{s}$,正常时母线最低工作电压 $U_{\text{L. min}} = 0.9 U_{\text{N}}(U_{\text{N}} = 110~\text{kV})$。试对其中保护 1 的相间短路保护Ⅰ、Ⅱ、Ⅲ段进行整定计算($K_{\text{rel}}^{\text{I}} = K_{\text{rel}}^{\text{II}} = 0.8$,$K_{\text{rel}}^{\text{III}} = 0.83$,$K_{\text{re}} = 1.2$,各段均采用相间接线的方向阻抗继电器)。

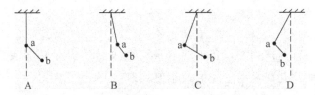

图 2-14 例 2-1 的网络连接图

解：

(1)有关各元件阻抗值的计算。

线路 12 的正序阻抗：$Z_{12} = Z_1 L_{12} = 0.4 \times 30 = 12(\Omega)$

线路 34 的正序阻抗：$Z_{34} = Z_1 L_{34} = 0.4 \times 50 = 20(\Omega)$

(2)距离 I 段。

① 整定阻抗：按式(2-18)计算，则有

$$Z_{set}^{I} = K_{rel}^{I} Z_{12} = 0.8 \times 12 = 9.6(\Omega)$$

② 动作时间：$t^{I} = 0$ s(指不再人为地增设延时，第 I 段实际动作时间为保护装置固有的动作时间)。

(3)距离 II 段。

① 整定阻抗：与相邻线路 34 的保护 3 的 I 段配合，按式(2-20)计算，即

$$Z_{set}^{I} = K_{rel}' Z_{12} + K_{rel}'' K_{br.min} Z_{set3}^{I}$$

式中，取 $K_{rel}^{I} = K_{rel}^{II} = 0.8$，而 $Z_{set3}^{I} = K_{rel}^{I} Z_{34} = 0.8 \times 20 = 16(\Omega)$。

$K_{br.min}$ 的计算如下：$K_{br.min}$ 为保护 3 的 I 段末端发生短路时对保护 1 而言的最小分支系数，如图 2-15 所示，当保护 3 的 I 段末端 K_1 点短路时，分支系数计算式分别为：

$$K_{br} = \frac{I_2}{I_1} = \frac{Z_{SA} + Z_{12} + Z_{SB}}{Z_{SB}}$$

$$K_{br.min} = \frac{15 + 12 + 25}{25} = 2.08$$

可以看出，为了得出最小的分支系数 $K_{br.min}$，上式中 Z_{SA} 应取可能最小值，即应取电源 A 的最大运行方式下的等值阻抗 $Z_{SA.min}$，而 Z_{SB} 应取最大可能值，即取电源 B 的最小运行方式下的最大等值阻抗 $Z_{SB.max}$，因而有：

$$K_{br.min} = \frac{15 + 12 + 25}{25} = 2.08$$

于是

$$Z_{set1}^{II} = 0.8 \times (12 + 2.08 \times 16) = 36.2(\Omega)$$

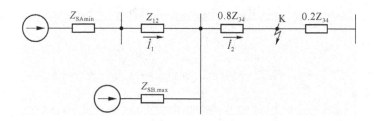

图 2-15 整定距离 II 段时求 $K_{br.min}$ 的等值电路

② 灵敏性校验：按本线路末端短路求灵敏系数，即

$$K_{sen}^{II} = \frac{Z_{set1}^{II}}{Z_{12}} = \frac{36.2}{12} = 3.02 > 1.25 (满足要求)$$

③ 动作时间：与相邻保护 3 的 I 段配合，则

$$t_1^{II} = t_3^{I} + \Delta t = 0.5 \ s$$

它能同时满足与相邻保护配合的要求。

（4）距离 III 段：

① 整定阻抗：按躲开最小负荷阻抗整定。因为继电器取为相间接线方式的方向阻抗继电器，所以按式（2-28）计算，即

$$Z_{set1}^{III} = \frac{K_{rel} Z_{Lmin}}{K_{ast} K_{re} \cos(\varphi_{set} - \varphi_L)}$$

$$Z_{Lmin} = \frac{\dot{U}_{Lmin}}{\dot{I}_{Lmax}} = \frac{0.9 \times 110}{\sqrt{3} \times 0.6} = 95.27 (\Omega)$$

取 $K_{rel}^{III} = 0.83, K_{re} = 1.2, K_{ast} = 1.5$ 和 $\varphi_{set} = 70°, \varphi_L = \arccos(0.85) = 32°$，则

$$Z_{set1}^{III} = \frac{0.83 \times 95.27}{1.2 \times 1.5 \times \cos(70° - 32°)} = 56 (\Omega)$$

② 灵敏性校验：

（a）本线路末端短路时的灵敏系数为：

$$K_{sen1} = \frac{Z_{set1}^{III}}{Z_{12}} = \frac{56}{12} = 4.66 > 1.5 (满足要求)$$

（b）相邻元件末端短路时的灵敏系数，按式（2-20）计算，即

$$K_{sen(2)} = \frac{Z_{set}^{III}}{Z_{12} + K_{br.max} Z_{34}}$$

式中 $K_{br.max}$——相邻线路 34 末端 K 点短路时对保护 1 而言的最大分支系数。

该系数如图 2-16 所示，其表达式为：

$$K_{br.max} = \frac{I_1}{I_2} = \frac{Z_{SA.max}Z_{12}+Z_{SB.min}}{Z_{SB.min}} = \frac{20+12+20}{20} = 2.6$$

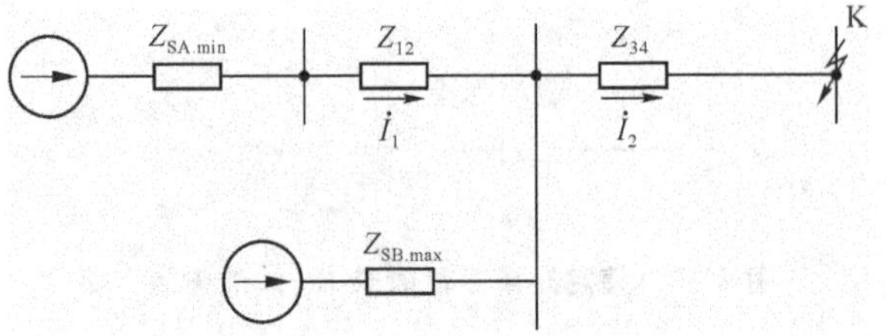

图 2-16　距离Ⅲ段灵敏度校验时求 $K_{br.max}$ 的等值电路

取 Z_{SA} 的可能最大值为 $Z_{SA.max}$，Z_{SB} 的可能最小值为 $Z_{SB.min}$，于是 $K_{sen(2)} = \frac{56}{12+2.6\times20} = 0.87 < 1.2$，不满足要求，可增大整定阻抗，同时增加阻抗限制措施。

③ 动作时间为：

$$t_1^{\text{Ⅲ}} = t_5^{\text{Ⅲ}} + 2\Delta t = 2+2\times0.5 = 3(\text{s})$$

二、对距离保护的评价

根据上述分析和实际运行的经验，对距离保护可以做出如下的评价：

（1）阻抗继电器是同时反映电压的降低与电流的增大而动作的，因此距离保护比单一反映电流的保护有较高的灵敏度。距离保护第Ⅰ段的保护范围不受电网运行方式变化的影响，保护范围比较稳定，第Ⅱ、第Ⅲ段的保护范围受运行方式变化影响（分支系数变化），能满足多电源复杂电网对保护动作选择性的要求。

（2）距离保护Ⅰ段的整定范围为线路全长的 $80\% \sim 85\%$，对双侧电源的线路，至少有 30% 的范围保护要以Ⅱ段时间切除故障。在双端供电系统中，有 $30\% \sim 40\%$ 区域内故障时，两侧保护相继动作切除故障，若不满足速动性的要求，必须配备能够实现全线速动的保护——纵联差动保护。

（3）距离保护的阻抗测量原理，除可以应用于输电线路的保护外，还可以应用于发电机、变压器保护中，作为其后备保护。

（4）相对于电流、电压保护来说，由于阻抗继电器本身结构复杂，距离保护的直流回路多，振荡闭锁、断线闭锁等使接线、逻辑都比较复杂，调试比较困难，装置自身的可靠性稍差。

在 35～110 kV 中作为相间短路的主保护和后备保护,采用带零序电流补偿的接线方式,在 110 kV 线路中也可作为接地故障的保护。在 220 kV 线路中作为后备保护。

另外,接地阻抗继电器还可作重合闸装置中的选相元件,与高频收发信机配合,可构成高频闭锁(或允许)式距离保护。

技能训练

(1) 会距离保护的整定计算。

(2) 会对距离保护进行调试。

(3) 掌握分析、查找、排除输电线路保护故障的方法。

(4) 正确填写继电器的检验、调试、维护记录和校验报告。

(5) 会正确使用、维护和保养常用校验设备、仪器和工具。

完成任务

将班级学生分成小组,每组由 3 人组成,即工作负责人和 2 名工作班成员。实验进行中的接线、调节负载、保持电压或电流、记录数据等工作每人应有明确的分工,三者互相监督,不得互相兼任,以保证试验操作协调,记录数据准确可靠,发生故障时,继电器 100％不误动。

学习评价

1. 工作成果评价

严格按照国家电网公司电力安全工作规程,对距离保护的校验过程操作程序、操作行为和操作水平等进行评价,如表 2-4 所示。

表 2-4　距离保护的校验工作评价表

学习目标	评价指标	评价标准	自评	小组评	教师评
调校准备	操作程序	正确			
	操作行为	规范			
	操作水平	熟练			

学习目标	评价指标	评价标准	自评	小组评	教师评
调校实施	操作程序	正确			
	操作行为	规范			
	操作水平	熟练			
	操作精度	达到要求			
后续工作	操作程序	正确			
	操作行为	规范			
	操作水平	熟练			

2. 学习成果评价

按照职业教育技术类技能型人才培养要求,主要评价学生距离保护的校验知识与技能、操作技能及情感态度等的情况,如表 2-5 所示。

表 2-5   距离保护的校验学习成果评价表

评价项目	评价标准	等级(权重)分				自评	小组评	教师评
		优秀	良好	一般	较差			
知识与技能	会对距离保护进行调试	10	8	5	3			
	正确使用、维护和保养常用校验设备、仪器和工具	10	8	5	3			
	距离保护的定值整定	10	8	5	3			
	故障类型分析及对距离保护的评价	8	6	4	2			
操作技能	熟悉运用网络独立收集、分析、处理和评价信息的方法	10	8	5	3			
	积极参与小组合作与交流	10	8	5	3			
	能制作PPT,将搜集到的材料用PPT清楚地展现出来,而且比较有创新	8	6	4	2			

评价项目	评 价 标 准	等级（权重）分				自评	小组评	教师评
		优秀	良好	一般	较差			
情感态度	课堂上积极参与，积极思维，积极动手、动脑，发言次数多	8	6	4	2			
	小组协作交流情况：小组成员间配合默契，彼此协作愉快，互帮互助	10	8	5	3			
	对本内容兴趣浓厚，提出了有深度的问题	8	6	4	2			
课堂调查：书面写出你在学习本节课时所遇到的困难，向教师提出较合理的教学建议		8	6	4	2			
自评意见：								
小组评意见：								
教师评意见：								
努力方向：								

思考与练习

一、选择题

1. 在距离保护的Ⅰ、Ⅱ段整定计算中乘以一个小于1的可靠系数，目的是为了保证保护动作的（　　）。

　　A 选择性　　　　　B 可靠性　　　　　C 灵敏性　　　　　D 速动性

2. 在校验距离Ⅲ段保护远后备灵敏系数时，分支系数取最大值是为了满足保护的（　　）。

　　A 选择性　　　　　B 速动性　　　　　C 灵敏性　　　　　D 可靠性

3. 距离Ⅲ段保护，采用方向阻抗继电器比采用全阻抗继电器（　　）。

　　A 灵敏度高　　　　B 灵敏度低　　　　C 灵敏度一样　　　D 保护范围小

4. 有一整定阻抗为 $Z_{set} = 8\angle 60° \Omega$ 的方向圆阻抗继电器,当测量阻抗 $Z_m = 4\angle 30° \Omega$ 时,该继电器处于(　　)状态。

　　A 动作　　　　　　　B 不动作　　　　　　C 临界动作

5. 考虑助增电流的影响,在整定距离保护Ⅱ段的动作阻抗时,分支系数应取(　　)。

　　A 大于 1,并取可能的最小值　　　　B 大于 1,并取可能的最大值

　　C 小于 1,并取可能的最小值

6. 从减小系统振荡的影响出发,距离保护的测量元件应采用(　　)。

　　A 全阻抗继电器　　　　　　　　B 方向圆阻抗继电器

　　C 偏移圆阻抗继电器

二、简答题与计算题

1. 距离保护Ⅰ段的整定值通常为多少? 为什么?

2. 什么是助增电流和汲出电流? 它们对阻抗继电器的工作有什么影响?

3. 什么是电力系统的振荡? 振荡时电压、电流有什么特点? 阻抗继电器的测量阻抗如何变化?

4. 在单侧电源线路上,过渡电阻对距离保护的影响是什么?

5. 在双侧电源的线路上,保护测量到的过渡电阻为什么会呈容性或感性? 试简述工频故障分量距离继电器的工作原理。

6. 如图 2-17 所示 110 kV 网络,已知:系统等值阻抗 $X_A = 10 \Omega$, $X_{B.min} = 30 \Omega$, $X_{B.max} = \infty$;线路的正序阻抗 $Z_1 = 0.4 \Omega/km$,阻抗角 $\varphi_k = 70°$; $l_{AB} = 35 km$, $l_{BC} = 40 km$,线路上采用三段式距离保护,阻抗元件均采用方向阻抗继电器,继电器最灵敏角 $\varphi_{sen} = 70°$;保护 2 的Ⅲ段时限为 2 s;线路 AB 的最大负荷电流 $I_{L.max} = 450 A$,负荷自启动系数为 1.5,负荷的功率因数为 0.8;变压器采用差动保护,变压器容量 2×15 MVA、电压比 110/6.6 kV、短路电压百分数 $U_k\% = 10.5$。试对三段式距离保护 1 进行整定计算。

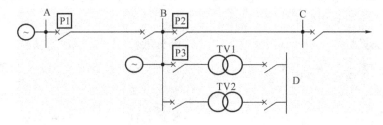

图 2-17　题 6 图

7. 如图 2-18 所示 110 kV 网络,已知:线路正序阻抗 $Z_1 = 0.45\ \Omega/\text{km}$,平行线路 70 km、MN 线路为 40 km,距离 I 段保护可靠系数为 0.85。M 侧电源最大、最小等值阻抗分别为 $Z_{\text{SM.max}} = 25\ \Omega$、$Z_{\text{SM.min}} = 20\ \Omega$;N 侧电源最大、最小等值阻抗分别为 $Z_{\text{SN.max}} = 25\ \Omega$、$Z_{\text{SN.min}} = 25\ \Omega$。试求 MN 线路 M 侧距离保护的最大、最小分支系数。

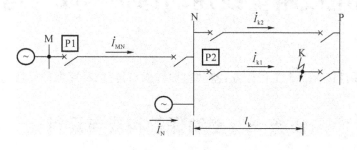

图 2-18　题 7 图

项目三

输电线路全线速动保护构成与运行

本项目包含 2 个工作任务：差动保护构成与运行、高频保护构成与运行。

任务一　差动保护构成与运行

引言

前面所介绍的电压、电流保护以及距离保护，由于其动作原理是将被保护线路一端的电气量引入保护装置，只能反映被保护线路一端的电气量的变化，仅靠测量元件，无法区分被保护线路末端与相邻线路首端的短路故障。为了保证选择性，第Ⅰ段保护只能保护线路全长的 80%～90%，不能瞬时切除被保护线路每一点的故障。对于其余 10%～20%线路的短路故障只能由保护第Ⅱ段限时切除，随着电力系统容量的扩大，电压等级的提高，为了保证系统的稳定性，要求能瞬时切除被保护线路每一点的故障。为了保证短路故障切除后的稳定性，必须采用反映输电线路两端的电气量的纵联差动保护，以实现线路全长范围内任何点短路故障的快速切除。理论上这种纵联差动保护具有输电线路内部短路故障时动作的绝对选择性。因此，差动保护构成与运行被列为必修项目。

学习目标

（1）能按照国家电网公司电力安全工作规程做好差动继电器差动定值检查准备工作。

（2）能按照国家电网公司电力安全工作规程实施差动继电器差动定值检查工作。

（3）能按照国家电网公司电力安全工作规程实施差动继电器差动定值检查后续工作。

过程描述

（1）差动继电器差动定值检查准备工作。认真了解差动继电器的结构原理和内部接线，认真阅读其使用说明书。根据差动继电器与运行设备相关的连线，制定安全技术措施。准备工具材料和仪器仪表，做好差动继电器试验准备工作并办理工作许可手续。

（2）差动继电器差动定值检查。主要检查差动继电器的动作值 1 A、1.5 A、2 A、2.5 A 和测定动作时间，运用实际断路器做传动试验，做好装置投运准备工作，记录差动继电器试验发现问题及处理情况。

（3）工作完成后，需要运行专业工作票，终结工作票后，工作才算完成，全部工作完毕后，工作班应清扫、整理现场。

过程分析

为了达到差动继电器差动定值检查的标准要求，试验的各项操作必须严格按照国家电网公司电力安全工作规程操作。

（1）电流动作值检查。按图 3-1 所示接线，将差动继电器的端子①接指示灯回路的端子 D2；继电器端子⑤接指示灯回路的端子 D1，ZNB 多功能表不接入（公共端、输入 2 悬空）。将继电器动作值压板放在 1 A 位置。合上三相电源开关、单相电源开关及直流电源和操作开关 BS 调节单相调压器 TY2，使电流增大到 1A 位置。观察继电器是否动作，若有误差，可调节动作值微调 W1。试验完成后使调压器输出为 0 V，断开所有电源开关。改变继电器动作值压板位置分别在 1.5 A、2 A、2.5 A 位置。重复上述步骤。

（2）继电器动作时间检查。接入 ZNB 多功能表，并将公共端接差动继电器端子①，输入 2 接端子⑤；指示灯的 D1、D2 悬空。将继电器动作值压板放在 1 A 位置，并调节好整定值。拉开 BS 开关，打开多功能表电源，将其功能选择开关置于时间测量挡（"时间"指示灯亮），选"连续"工作方式，按"清零"按钮使显示为 0。快速合上 BS 开关，记录差动继电器动作时间。调 TY2 使电流分别增大到 1.5 A、2 A、3 A；重复上述步骤重做试验。试验完成后，将调压器输出调至 0 V，断开所有电源开关。绘制差动继电器动作时间特性曲线。

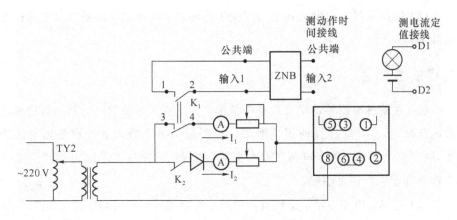

图 3-1　差动继电器动作值及谐波制动系数测试接线图

知识链接

输电线路的纵联差动保护两端比较的电气量可以是流过两端的电流、流过两端电流的相位和流过两端的功率方向等,比较两端不同电气量差别构成不同原理的纵联差动保护。将一端的电气量传送到对方端,可根据不同的信息通道,采用不同的传输技术。一般纵联差动保护可以按照所利用的通道类型或动作原理进行分类。

按照所利用的信息通道不同类型可分为 4 种:①导引线的纵联保护(简称为纵联差动保护);②电力线载波纵联差动保护(简称为高频保护);③微波纵联差动保护(简称为微波保护);④光纤纵联差动保护(简称为光纤保护)。

一、输电线路纵联差动保护

1. 基本工作原理

纵联差动保护是用辅助导线(或称导引线)将被保护线路两侧的电量连接起来,通过比较被保护的线路始端与末端电流的大小及相位构成的保护。在线路两端安装具有型号相同和电流比一致的电流互感器,两侧电流互感器一次回路的正极性均置于靠近母线的一侧,它们的二次回路用电缆将同极性端相连,其连接方式应使正常运行或外部短路故障时继电器中没有电流,而在被保护线路内部发生短路故障时,其电流等于短路点的短路电流。在正常运行情况下,导引线中形成环流,称为环流法纵联差动保护。

图 3-2 为环流法接线的纵联差动保护单相原理接线图。图中,将线路两端

电流互感器二次侧带"·"号的同极性端子连接在一起,将不带"·"号的同极性端子连接在一起,差动继电器接在差流回路上。

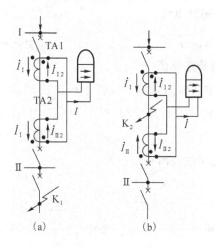

图 3-2 线路纵联差动保护原理接线图

(a) 区外故障电流分布；(b) 区内故障电流分布

电流互感器 TA 对其二次侧负载而言,可等效为电流源,所以在分析纵联差动保护工作原理时,可将电流互感器的二次等效阻抗看成无穷大,即 $Z_{TA} = \infty$；差动继电器线圈的等效阻抗看作零,即 $Z_{KD} = 0$。

线路外部 K_1 点短路时电流分布如图 3-2(a)(正常运行时电流分布与它相同)所示。按照图中所给出的电流方向,则正常运行或外部故障时,流入继电器线圈的电流为：

$$\dot{I} = \dot{I}_{I2} - \dot{I}_{II2} = \frac{1}{n_{TA}}(\dot{I}_I - \dot{I}'_I) \tag{3-1}$$

式中 $\dot{I}_{I2}$、$\dot{I}_{II2}$——线路首末端电流互感器二次绕组电流；

$\dot{I}_I$、$\dot{I}'_I$——线路首末端电流互感器一次绕组电流,即线路两侧的电流。

正常运行及外部故障时,流经线路两侧的电流相等,即 $\dot{I}_I = \dot{I}'_I$；若不计电流互感器的误差,则 $\dot{I}_{I2} = \dot{I}_{II2}$,流入继电器的电流 $\dot{I} = 0$,继电器不动作。

当线路保护范围内发生短路故障,即两电流互感器之间的线路上发生故障(如 K_2 点短路)时,电流分布如图 3-2(b)所示。线路两端电流都流入故障点,反映在电流互感器二次侧流入到差动继电器中的电流为故障点总的短路电流的二次值,即

$$\dot{I} = \dot{I}_{I2} + \dot{I}_{II2} = \frac{1}{n_{TA}}(\dot{I}_I + \dot{I}_{II}) = \frac{1}{n_{TA}}\dot{I}_K \tag{3-2}$$

式中 $\dot{I}_K$——故障点短路电流。

当流入继电器的电流 $\dot{I}$ 大于继电器整定的动作电流时,差动保护继电器动作,瞬时跳开线路两侧的断路器。

纵联差动保护测量线路两侧的电流并进行比较,它的保护范围是线路两端电流互感器之间的距离。在内部故障时,保护瞬时动作,快速切除故障。在保护范围外短路,保护不能动作。故不需要与相邻元件在保护动作值和动作时限上配合,因此可以实现全线瞬时切除故障。

2. **纵联差动保护的不平衡电流**

在纵联差动保护中,在正常运行或外部故障时,由于线路两端的电流互感器的励磁特性不完全相同,流入到继电器的电流称为不平衡电流。在上述分析保护原理时,正常运行及区外故障不计电流互感器的误差,流入差动继电器中的电流 $\dot{I} = 0$,这是理想的情况。实际上电流互感器存在励磁电流,并且两侧电流互感器的励磁特性不完全一致,则在正常运行或外部故障时流入差动继电器的电流为:

$$\dot{I} = \dot{I}_{I2} - \dot{I}_{II2} = \frac{1}{n_{TA}}[(\dot{I}_I - \dot{I}_{IE}) - (\dot{I}_I' - \dot{I}_{IE}')]$$
$$= \frac{1}{n_{TA}}(\dot{I}_{IE}' - \dot{I}_{IE}) = \dot{I}_{unb} \tag{3-3}$$

式中 $\dot{I}_{IE}'$、$\dot{I}_{IE}$——两电流互感器的励磁电流。

此时流入继电器的电流 $\dot{I}$ 称为不平衡电流,用 $\dot{I}_{unb}$ 表示,它等于两侧电流互感器的励磁电流相量差。外部故障时,短路电流使铁芯严重饱和,励磁电流急剧增大,从而使 $\dot{I}_{unb}$ 比正常运行时的不平衡电流大很多。

由于差动保护是瞬时动作的,因此还需要研究在保护区外部短路时暂态过程中对不平衡电流的影响。在暂态过程中,一次短路电流中包含有按指数规律衰减的非周期分量,由于它对时间的变化率 $\frac{dI}{dt}$ 远小于周期分量的变化率,因此很难转到二次侧,而大部分成为励磁电流。转到二次回路的一部分称为强制的非周期分量。又由于电流互感器励磁回路电感中的电流不能突变,从而引起非周期自由分量。而二次回路和负载中也有电感,故短路电流中的周期分量也将在二次回路中引起自由非周期分量电流。此外,非周期分量电流偏向时间轴一侧,使电流峰值增大,使铁芯饱和,进一步增加励磁电流。因此,在暂态过程中,励磁电流将大大超过其稳态值,并含有大量缓慢衰减的非周期分量,这将使不平衡电流 i_{unb} 大大增加。图 3-3(a)所示为外部短路时一次电流 i_K 随时间 t 变化的曲线,图 3-3(b)所示为暂态过程中的不平衡电流波形,暂态不平衡电流可能超过稳态不平衡电流的几倍,而且由于 2 个电流互感器的励磁电流含有很大的非周期分量,从而使不平衡电流也含有很大的非周期分量,不平衡电流全偏向时间轴一侧。最大不平衡电流发生在暂态过程中段,这是因为暂态过程起始段短路电流直流分量大、铁芯饱和程度高,一次侧的交流分量不能转变到二次侧,由于励磁回路具有很大的电感,励磁电流不能突变,所以不平衡电流不大;在暂态过程结束后,铁芯饱和消失,电流互感器转入正常工作状态,平衡电流又减小了,所以最大不平衡电流发生在暂态过程时间的中段。

为了避免在不平衡电流作用下差动保护误动作,需要提高差动保护的整定值,躲开最大不平衡电流,但这样就降低了保护的灵敏度。因此,必须采取措施减小不平衡电流及其影响。在线路纵联差动保护中可采用速饱和变流器或带制动特性的差动继电器。

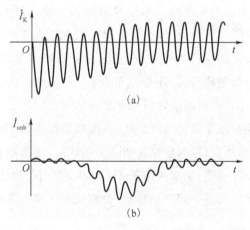

图 3-3　外部短路暂态过程

(a) 外部短路电流;(b) 不平衡电流

3. 对纵联差动保护的评价

纵联差动保护是测量两端电气量的保护,能快速切除被保护线路全线范围内故障,不受过负荷及系统振荡的影响,灵敏度较高。它的主要缺点是需要装设同被保护线路一样长的辅助导线,增加了投资。同时为了增强保护装置的可靠性,要装设专门的监视辅助导线是否完好的装置,以防当辅助导线发生断线或短路时使纵联差动保护误动或拒动。

由于存在上述问题,所以在输电线路上只有当其他保护不能满足要求,且在长度小于 10 km 的线路上才考虑采用纵联差动保护。因此,纵联差动保护只用在小容量的发电机和变压器的差动保护上。

4. 影响输电线纵联差动保护正确动作的因素

影响纵差保护正确动作的主要因素如下:

(1)电流互感器的误差和不平衡电流。

(2)导引线的阻抗和分布电容。

(3)导引线的故障和感应过电压。

对于电流互感器的误差和平衡电流的影响在差动保护整定计算时加以考虑。另外,对于暂态不平衡电流的影响还可以在差动回路中接入速饱和变流器或串联电阻来减小影响。对于导引线的分布电容和阻抗的影响,可以采用带有制动特性的差动继电器,这种继电器可以减小动作电流,提高差动保护的灵敏性。对于环流法接线,导引线断线造成保护误动,导引线短路将造成导引线拒动,因此要保持导引线的完好性。对于导引线的故障和过电压保护,可采用监视回路监视导引线的完好性,在导引线故障时将纵差保护闭锁并发出信号。为防止雷电在导引线中感应产生过电压,采取相应的防雷电过电压保护措施,并将电力电缆和导引线电缆分开,不要敷设在同一个电缆沟内,如果必须敷设在一个电缆沟时,也必须使两电缆之间留有足够的安全距离。

线路的纵差保护不受负荷电流影响,不反映系统振荡,具有良好的选择性。在一般情况下,灵敏性也较高,能快速切除全线故障,故可以作为全线速动的主保护。但由于需要导引线,通常应用于 8～10 km 以内的短线路,对于长距离的输电线路的纵差保护可以采用高频载波、微波和光纤等介质构成通信通道。

二、平行线路横联方向差动保护

为提高电力系统的并联运行的稳定性和增加传输容量,电力系统常采用平行双回线运行方式。35～66 kV 双回平行线路通常采用横联方向差动电流保护或电流平衡保护作为主保护。

平行线路是指参数相同且平行供电的双回线路。采用这种供电方式可以提高供电可靠性,当一条线路发生故障时,另一条非故障线路仍可正常供电。为此,要求保护能判别出平行线路是否发生故障及哪条线路故障。横联差动保护判别平行线路是否发生故障,采用测量差回路电流大小的方法;判别是哪条线路故障,则采用测量差回路电流方向的方法。

1. 横联差动保护工作原理

横联差动保护是利用功率方向元件判断故障线路,它既可用于电源侧,也可用于受电侧。电流平衡保护是利用两回线电流大小判断故障线路。它只能用于电源侧。由于电流平衡保护的接线和调整都比较简单,因此常常在平行线路主电源侧装设电流平衡保护,而在另一侧装设横联差动保护。

横联差动保护是反映两回线路中电流之差的大小和方向的一种保护。如图 3-4 所示,两条线路电流互感器变比相同、型号相同。M 侧 TA1 与 TA2 (N 侧 TA3 与 TA4)二次绕组异极性端相连接,构成环流法接线方式,从两连线之间差动回路上接入电流继电器 KA1(或 KA2)。该保护主要由 1 个电流继电器和 2 个功率方向继电器构成,电流继电器接于两回线路电流互感器二次侧的差动回路,功率方向继电器电流线圈接在被保护线路的差电流上,电压线圈接到所在母线电压互感器的二次电压上。

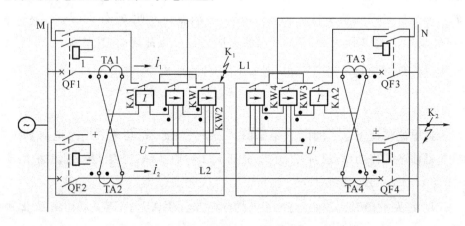

图 3-4　平行线路横联差动保护单相原理接线图

现以单侧(M 侧)电源线路为例来说明保护的工作原理。

(1)正常运行或外部短路时(如 K_2 点)。此时线路 L1 中流过的电流 i_1 与线路 L2 中流过的电流 i_2 相等,M 侧保护的电流继电器 KA1 中流过电流为:

$$\dot{I} = \frac{1}{n_{\text{TA}}}(\dot{I}_1 - \dot{I}_2) = 0 \tag{3-4}$$

实际上,由于两回线路阻抗不完全相等,电流互感器特性也可能不完全一致,KA1 中会流过不平衡电流。若能使 KA1 的动作电流大于不平衡电流,则 M 侧的电流继电器不会动作,M 侧的整套保护不会启动跳闸。同理,N 侧的保护也不会动作。

(2)任意线路内部故障时(如 K_1 点)。若在线路 L1 上发生短路,不考虑负荷电流,则通过线路 L1 和 L2 的短路电流 $\dot{I}_1$ 和 $\dot{I}_2$ 的大小与它们由母线 M 到故障点经过的阻抗值成反比。显然 $I_1 > I_2$,在 M 侧保护 KA1 中流过电流为:

$$\dot{I} = \frac{1}{n_{\text{TA}}}(\dot{I}_1 - \dot{I}_2) \tag{3-5}$$

此电流大于电流继电器的整定值时,电流继电器 KA1 动作,功率方向继电器是否动作决定于流过功率方向继电器的电流和所加电压间的相位。根据图 3-4 中标示的极性,当在线路 L1 上故障时,功率方向继电器 KW1 流过的差电流 $\dot{I}$ 从同极性端子流入,所加的母线残压也是从同极性端子加入,故 KW1 判别为正方向故障,KW1 动作。KW2 与 KW1 流过相同的电流,但所加母线电压的方向是从非极性端子加入的,故 KW2 不动作。因此 M 侧的保护 KA1 与 KW1 动作将 QF1 跳开。同时 N 侧的保护,在 K_1 点故障时,N 端 TA3 流过电流为 $\dot{I}_2$,TA4 流过电流为 $-\dot{I}_2$,则 KA2 中的差电流为:

$$\dot{I} = \frac{1}{n_{\text{TA}}}[\dot{I}_2 - (-\dot{I}_2)] = \frac{2}{n_{\text{TA}}} = \dot{I}_2 \tag{3-6}$$

此电流将使 KA2 动作,且根据图 3-4 中极性标示,功率方向继电器 KW3 满足动作条件而动作,故跳开 QF3。因此,L1 线路故障,M 侧与 N 侧保护均动作,将 QF1 与 QF3 跳开。

L2 线路故障时 $I_2 > I_1$,与上相同的分析方法,KA1 与 KW2 动作将 QF2 跳闸,KA2 与 KW4 动作将 QF4 跳闸。

以上分析说明,差动电流继电器 KA1、KA2 在平行线路外部故障时不动作,而在 L1 线路或 L2 线路上故障时,KA1、KA2 都动作,因此电流继电器能判别平行线路内、外部故障,但不能选择出哪一条线路故障。L1 与 L2 线路内部故障时,KA1、KA2 中电流方向不同,故可用功率方向继电器来选择故障线路。由此可见,横联差动保护是反映平行线路短路电流差的大小和方向,有选择性地切除故障线路的一种保护。

当保护动作跳开一回路以后,平行线路只剩下一回路运行时,横联差动保护要误动作,应立即退出工作。因此,各端保护的正电源由本端的两断路器的常开辅助触点进行闭锁,即当一台断路器跳闸后,保护就自动退出运行。如果平行线路两端都有电源,横联差动保护仍能正确动作。

横联差动保护装置中的电流继电器是保护的启动元件,功率方向继电器是保护的选择元件,根据这种保护的工作原理,可以构成反映相间短路的横联差动保护,也可构成反应接地故障的横联差动保护。前者启动元件流入同名的相差电流,方向元件采用 90°接线,启动元件与方向元件为按相启动方式,保护采用两相式接线。后者启动元件接于两回线的零序差动回路,功率方向元件流入零序差动电流,加入零序电压。

2. 横联差动保护的相继动作区和死区

在保护区内故障时,横联差动保护在电源侧测量的是两线路电流差的大小;在非电源侧测量的是两线路电流的和。因此,非电源侧保护的灵敏度比电源侧高。但靠近母线故障时,两侧保护存在相继动作的问题。

(1) 相继动作区。对侧保护动作后,由于短路电流重新分布使本侧保护再动作,叫相继动作。可能发生相继动作的区域称为相继动作区。

当在平行线路内部任一端母线附近发生短路时,如在图 3-5 所示线路中,N 侧母线附近 K 点故障时,流过 L1 的短路电流 $\dot{I}_1$ 与流过线路 L2 的短路电流 $\dot{I}_2$ 近似相等。此时,对 M 侧保护来说,流过启动元件 KA1 中的电流 $\dot{I} = \dfrac{1}{n_{TA}}$ ($\dot{I}_1 - \dot{I}_2$) 很小,当其值小于 KA1 的动作电流时,M 侧保护不动作。但对 N 侧保护来说,$\dot{I}_2$ 经 QF2、QF4、QF3 流向短路点,流过启动元件 KA2 中电流 $\dot{I} = \dfrac{1}{n_{TA}}[\dot{I}_2 - (-\dot{I}_2)] = \dfrac{2}{n_{TA}}\dot{I}_2$,其值将大于动作电流,N 侧保护会动作而断开 QF3。这时,故障并未切除,QF3 断开后,短路电流重新分布,$\dot{I}_2 = 0$,短路电流全部经 QF1 流至故障点。M 侧保护流过的电流 $\dot{I} = \dfrac{1}{n_{TA}}\dot{I}_1$,此电流大于动作电流将使保护动作跳开 QF1。K 点故障分别由 N 侧、M 侧保护先后动作于 QF3、QF1 而切除故障线路,这种两侧保护装置先后动作的现象,称为相继动作。另一种相继动作的情况是在 M 侧母线附近区域内发生故障,此时 $I_1 > I_2$,且 $\dot{I}_2$

很小,因此 N 侧保护不动作,而 M 侧保护将先动作断开 QF1。QF1 断开后,$I_1=0$、I_2 增大,于是 N 侧保护又动作断开 QF3,故障由 M、N 侧保护相继动作切除。

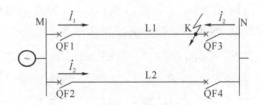

图 3-5　横联差动保护相继动作分析

相继动作,可有选择性地切除故障,但切除故障的时间延长一倍。应尽量减小相继动作区。通常要求,在正常运行方式下,两侧母线附近的相继动作区总长不能超过线路全长的 50%。

(2)死区。反映相间短路的横联差动保护中功率方向元件采用 90°接线。当在保护安装处附近发生三相对称短路时,由于母线残压接近于零,则当加于功率方向继电器的功率小于其动作功率时,功率方向继电器不动作,功率方向继电器在靠近母线的一段不动作的区域称为死区。保护的死区位于本保护的相继动作区之内。通常要求死区的长度不超过全线路长度的 10%。

3. 评价

横联差动保护主要优点是能够快速地、有选择性地切除平行线路上的故障,并且接线简单。缺点是在相继动作区内发生短路故障时,切除故障时间将延长一倍;选用感应型功率方向继电器的保护有死区;双回线中有一回线停止运行时,保护要退出工作。为了对双回线上的横联差动保护及相邻线路进行后备保护,以及单回线运行时作为主保护,还需装设一套接于双回线电流和上的三段式电流保护或距离保护。零序横联差动保护具有较高的灵敏度和较小的相继动作区。横联差动保护保护目前广泛应用于 66 kV 及以下电网。

三、平行线路的电流平衡保护

横联差动保护用在电源侧时灵敏度往往不能满足要求,因为电流测量元件反映的是两线路电流的差值(及不平衡电流)。根据这一特点可采用电流平衡保护。

电流平衡保护是平行线路横联差动保护的另一种形式,是基于比较平行线路的两回线中电流绝对值大小而工作。在正常运行或外部发生短路时,平行线的两回线路中电流相等,保护不能动作。在平行线路内部发生短路故障时,故障线路中流过的短路电流大于非故障线路中流过的短路电流,保护装置根据这一点正确地选择出故障线路,并将其切除。

1. 电流平衡保护的基本工作原理

电流平衡保护的基本工作原理如图 3-6 所示。图 3-6 中 KAB 是一个双动作的电平衡继电器,当平行线路正常运行或外部故障时,通过 KAB 两线圈 N1 和 N2 的电流幅值相等,"天平"处在平衡状态,保护不动作。当线路 L1 故障时(如 K_1 点故障),则 $I_1 > I_1'$,KAB 的右侧触点闭合,跳开 QF1 切除线路 L1 的故障;当线路 L2 故障时,KAB 的左侧触点闭合,跳开 QF2 切除线路 L2 的故障。

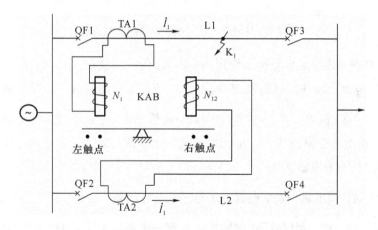

图 3-6　电流平衡保护的基本工作原理说明图

实际应用中,平衡继电器考虑的问题较多。下面以整流型电流平衡继电器为例,进一步分析电流平衡保护的工作原理。

2. 整流型电流平衡继电器

(1) 整流型电流平衡继电器是用均压法幅值比较回路比较平行线两回路中电流绝对值大小的,其原理接线如图 3-7 所示。继电器有 3 个输入量:①TX1 的一次绕组接至平行线路 L1 的电流互感器,获得动作电流,此电流由 TX1 的二次绕组 $\dot{I}_{1.2}$ 输出,经半导体整流桥 UB1 整流,在电阻 R_1 上产生动作电压;②TX2的一次绕组接于平行线路口的电流互感器,获得制动电流,由 $\dot{I}_{2.2}$ 输出。$\dot{I}_{2.2}$ 及 $\dot{I}_{1.3}$ 的输出,经 UB2 整流,在 R_2 产生制动电压;③由母线电压互感器供电的电压(制动电压)加到电压变换器 TVA 的一次绕组上,经 TVA 变换和 UB3 整流后,其输出端与 UB2 并接组成最大值输出器,即 UB2 与 UB3 直流侧并接,输出的制动电压值决定于其中最大者。

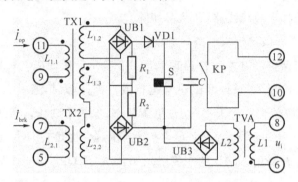

图 3-7 整流型电流平衡继电器的原理接线

电路构成表明继电器的工作回路由 TX1 的二次绕组 $\dot{I}_{1.2}$、整流桥 UB1 及电阻 R_1 构成。制动回路由两部分构成:一是电流制动部分,由 TX2 的二次绕组 $\dot{I}_{2.2}$ 与 TX1 的第二个二次绕组 $\dot{I}_{1.3}$、整流桥 UB2、电阻 R_2 组成;二是电压制动部分,由电压变换器 TVA 和 UB3 组成。动作量与制动量进行均压比较。执行元件是极化继电器 KP。

(2)整流型电流平衡继电器的工作原理。当线路 L1 的电流即工作电流 $\dot{I}_{op}$ 流过 TX1 的一次绕组时,UB1 的输出端就有一个正比于 $\dot{I}_{op}$ 的直流电压输出,它在 R_1 上产生一正向压降,欲使继电器 KP 动作。同时,线路口的电流为制动电流 $\dot{I}_{brk}$,它流过 TX2 的一次绕组,在 UB2 输出端有一个正比于 $|I_{brk}+KI_{op}|$ 的直流输出电压,它在 R_2 上产生一个反向压降,欲使继电器制动。在电流制动回路中引入工作电流是为了改善制动性能。在正常运行及外部故障时,$\dot{I}_{op}$ 与 $\dot{I}_{brk}$ 同相,$|I_{brk}+KI_{op}|$ 将最大,故制动量增大,可提高继电器工作的可靠性。

电压变换器 TVA 二次绕组的输出电压,经整流桥 UB3 后,输出一个正比于输入电压 U_i 的直流电压,这个电压也加到电阻 R_2 上。电压制动的作用是防止在制动电流等于零时可能发生的误动作。如果没有发生故障,母线电压很高,电压制动作用很大,这样可以有效地防止继电器的误动作。发生故障时,母线电压降低,使其制动作用相应地减小,从而保证保护有足够的灵敏度而可靠动作。若只设电压制动也不行,因为当出现电压二次回路断线时,保护也会误动作。

图 3-7 中二极管 VD1 是用来保证只有当 R_1 上的压降(工作电压)大于 R_2 上的压降(制动电压)时,极化继电器的线圈中才有电流通过。在正常运行及外部故障时,由于 UB1 输出工作电压小于 UB2 输出的制动电压,故极化继电器中是没有电流的。电容器 C 为滤波电容,用以减小极化继电器触点的抖动。

3. 对电流平衡保护的评价

电流平衡保护的主要优点是它与横联方向差动保护比较,只有相继动作区而没有死区,如在保护装置附近发生短路时,两回路中流过的短路电流相差最大,使保护装置动作最灵敏。它动作迅速、灵敏度高并且接线简单。缺点是只能应用于单电源线路有电源一侧的双回路上,不能用在单电源供电平行线路的受电侧。电流平衡保护的其他应用场合与横差方向保护相同,通常应用在 35 kV 及以上电压级的电网上。

技能训练

(1) 工作票的填写。

(2) 电流动作值计算与检查。

(3) 继电器动作时间计算与检查。

(4) 能构建纵联差动保护通道。

(5) 能调试高频保护与光纤差动保护。

完成任务

将班级学生分成小组,每组由 3 人组成,即工作负责人和 2 名工作班成员。实验进行中的接线、调节负载、保持电压或电流、记录数据等工作每人应有明确的分工,三者互相监督,不得互相兼任,以保证试验操作协调,记录数据准确可靠,发生故障时,继电器 100% 不误动。

学习评价

1. 工作成果评价

严格按照国家电网公司电力安全工作规程,对差动继电器差动定值检查操作程序、操作行为和操作水平等进行评价,如表 3-1 所示。

表 3-1　差动继电器差动定值检查工作评价表

学习目标	评价指标	评价标准	自评	小组评	教师评
调校准备	操作程序	正确			
	操作行为	规范			
	操作水平	熟练			
调校实施	操作程序	正确			
	操作行为	规范			
	操作水平	熟练			
	操作精度	达到要求			
后续工作	操作程序	正确			
	操作行为	规范			
	操作水平	熟练			

2. 学习成果评价

按照职业教育技术类技能型人才培养要求,主要评价学生差动继电器差动定值检查知识与技能、操作技能及情感态度等的情况,如表 3-2 所示。

表 3-2　差动继电器差动定值检查学习成果评价表

评价项目	评价标准	等级(权重)分				自评	小组评	教师评
		优秀	良好	一般	较差			
知识与技能	掌握输电线路纵联差动保护、平行线路横联差动保护及电流平衡保护	10	8	5	3			
	掌握工作票的填写	10	8	5	3			
	熟练进行定值的整定	10	8	5	3			
	构建纵联差动保护通道,调试高频保护与光纤差动保护	8	6	4	2			

续 表

评价项目	评价标准	等级（权重）分				自评	小组评	教师评
		优秀	良好	一般	较差			
操作技能	熟悉运用网络独立收集、分析、处理和评价信息的方法	10	8	5	3			
	积极参与小组合作与交流	10	8	5	3			
	能制作PPT,将搜集到的材料用PPT清楚地展现出来,而且比较有创新	8	6	4	2			
情感态度	课堂上积极参与,积极思维,积极动手、动脑,发言次数多	8	6	4	2			
	小组协作交流情况:小组成员间配合默契,彼此协作愉快,互帮互助	10	8	5	3			
	对本内容兴趣浓厚,提出了有深度的问题	8	6	4	2			
课堂调查:书面写出你在学习本节课时所遇到的困难,向教师提出较合理的教学建议		8	6	4	2			
自评意见:								
小组评意见:								
教师评意见:								
努力方向:								

思考与练习

一、判断题

1. 电流平衡继电器中工作电流与制动电流同相时的制动系数较反相时大,这样可以提高平衡保护在发生穿越性故障时的可靠性。（　　）

2. 单电源的平行线路,两侧都可装设电流平衡保护。（　　）

3. 平行线路的横差方向保护,在受电侧方向元件死区范围内发生两相短路时,受电侧的保护将拒绝动作。（　　）

4. 线路纵联差动保护的导引线开路时,保护范围外发生故障,两侧保护不会误动作。（　　）

5.横差方向保护的死区与系统的运行方式有关,最大运行方式时死区最小,最小运行方式时死区最大。(　　)

6.平行线路的横差方向保护,采用带记忆作用的功率方向继电器后,只要保护装置的灵敏度足够高,在保护范围内发生故障时,均能可靠动作。(　　)

7.两平行线路的导线截面不一样时,在横差方向保护中出现的差电流,可以用自耦变流器来补偿。(　　)

8.单电源供电的双回线路,受电侧可装设电流平衡保护。(　　)

9.横差方向保护采用延时动作的出口中间继电器,是为了防止线路上管形避雷器放电而引起的保护误动作。(　　)

二、简答题

1.说明纵联差动保护的工作原理及不平衡电流产生的因素。

2.纵差保护有哪些优缺点?适用于什么样的线路?

3.说明横联差动保护的构成和工作原理。

4.什么是横联差动保护的相继动作和相继动作区?对保护的性能有何影响?

5.横联差动保护有哪些优缺点?

6.试述电流平衡保护的工作原理。为什么在单侧电源平行线路的受电端不能采用电流平衡保护?

任务二　高频保护构成与运行

引言

线路纵联差动保护能瞬时切除被保护线路全长任一点的短路故障,但是由于它必须敷设与线路相同长度的辅助导线,一般只能用在短线上。为快速切除高压输电线路上任一点的短路故障,将线路两端的电流相位(或功率方向)转变为高频信号,经过高频耦合设备将高频信号加载到输电线路上,输电线路本身作为高频(载波)电流通道将高频载波信号传输到对侧,对侧再经过高频耦合设备将高频信号接收下来,以实现各端电流相位(或功率方向)的比较,这就是高频保护或载波保护。目前,22 kV 线路、部分 500 kV 线路甚至部分 110 kV 线路都采用高频保护作为线路保护。

高频保护包括高频闭锁方向保护和相差高频保护。高频闭锁方向保护,是比较被保护线路两侧功率的方向。规定功率方向由母线指向某线路为正,指向母线为负。线路内部故障,两侧功率方向都由母线指向线路,保护动作跳闸,信号传递方向相同。相差高频保护是测量和比较被保护线路两侧电流量的相位,是采用输电线路载波通信方式传递两侧电流相位的。高频保护构成与运行被列为必修项目。

学习目标

(1) 能按照国家电网公司电力安全工作规程做好高频保护通道试验准备工作。

(2) 能按照国家电网公司电力安全工作规程实施高频保护通道试验工作。

(3) 能按照国家电网公司电力安全工作规程实施高频保护通道试验后续工作。

过程描述

(1) 高频保护通道试验准备工作。准备工具材料和仪器仪表,做好高频保护通道试验准备工作并办理工作许可手续。

(2) 高频保护通道试验。做差拍试验和收讯电压的测量、通道衰减测量及闭锁角整定等,运用实际断路器做传动试验,做好装置投入运行准备工作,记录功率方向继电器检验发现问题及处理情况。

(3) 将全部试验接线恢复正常方可投入运行。运行专业工作票,终结工作票,清扫、整理现场。

过程分析

为了达到高频保护通道试验的标准要求,试验的各项操作必须严格按照国家电网公司电力安全工作规程操作。

(1) 差拍试验和收讯电压的测量。要求 $\dfrac{U_{发}}{U_{收}} \geqslant 2$ 且同时满足 $U_{收} \geqslant (3 \sim 4) U_{C}$。

(2) 通道衰减测量。一般只测量工作频率点的通道衰减。考核要求:①两侧分别作为发信端时,通道衰减差别不大于 $0.3\ \mathrm{N_P}$;②与计算值比较,差别不大于30%。

(3) 在其他高频保护发信机及载波机发信干扰的作用下,$U_{4M} < 0.2\ \mathrm{V}$,且满足通道裕度大于 $1\ \mathrm{N_P}$。

（4）闭锁角整定。要求比相积分时间大于 1.7 ms，闭锁角小于 80°。$11R_0 \geqslant$ 6.2 kΩ调试方法说明，基于积分比相元件的定时限触发特性及收讯陶瓷滤波器暂态特性的影响，可采用下面方法进行闭锁角的整定。两侧同时通 $I_{AB} = 3$ A，一侧固定相位，一侧移相，在 $7M_{2-8}$ 上观察操作波形。先调整方波相位，使其填满，然后移相，直至 $11M_8$ 电位跃变（或跳闸灯亮，这时移相要缓慢）。用相角表读取此时相位角 φ_1，再反向移相，使 $11M_8$ 电位再次跃变或跳闸灯再次亮，读取 φ_2，则闭锁角为 $\frac{1}{2} |\varphi_2 - \varphi_1|$，$|\varphi_2 - \varphi_1|$ 为比相元件的不动作区。上述试验方法，对于中、短线路或者干扰电压较高的线路尤为适用。对于长线路以及发信机使用的工作频率较低的线路，因为收讯陶瓷滤波器过渡过程的严重，两侧方波很不对称。这时需要对准 0°（或 180°），向正、反两个方向分别测出 φ_1 和 φ_2。闭锁角小的一端应保证满足 1.7 ms 和 60°的要求，高端闭锁角可能大于 80°，应酌情平衡综合指标。

知识链接

一、高频保护的基本概念

1. 高频保护的基本原理及分类

高频保护（电力线载波纵联差动保护）：利用输电线路本身作为保护信号的传输通道，在输送 50 Hz 工频电能的同时叠加传送 50～300 kHz 的高频信号（保护测量信号），以进行线路两端电气量的比较而构成的保护。由于高频通道干扰大，不能准确传送线路两端电量的全信息，因此一般只传送两端的状态信息（如方向、相位）。

高频闭锁方向保护是比较被保护线路两端的短路功率方向。高频闭锁距离及高频闭锁零序电流保护分别是由距离保护、零序电流保护与高频收发信机组合而构成的保护，也是属于比较方向的高频保护。电流相位差动高频保护是比较被保护线路两端工频电流的相位，简称为相差高频保护。实现上述两类保护的过程中，需要将功率方向或电流相位转化为高频信号。

2. 高频通道的构成

继电保护的高频通道有 3 种，即电力输电线路的高频通道、微波通道和光纤通道。

1）输电线路的高频通道

为了实现高频保护，首先必须解决高频通道问题，目前广泛采用输电线路本身作为一个通道，即输电线路在传输 50 Hz 工频电流的同时，还叠加传输一个高频信号（载波信号），以进行线路两端电量的比较。为了与传输线路中的工频电流相区别，载波信号一般采用 50~300 kHz 的高频电流，这是因为频率低于 50 kHz 时不仅受工频电压干扰大，且各加工设备构成较困难；而频率高于 300 kHz 时高频能量衰减大为增加，也易与广播电台信号互相干扰。

为了使输电线路既传输工频电流同时又传输高频电流，必须对输电线路进行必要的改造，即在线路两端装设高频耦合设备和分离设备。

输电线路高频通道广泛采用的电路连接方式有两种：一种是"相-地"制高频通道，即将高频收/发信机连接在一相导线与大地之间；另一种是"相-相"制高频通道，即将高频收/发信机连接在两相导线之间。"相-相"制高频通道的衰耗小，但所需的加工设备多，投资大；"相-地"制高频通道传输效率低，但所需的加工设备少，投资小，是一种比较经济的方案。因此，在国内外得到广泛应用。

输电线路高频通道的构成如图 3-8 所示。高频通道应能有效地区分高频与工频电流，并使高压一次设备与二次回路隔离，限制高频电流只限于在本线路内流通，不能传递到外线路。为使高频信号电流在传输中的衰耗最小，应在高频通道中装设下列设备。

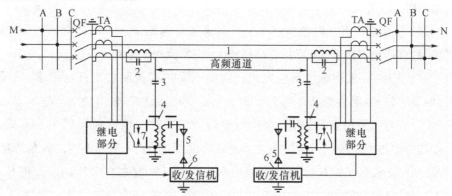

图 3-8　"相-地"回路高频通道构成接线图

1—输电线-相导线；2—高频阻波器；3—耦合电容器；4—连接滤波器；

5—高频电缆；6—离频收/发信机；7—放电间隙、接地刀闸

（1）高频阻波器。高频阻波器的电感线圈和可调电容器组成并联谐振回路。当其谐振频率为选用的载波频率时，对载波电流呈现很大的阻抗（在1 000 Ω以上），从而使高频电流限制在被保护线路的输电线路以内（两侧高频阻波器内），而不致流到相邻线路上去。对50 Hz工频电流而言，高频阻波器的阻抗仅是电感线圈的阻抗，其值约为0.04 Ω，因而工频电流可以畅通无阻。

（2）耦合电容器。耦合电容器又称结合电容器，其电容量很小，对工频电流具有很大的阻抗，可防止工频高压侵入高频收/发信机。对高频电流则阻抗很小，高频电流可顺利通过。耦合电容器与结合滤波器（连接滤波器）共同组成带通滤波器，只允许此带通频率内的电流通过。

（3）连接滤波器。连接滤波器又称结合滤波器，由一个可调电感的空心变压器及连接至高频电缆一端的电容器组成。由于电力线路的波阻抗约为400 Ω，电力电缆的波阻抗约100 Ω或75 Ω。因此利用结合滤波器与其阻抗匹配作用，以减小高频信号的衰耗，使高频收信机收到的高频功率最大；同时，还利用结合滤波器进一步使高频收/发信机与高压线路隔离，以保证高频收/发信机及人身安全。

（4）高频电缆。高频电缆是把户外的带通滤波器和户内保护屏上的收/发信机连接起来，并屏蔽干扰信号。

（5）保护间隙。保护间隙作为高压通道的辅助设备，起过电压保护的作用。当线路遭受雷击过电压时，通过放电间隙被击穿而接地，保护高频收/发信机不致被击毁。

（6）接地隔离开关。接地开关是高频通道的辅助设备。在检查、调试高频保护时，将接地刀闸合上，可防止高压窜入，确保保护设备和人身安全。

（7）高频收/发信机。高频发信机由继电保护来控制发出预定频率（可设定）的高频信号，通常都是在电力系统发生故障时，保护部分启动之后它才发出信号，但有时也采用长期发信、故障启动后停信或改变信号频率的工作方式。由发信机发出的高频信号通过高频通道传送到对端，被对端和本端的收信机所接收，两端的收信机既接收来自本侧的高频信号又接收来自对侧的高频信号，两个信号经比较判断后，作用于继电保护的输出部分，使之跳闸或将它闭锁。

高频收/发信机的型号很多，现以按"四统一"原则设计的高频收/发信机为例，介绍其工作原理，原理方框图如图3-9所示。正常运行时，没有保护命令输入，装置不向通道发送高频信号。当线路发生故障时，继电保护动作"启信"，接点闭合,经"接口回路"和"逻辑回路",控制"晶振合成"发出 f_0 高频信号。该信号经"前置放大"和"功率放大"放大至通道后,通过"线路滤波"送往通道。当继电保护送来"停信"信号时,发信回路由"接口回路"控制立即停止发 f_0 高频信号。

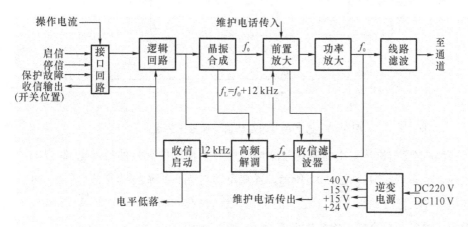

图 3-9　高频收/发信机原理方框图

收信回路由收信滤波器、高频解调、收信启动、接口回路组成。发信回路发信时由"逻辑回路"送出一个直流电位,控制"收信滤波器"中的开关门,使其关闭,拒绝接收功率放大器来的高频大功率信号及对侧送来的高频信号。而本侧的高频信号直接从"前置放大"引入小功率信号至"收信滤波器"。本侧停信时,开关门打开,以接收对侧传来的高频信号。被接收的信号经过"高频解调",被解调成12 kHz的中频信号,再经中频滤波和放大后输出两路信号:一路经"接口回路"作为收信输出信号送至继电保护;另一路作为通道衰减增加超过3 dB的告警指示信号。

"保护故障"是保护设备发生故障时送出的报警,该触点闭合后经"接口回路"去启动发信回路发高频信号,以闭锁两侧的保护设备,防止误跳闸。

该收/发信机具有通道检查和远方启动功能。当按动本侧"逻辑回路"面板上的试验按钮,发信回路瞬时启动将高频信号送至对侧,对侧收信回路收到信号,通过"逻辑回路"使对侧发信机发信,这就是远方启动功能。通道检查过程是本侧先发信 200 ms,然后本侧停信 5 s,再发 10 s。本侧启动发信后,远方启

动对侧发信机发信 10 s,本侧输出端交频信号波形,如图 3-10 所示。本侧信号
与对侧信号电平不同,以便于区别。

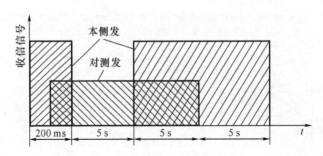

图 3-10 通道检查时高频信号波形示意图

高频收/发信机装置中的逆变电源是向整个装置提供直流的稳压电源,逆变
电源的基本原理框图,如图 3-11 所示。逆变电源首先将直流变为交流(逆变),再
经降压、整流、稳压到所需电压值。对高频收发信机有-40 V、24 V、15 V、-15 V
四组电压输出。无论哪一组电压失压,都能输出一个电源故障信号。

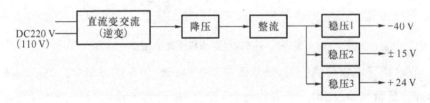

图 3-11 逆变电源原理框图

2) 微波通道

由于电力系统载波通信和系统运行的发展,现有电力输电线路载波频率已经不
够分配。为解决这个问题,在电力系统中还可采用微波通道。微波指超短波中的分
米波、厘米波和毫米波。继电保护的微波通道用的微波频段为 300~30 000 MHz,我
国继电保护用的微波通道所用微波频率一般为 2 000 MHz。

微波通道示意图如图 3-12 所示,它由定向天线、连接电缆和收/发信机组成。
微波信号由一端的发信机发出,经连接电缆送到天线发射,再经过空间的传播,送
到对端的天线,被接收后,由电缆送到收信机中。微波信号是直线传播的,由于地
球是一个球体,使微波的直线传播距离受到限制,微波信号传送距离一般不超过
40 km,若超过这个距离,就要增设微波中继站来转送。

　　微波通道与电力输电线路没有直接的联系,这样线路上任何故障都不会破坏通道的工作,所以不论是内部或外部短路故障时,微波通道都可以传送信号,而且不存在工频高压对人身和二次设备的不安全问题。微波通道的主要问题是投资大,只有在与通信、保护、远动、自动化技术等综合利用微波通道时,经济上才是合理的。

　　利用微波通道构成的继电保护称为微波保护。

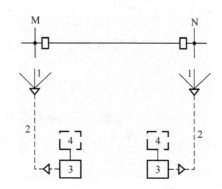

图 3-12　微波通道示意图

1—定向天线;2—连接电缆;3—收发信机;4—继电部分

3) 光纤通道

　　光纤通道已在继电保护中应用。光纤通道传送的信号频率为 1 014 Hz 左右,由光纤通道构成的继电保护称为光纤继电保护。图 3-13 所示为光纤通道示意图,它由光发送器、光纤和光接收器等部分组成。

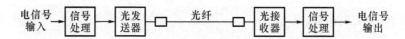

图 3-13　光纤通道示意图

　　(1) 光发送器。光发送器的作用是将电信号转换为光信号输出。一般由砷化镓或砷镓铝发光二极管或钕铝石榴石激光器构成。发光二极管的寿命可达数百万小时,它是一种简单而又很可靠的电光转换元件。

　　(2) 光接收器。光接收器是将接收的光信号转换为电信号输出,通常采用光敏二极管构成。

　　(3) 光纤。光纤用来传递光信号,它是一种很细的空心石英丝或玻璃丝,直径仅为100～200 μm。光纤通道的通信容量大,电信号可以节约大量有色金属材料,敷设方便,抗腐蚀,不易受潮,不受外界电磁干扰。但用于长距离线路时,需采用中继器及附加设备。

4) 高频电流的传输衰耗

(1) 衰耗的一般概念。高频电流在通道上传输会有损耗,在高频电路中将这种损耗称作衰耗。高频电路中衰耗的大小用电平表示。

电平是一种表示功率相对大小的参数。电平值是指两点间功率 P_1 和 P_2 比值的对数,单位是分贝(dB)或奈培(Np)。这与人耳对声音能量的感觉符合于对数关系是一致的。电平的分贝值为 $10\lg\dfrac{P_1}{P_2}$,电平奈培值为 $\ln\dfrac{P_1}{P_2}$。

$$10\lg\frac{P_1}{P_2}=10\lg\frac{U_2^2/Z_2}{U_1^2/Z_1}=20\lg\frac{U_1}{U_2}(因\ Z_1=Z_2)称为电压电平。$$

(2) 分贝的物理概念。分贝的物理概念是传输效率取对数。设首端输入功率为 $P_1=U_1I_1\cos\varphi$;终端获得的功率为 $P_2=U_2I_2\cos\varphi$,则有

$$P_1=P_2\mathrm{e}^{-2\alpha L}=U_2I_2\cos\varphi\mathrm{e}^{-2\alpha L}$$

式中　α——衰减系数;

　　　L——线路长度。

传输效率为:

$$\eta=\frac{P_1}{P_2}=\mathrm{e}^{-2\alpha L}$$

式中　αL——衰减系数乘线路长度,就是全部衰耗。

αL 以 Np 为单位表示,$1\mathrm{Np}=\dfrac{1}{2}\ln\dfrac{P_2}{P_1}$;$\alpha L$ 以 dB 为单位表示,$1\ \mathrm{dB}=10\lg\dfrac{P_2}{P_1}$,$1\ \mathrm{Np}=8.686\ \mathrm{dB}$。

分贝对学"强电"的学员一般比较陌生,下面举几个日常生活的例子帮助理解。$0\ \mathrm{dB}$ 相当于 $2\times10^{-5}\mathrm{N}$ 的声压;耳语的声强为 $10\ \mathrm{dB}$;一般办公室的声强为 $50\ \mathrm{dB}$;听音乐感觉声音偏大,声强约为 $70\ \mathrm{dB}$;响雷的功率比蚊鸣的功率大 1 万亿倍(10^{12}),用 dB 表示时数值为 $\lg10^{12}=120\ \mathrm{dB}$。

(3) 高频电路的分析方法。电磁波的传输速度 $v=3\times10^8\ \mathrm{m/s}$;波长 $\lambda=v/f$;工频 $f=50\ \mathrm{Hz}$,则 $\lambda=6\ 000\ \mathrm{km}$。线路长为 $L=1\ 500\ \mathrm{m}$,相当于 $\lambda/4$。设高频的频率为 $f=500\ \mathrm{kHz}$,则 $\lambda=600\ \mathrm{m}$;设高频的频率为 $f=1\ 000\ \mathrm{MHz}$,则 $\lambda=0.3\ \mathrm{m}$。频率越高,线路长度与波长的比例越大。因此,高频电路的分析中,不能采用集总参数,只能采用分布参数分析。

（4）高频参数的测试。测试高频参数只能采用电平表，通过电平的大小可计算出高频功率、高频电流、高频电压来。

电平表取功率基值 $P_0 = 1$ mW；电阻基值 $R_0 = 600$ Ω，则

$$U_0 = \sqrt{P_0 \times 600} = \sqrt{1 \times 10^{-3} \times 600} = 0.775(\text{V})$$

$$I_0 = \sqrt{P_0/600} = \sqrt{1 \times 10^{-3}/600} = 1.29(\text{mA})$$

例 3-1　SF-21X 发信输出功率为 20 W，输出电阻为 100 Ω，则功率电平为 $P = 10\lg 20/10^{-3} = 43(\text{dB})$；电压相对电平为 $P_{V0} = \dfrac{10\lg 600}{100} = 7.78(\text{dB})$；电压电平为 $P_V = 43 - 7.78 = 35.22(\text{dB})$。

根据电压电平计算出电压为 $U = U_0 \times 10 P_V/20 = 0.775 \times 10^{35.22/20} = 44.7(\text{V})$，欧姆定理计算出电压为 $U = \sqrt{10 \times 20} = 4.77(\text{V})$，证明采用电平计算的结果是正确的。

3. 高频通道的工作方式与高频信号

1）高频通道的工作方式

（1）正常时无高频电流方式。在电力系统正常运行时发信机不发信，高频通道中不传送高频电流。当电力系统故障时，发信机由启动元件启动发信，通道中才有高频电流出现，这种方式称为正常时无高频电流方式，又称为故障时发信方式。

无高频电流方式的优点是可以减少对通道中其他信号的干扰，可延长收/发信机的寿命。无高频电流方式的缺点是要有启动元件，延长了保护的动作时间，需要定期启动发信机来检查通道是否良好，往往采用定期检查的方法，目前广泛采用这一方式。

（2）正常时有高频电流方式。在电力系统正常运行时发信机处于发信状态，通道中有高频电流通过，这种方式称为正常时有高频电流方式，又称为长期发信方式。

有高频电流方式的优点是使高频保护中的高频通道经常处于监视状态下，可靠性较高。保护装置中无需设置收/发信机的启动元件，使保护装置简化，并可提高保护的灵敏度。有高频电流方式的缺点是因为经常处于发信状态，增加了通道间的干扰，收/发信机的使用年限减少。

（3）移频方式。在电力系统正常运行时，发信机发出 f_1 频率的高频电流，这一高频电流可用以监视通道及闭锁高频保护。当线路发生短路故障时，高频保护控制发信机移频，停止发出 f_1 频率的高频电流，同时发出 f_2 频率的高频电流。移频方式能经常监视通道情况，提高通道工作的可靠性，并且抗干扰能力较强。但是它占用的频带宽，通道利用率低。

2) 高频信号

高频信号与高频电流是不同的概念。信号是在系统故障时,用来传送线路两端信息的。对于故障时发信方式,有高频电流,就是有信号。对于长期发信方式,无高频电流,就是有信号。对于移频方式,故障时发出的某一频率的高频电流为有信号。按高频信号的作用,高频信号可分为闭锁信号、允许信号和跳闸信号三种。

(1) 闭锁信号。闭锁信号是制止保护动作于跳闸将保护闭锁的信号。换言之,无闭锁信号是保护作用于跳闸的必要条件。只有同时满足以下 2 个条件时保护才作用于跳闸,即本端保护元件动作和无闭锁信号。图 3-14(a)为闭锁信号的逻辑关系图。

在闭锁式方向比较高频保护中,当外部故障时,闭锁信号自线路近故障点的一端发出,当线路另一端收到闭锁信号时,其保护元件虽然动作,但不作用于跳闸;当内部故障时,任何一端都不发送闭锁信号,两端保护都收不到闭锁信号,保护元件动作后即作用于跳闸。

(2) 允许信号。允许信号是允许保护动作于跳闸的信号。换句话说,有允许信号是保护动作于跳闸的必要条件。只有同时满足以下 2 个条件时保护装置才动作于跳闸,即本端保护元件动作和有允许信号。图 3-14(b)为允许信号的逻辑关系图。

在允许式方向比较高频保护中,当内部故障时,线路两端互送允许信号,两端保护都收到对端的允许信号,保护元件动作后即作用于跳闸;当外部故障时,近故障端不发出允许信号,保护元件也不动作,近故障端保护不能跳闸。远故障端的保护元件虽动作,但收不到对端的允许信号,保护元件不能动作于跳闸。这一方式在外部故障时不出现因允许信号使保护误动作的问题,无需进行时间配合,因此保护的动作速度可加快。

(3) 跳闸信号。跳闸信号是线路对端发来的直接使保护动作于跳闸的信号。只要收到对端发来的跳闸信号,保护就作用于跳闸,而不管本端保护是否启动。跳闸信号的逻辑关系图如图 3-14(c)所示,它与本端继电保护部分间具有"或"逻辑关系。

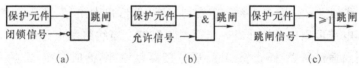

图 3-14　高频保护信号作用的逻辑关系图

(a)闭锁信号的逻辑关系图;(b)允许信号的逻辑关系图;(c)跳闸信号的逻辑关系图

二、高频闭锁方向保护构成与运行

1. 高频闭锁方向保护的基本原理

现以图 3-15 为例来说明保护装置的工作原理。设在线路 BC 上发生故障，则短路功率的方向如图所示。安装在线路 BC 两端的高频闭锁方向保护 3 和保护 4 的功率方向为正，故保护 3 和保护 4 都不发出高频闭锁信号，保护动作。瞬时跳开两端的断路器。但对非故障线路 AB 和 CD，其靠近故障线路一端的功率方向为由线路流向母线，即功率方向为负，则该端的保护 2 和保护 5 发出高频信号。此信号一方面被自己的收信机接收，同时经过高频通道把信号分别送到对端的保护 1 和保护 6，使得保护 1、2 和 5、6 都被高频信号闭锁，保护不动作。利用非故障线路功率为负的一端发出高频信号，闭锁非故障线路的保护，防其误动，这样就可以保证在内部故障并伴随有通道的破坏时，故障线路的保护装置仍然能够正确地动作。这是它的主要优点，也是高频闭锁信号工作方式得到广泛应用的主要原因之一。

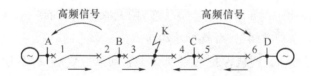

图 3-15　高频闭锁方向保护的工作原理

2. 高频闭锁方向保护的构成及工作原理

高频闭锁方向保护的继电部分由两种主要元件组成：一是启动元件，主要用于故障时启动发信机，发出高频闭锁信号；二是方向元件，主要测量故障方向，在保护的正方向故障时准备好跳闸回路。高频闭锁方向保护按启动元件的不同可以分为 3 种，下面分别介绍这 3 种启动方式的高频闭锁方向保护的工作原理。

1) 非方向性启动元件的高频闭锁方向保护

电流元件启动的高频闭锁方向保护原理框图，如图 3-16 所示。被保护线路两侧装有相同的半套保护。图中 I_1、I_2 为电流启动元件，故障时启动发信机和跳闸回路。I_1 的灵敏度高（整定值小），用于启动发信；I_2 的灵敏度较低（整定值较高），用于启动跳闸。S 为方向元件，只有测得正方向故障时才动作。

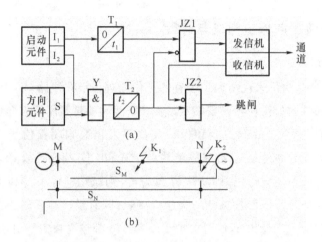

图 3-16　电流元件启动的高频闭锁方向保护原理框图

图 3-16 所示的保护的工作原理如下：

（1）正常运行时，启动元件不动作，发信机不发信，保护不动作。

（2）区外故障，启动元件动作，启动发信机发信，但靠近故障点的那套保护接受的是反方向电流，方向元件 S 不动作，两侧收信机均能收到这侧发信机发出的高频信号，保护被闭锁，有选择地动作。

（3）内部故障时，两侧保护的启动元件启动。I_1 启动发信，I_2 启动跳闸回路，两侧方向元件均测得正方向故障，保护动作，经时间元件 T_2 延时后，将控制门 JZ1 闭锁，使两侧发信机均停信，此时两侧收信机收不到信号，两侧控制门 JZ2 均开放，故两侧保护都动作于跳闸。

采用 2 个灵敏度不同的电流启动元件，是考虑到被保护线路两侧电流互感器的误差不同和两侧电流启动元件动作值的误差。如果只用一个电流启动元件，在被保护线路外部短路而短路电流接近启动元件动作值时，近短路点侧的电流启动元件可能拒动，导致该侧发信机不发信；而远离短路侧的电流启动元件可能动作，导致该侧收信机收不到高频信号，从而引起该侧断路器误跳闸。采用 2 个动作电流不等的电流启动元件，就可以防止这种无选择性动作。用动作电流较小的电流启动元件 I_1 去启动发信机，用动作电流较大的启动元件 I_2 启动跳闸回路，这样被保护线路任一侧的启动元件 I_2 动作之前，两侧的启动元件 I_1 都已先动作，从而保证了在外部短路时发信机能可靠发信，避免了上述误动作。

时间元件 T_1 是瞬时动作、延时返回的时间电路，它的作用是在启动元件返回后,使接受反向功率那一侧的发信机继续发闭锁信号。这是为了在外部短路切除后,防止非故障线路接受正向功率那一侧的方向元件在闭锁信号消失后来不及返回而发生误动。

时间元件 T_2 是延时动作、瞬时返回的时间电路,它的作用是为了推迟停信和接通跳闸回路的时间,以等待对侧闭锁信号的到来。在区外故障时,让远故障点侧的保护收到对侧送来的高频闭锁信号,从而防止保护误动。

2)远方启动的高频闭锁方向保护

图 3-17 为远方启动方式的高频闭锁方向保护框图。这种启动方式只有一个启动元件 I,发信机既可由启动元件启动,也可由收信机收到对侧高频信号后,经时间元件 T_3、或门 H、禁止门 JZ1 启动发信,这种启动方式称为远方启动。在外部短路时,任何一侧启动元件启动后,不仅启动本侧发信机,而且通过高频通道用本侧发信机发出的高频信号启动对侧发信机。在两侧相互远方启信后,为了使发信机固定启动一段时间,设置了时间元件 T_3,该元件瞬时启动,经时间元件 T_3 固定时间返回,时间元件 T_3 就是发信机固定启动时间。在收信机收到对侧发来的高频信号时,时间元件 T_3 立即发出一个持续时间为 t_3 的脉冲,经或门 H,禁止门 JZ1 使发信机发信。经过时间元件 T_3 后,远方启动回路就自动切断。时间 t_3 应大于外部短路可能持续的时间,一般取 5~8 s。

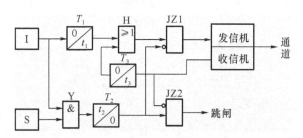

图 3-17　远方启动的高频闭锁方向保护原理框图

在外部短路时,如果近故障侧启动元件不动作,远离故障侧的启动元件启动,则近故障点侧的保护可由远方启动,将对端保护闭锁,防止远短路点侧的保护误动作。为此在延时 t_2 内,一定要收到对侧发回的高频信号,以保证 JZ2 一直闭锁。因此,延时 t_3 应大于高频信号在高频通道上往返一次所需的时间。

远方启动方式的主要缺点是在单侧电源下内部短路时,受电侧被远方启动后不能停信,这样就会造成电源侧保护拒动。因此,单侧电源输电线路的高频保护不采用远方启动方式。

3）方向元件启动的高频闭锁方向保护

方向元件启动的高频闭锁方向保护原理框图,如图 3-18 所示。它的工作原理与图 3-16 的工作原理基本相同,所不同的是将启动元件换成了 S₋ 。线路两侧装设完全相同的 2 个半套保护,采用故障时发信并使用闭锁信号的方式。图中 S₋ 为反方向短路动作的方向元件,即反方向短路时,S₋ 有输出,用于启动发信。S₊ 为正方向短路动作的方向元件,即正方向故障时,S₊ 有输出,启动跳闸回路。为区分正常运行和故障,方向元件一般采用负序功率方向元件。保护装置动作过程如下:

（1）正常运行时,两侧保护的方向元件均不动作,既不启动发信,也不开放跳闸回路。区外故障时（K 点）,远故障点 M 侧的正方向元件 S_{M+} 有输出,准备跳闸;近故障点 N 侧的反方向元件 S_{N-} 有输出,启动发信机发出高频闭锁信号。两侧收信机均收到闭锁信号后,将控制门 JZ2 关闭,两侧保护均被闭锁。

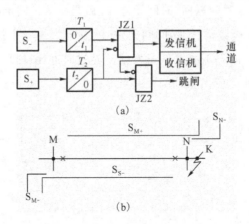

图 3-18　方向元件启动的高频闭锁方向保护原理框图

（2）双侧电源线路区内故障时,两侧反方向短路方向元件 S_{M+}、S_{N-} 都无输出,两侧的发信机都不发信,收信机收不到信号,控制门 JZ2 开放,同时两侧正方向短路方向元件均有输出,时间元件 T_2 经延时后,两侧断路器同时跳闸。单侧电源线路区内故障时,受电侧肯定不发信,不会造成保护拒动。

设置时间元件 T_2 延时电路的目的,与图 3-16 中 T_2 相同。时间元件 T_2 延时动作后将控制门 JZ1 关闭,这可防止区外故障的暂态过程中保护误动作。

设置时间元件 T_1 延时返回电路的目的是:在区外故障切除后的一段时间

继续发信,避免远故障点侧的保护因高频闭锁信号过早消失及本侧的方向元件迟返回而造成误动。

由于启动元件换成了方向元件,仅判别方向,没有定值,所以灵敏度高。

3. 高频闭锁距离保护

高频闭锁方向保护可以快速地切除保护范围内部的各种故障,但不能作为下一条线路的后备保护。对距离保护,当内部故障时,利用高频闭锁保护的特点,能瞬时切除线路任一点的故障;而当外部故障时,利用距离保护的特点,起到后备保护的作用。高频闭锁距离保护兼有高频方向和距离两种保护的优点,并能简化保护的接线。

高频闭锁距离保护原理框图如图 3-19 所示,它由距离保护和高频闭锁两部分组成。距离保护为三段式,Ⅰ、Ⅱ、Ⅲ段都采用独立的方向阻抗继电器作为测量元件。高频闭锁部分与距离保护部分共用同一个负序电流启动元件 I_2,方向判别元件与距离保护的第Ⅱ段(也可用第Ⅲ段)共用方向阻抗继电器 $Z_{\rm II}$。

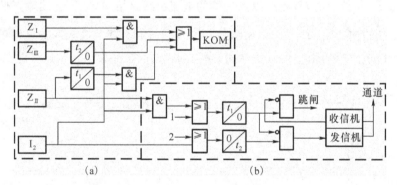

图 3-19　高频闭锁距离保护原理框图

(a) 距离保护部分;(b) 高频闭锁部分

当被保护线路发生区内故障时,两侧保护的负序电流启动元件 I_2 和测量元件 $Z_{\rm II}$ 都启动,经时间元件 T_1 延时,分别跳开两侧断路器。其高频闭锁部分工作情况与前述基本相同。此时线路一侧或两侧(故障发生在线路中间(60%～70%)长度以内时)的距离Ⅰ段保护(I_2、Z_1、出口跳闸继电器 KOM)也可动作于跳闸,但要受振荡闭锁回路的控制。

若发生区外故障时,近故障点侧保护的测量元件 $Z_{\rm II}$ 不启动,跳闸回路不会启动。近故障点侧的负序电流启动元件 I_2 启动发信,两侧收信机收到信号,闭锁两侧跳闸回路。此时,远故障点侧距离保护的Ⅱ或Ⅲ段可以经出口继电器KOM跳闸,作相邻线路保护的后备。

高频闭锁距离保护能正确反映并快速切除各种对称和不对称短路故障,且保护有足够的灵敏度。高频闭锁距离保护中的距离保护,可兼作相邻线路和元件的远后备保护。当高频部分故障时,距离保护仍可继续工作,对线路进行保护。

图 3-19 中的 1 和 2 端子如果与零序电流方向保护的有关部分相连,则可构成高频闭锁零序电流方向保护。

三、相差高频保护构成与运行

1. 相差高频保护的基本原理

如图 3-20 所示的 MN 线路,假设电流的正方向由母线指向线路。当线路内部 K_1 点故障时,两端电流 $\dot{I}_M$、$\dot{I}_N$ 相位相同,它们之间的相角差 $\varphi=0°$;当线路外部 K_2 点故障时,靠近故障点一侧的电流由线路指向母线,远故障点侧的电流由母线指向线路,$\dot{I}_M$ 与 $\dot{I}_N$ 相角差 $\varphi=180°$。因此,相差高频保护可以根据线路两侧电流之间的相位角 φ 的不同,来判别线路故障是发生在内部还是外部。

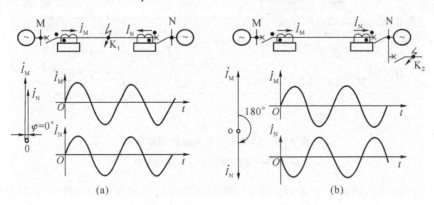

图 3-20　相差高频保护的基本原理

(a) 内部故障;(b) 外部故障

2. 相差高频保护的组成元件及工作原理

我国广泛采用故障启动发信的相差高频保护,其基本构成框图如图 3-21 所示,保护主要由继电部分、收/发信机和高频通道三部分组成。继电部分由启动元件、操作元件和比相元件所组成。下面介绍继电部分的工作原理。

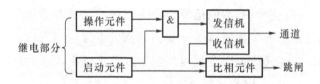

图 3-21　相差高频保护的基本构成框图

1）启动元件

启动元件的作用是判断系统是否发生故障,只有发生故障,启动元件才启动发信并开放比相。

2）操作元件

操作元件的作用是将被保护线路的工频三相电流变换成单相的操作电压,控制发信机在工频正半周发信、负半周停信,故发信机发出的高频信号的宽度约为工频电角度 $180°$,而这种高频信号的宽度变化就代表着工频电流的相位变化。操作元件对发信机的这种控制作用,在继电保护技术中称为"操作",相当于通信技术中的"调制"。

每侧收信机既能接收对侧发信机发来的高频信号,同时也能接收到本侧发信机发出的高频信号,收信机收到的是两侧高频信号的综合。

3）比相元件

（1）比相元件是用来测量收信机输出高频信号宽度的。被保护线路内部故障,比相元件动作,作用于跳闸;外部故障时,比相元件不动作,保护不跳闸。

相差高频保护的工作原理如图 3-22 所示。当内部故障时,线路两侧电流都从母线流向线路,两侧电流 $\dot{I}_M$、$\dot{I}_N$ 同相,相位差 $\varphi=0°$。在启动元件与操作元件作用下,两侧发信机于工频电流正半周同时发信,于工频电流负半周停信。$\dot{I}_{h.M}$ 与 $\dot{I}_{h.N}$ 分别为 M 侧与 N 侧发送的高频电流信号。收信机收到的两侧综合高频信号 $\dot{I}_{h.MN}$ 是间断的高频电流,间断角度为 $180°$（对应于工频,下同）。比相元件动作,从而使保护跳闸。

当线路外部故障时,如图 3-22（b）所示,被保护线路两侧工频电流 $\dot{I}_M$、$\dot{I}_N$ 相位差为 $180°$。两侧发信机在正半周发信,负半周不发信,故 $\dot{I}_{h.M}$ 与 $\dot{I}_{h.N}$ 的相位仍相差 $180°$,两侧收信机接收的高频电流 $\dot{I}_{h.MN}$ 则为连续的高频信号,间断的角度为 $0°$。比相元件无输出,两侧保护不动作。收信机收到的对侧信号在传输时有衰减,故 $i_{h,MN}$ 信号中,本侧信号幅值大于所收到的对侧信号。显然,当内部故障时,每侧保护不需要通道传送对侧的高频电流,保护就能正确动作。而当外部故障时,每侧保护必须接收对侧发出的高频电流,收信机收到连续的高频电流,保护才被闭锁,因此高频通道传送的是闭锁信号。

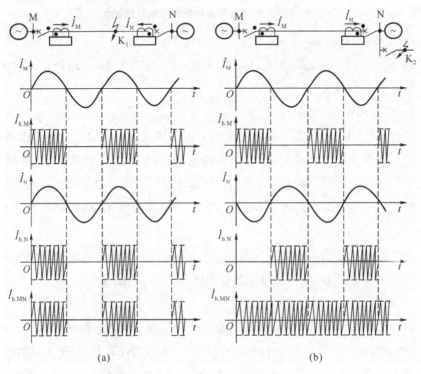

(a)　　　　　　　(b)

图 3-22　相差高频保护工作原理

(a) 内部故障;(b) 外部故障

(2) 比相元件的闭锁角。比相元件是相差高频保护的重要元件,当外部故障时它不应动作,而内部故障时,则应可靠动作。为此,必须保证在外部故障时比相元件不误动,线路内部故障时能可靠动作。

如前所述,在理想情况下,外部故障时,线路两侧操作电流的相位差是 180°。

由于各种因素的影响,两侧操作电流的相位差并不是 180°。影响因素如下:

(1) 两侧电流互感器的角度误差,一般为 70°。

(2) 保护装置本身的相位误差,包括操作滤过器和操作回路的角误差,一般为 15°。

(3) 高频电流从线路的对侧以光速传送到本侧所需要的时间 t 产生的延迟角 α,即

$$\alpha=\frac{l}{100}6°$$

式中　l——线路长度,km。

（4）为保证动作选择性,考虑一个裕度角,一般取 15°,则

$$\beta=7°+15°+\frac{l}{100}6°+15°=37°+\frac{l}{100}6°\qquad(3\text{-}7)$$

式中　β——闭锁角。

如图 3-23 所示,以线路 M 侧电流 $\dot{I}_\mathrm{M}$ 为基准,两侧电流 $\dot{I}_\mathrm{M}$ 与 $\dot{I}_\mathrm{N}$ 的相位差为 φ,则电流相量 $\dot{I}_\mathrm{N}$ 落在由闭锁角规定的区域内（带阴影线区域）时,比相元件不动作,故比相元件的动作条件为：

$$|\varphi|\leqslant 180-\beta\qquad(3\text{-}8)$$

在 110~220 kV 线路上,通常选择 $\beta=60°$。对于工频电流,电角度 60°对应的时间为 3.3 ms。

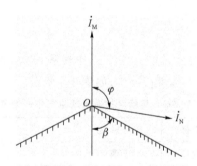

图 3-23　相位比较元件的闭锁角 β

3. 相差高频保护应引起关注的几个问题

（1）为提高可靠性采用两次比相的问题。采用两次比相使保护的动作时间至少延长了 10 ms,且保护装置的接线更进一步复杂。

（2）相差高频保护只能用在长度不超过 300 km 的输电线路上。高频信号从线路的一侧传送到另一侧是需要时间的,线路越长传送高频信号需要的时间也越长,外部故障时收信机接收高频信号的间断角越大。为了使相差高频保护在外部故障时不动作,闭锁角 β 必须大于外部故障时收信机接收高频信号的间断角。这样,内部故障时保护可能拒动,后果是严重的。

（3）数值逻辑的继电保护实现比相原理较困难,这也限制了相差高频保护的发展。

技能训练

（1）收/发信机使用。

（2）掌握分析、查找、排除输电线路保护故障的方法。

（3）正确填写继电器的检验、调试、维护记录和校验报告。

（4）会正确使用、维护和保养常用校验设备、仪器和工具。

完成任务

将班级学生分成小组，每组由 3 人组成，即工作负责人和 2 名工作班成员。试验进行中的接线、调节负载、保持电压或电流、记录数据等工作每人应有明确的分工，三者互相监督，不得互相兼任，以保证试验操作协调，记录数据准确可靠，发生故障时，继电器 100% 不误动。

学习评价

1. 工作成果评价

严格按照国家电网公司电力安全工作规程，对高频保护通道试验操作程序、操作行为和操作水平等进行评价，如表 3-3 所示。

表 3-3　高频保护通道试验工作评价表

学习目标	评价指标	评价标准	自评	小组评	教师评
调校准备	操作程序	正确			
	操作行为	规范			
	操作水平	熟练			
调校实施	操作程序	正确			
	操作行为	规范			
	操作水平	熟练			
	操作精度	达到要求			
后续工作	操作程序	正确			
	操作行为	规范			
	操作水平	熟练			

2. 学习成果评价

按照职业教育技术类技能型人才培养要求,主要评价学生高频保护通道试验知识与技能、操作技能及情感态度等的情况,如表 3-4 所示。

表 3-4　高频保护通道试验学习成果评价表

评价项目	评价标准	等级(权重)分				自评	小组评	教师评
		优秀	良好	一般	较差			
知识与技能	简述高频保护的基本原理及分类	10	8	5	3			
	理解高频通道的构成及工作方式	10	8	5	3			
	掌握分析、查找、排除输电线路保护故障的方法	10	8	5	3			
	会正确使用、维护和保养常用校验设备、仪器和工具	8	6	4	2			
操作技能	熟悉运用网络独立收集、分析、处理和评价信息的方法	10	8	5	3			
	积极参与小组合作与交流	10	8	5	3			
	能制作 PPT,将搜集到的材料用 PPT 清楚地展现出来,而且比较有创新	8	6	4	2			
情感态度	课堂上积极参与,积极思维,积极动手、动脑,发言次数多	8	6	4	2			
	小组协作交流情况:小组成员间配合默契,彼此协作愉快,互帮互助	10	8	5	3			
	对本内容兴趣浓厚,提出了有深度的问题	8	6	4	2			
课堂调查:书面写出你在学习本节课时所遇到的困难,向教师提出较合理的教学建议		8	6	4	2			

自评意见:

小组评意见:

教师评意见:

努力方向:

思考与练习

一、选择题

1. 高频阻波器所起的作用是（　　　）

A 限制短路电流

B 阻止工频信号进入通信设备

C 阻止高频电流向变电站母线分流

D 增加通道衰耗

2. 高频闭锁方向保护发信机启动后当判断为外部故障时（　　　）。

A 两侧立即停信

B 正方向一侧发信,反方向一侧停信

C 两侧继续发信

D 正方向一侧停信,反方向一侧继续发信

3. 高频通道中结合滤波器与耦合电容器共同组成带通滤波器,其在通道中的作用是（　　　）。

A 使输电线路和高频电缆的连接成为匹配连接

B 使输电线路和高频电缆的连接成为匹配连接,同时使高频收/发信机和高压线路隔离

C 阻止高频电流流到相邻线路上去

二、判断题

1. 高频保护停用,应先将保护装置直流电源断开。（　　　）

2. 高频保护通道输电线衰耗与它的电压等级、线路长度及使用频率有关,使用频率越高,线路每单位长度衰耗越小。（　　　）

3. 发信机主要由调制电路、振荡电路、放大电路、高频滤波电路等构成。（　　　）

4. 高频保护通道的工作方式,可分为长期发信和故障时发信两种。（　　　）

三、填空题

1. 线路的相差高频保护是通过比较_____而构成的,因此当线路内部故障时收信机收到的是间断角为 180° 的信号,外部故障时收到的是连续信号。

2. 相差高频保护的高定值启动动作后,经延时元件使_____开始工作,准备好_____回路。

3. 相差高频保护的保护部分由_____、_____、电流比相三部分组成。

4. 相差高频保护的核心元件是_____。

项目四

电力系统主设备继电保护构成与运行

本项目包含 4 个工作任务：电力变压器保护构成与运行、同步发电机保护构成与运行、母线保护构成与运行、双母线保护。

任务一　电力变压器保护构成与运行

引言

变压器是电力系统中重要的电气设备。由于它是静止设备，故障机会很少，但是在实际运行中仍有可能发生短路故障和不正常运行。变压器的短路故障将对供电的可靠性和电力系统安全运行带来影响。因此，应根据变压器的容量及重要性装设性能良好的动作可靠的继电保护装置。因此，电力变压器保护构成与运行被列为必修项目。

学习目标

（1）瓦斯继电器的结构和工作原理。

（2）瓦斯保护的类型特点及接线。

过程描述

（1）教师下发项目任务书，描述项目学习目标。

（2）教师通过图片、动画、录像等讲解本次项目中瓦斯保护的原理。

（3）通过现场试验设备演示瓦斯继电器的接线、调试方法及步骤。

（4）学生进行瓦斯继电器的认识，查阅保护原理和调试指导书，根据任务书要求，收集有关调试规程、职业工种要求等资料，根据获得的信息进行分析讨论。

过程分析

为了达到瓦斯继电器调试的标准要求,试验的各项操作必须严格按照国家电网公司电力安全工作规程操作。

(1)一般性的检查。查看玻璃窗有无裂纹,放气阀、控针处和引出线端子等有无渗油,浮筒、开口杯是否完整,内壁是否会刚蹭到重锤的调节杆或者弹簧调节杆。

(2)密封试验。继电器充满变压器油,在常温下加压至 0.15 MPa、稳压 20 min后,检查放气阀、波纹管、出线端子、壳体各密封处有无渗漏;降压为零后,取出继电器芯子检查干簧触点应无渗漏痕迹;试验时,探针罩要拧紧,去掉压力后,才能打开罩检查波纹管有无渗漏。

(3)端子绝缘强度试验。出线端子及出线端子间耐受工频电压 2 000 V,持续 1 min,也可用 2 500 V 兆欧表摇测绝缘电阻,摇测 1 min 代替工频耐压,绝缘电阻应在 300 mΩ 以上。

(4)轻瓦斯动作试验。继电器气体容积整定要求继电器在 250～300 mL 范围内可靠动作,试验时可用调整开口杯另一侧重锤的位置来改变动作容积,重复试验 3 次,应能可靠动作。

(5)重瓦斯动作试验。调节弹簧杠杆尾部的圆片,使其侧面的指针指向所需值。在流速测试台上进行测试,重复试验 3 次,应能可靠动作,并且每次试验值与整定值之差不大于 0.05 m/s。

知识链接

一、电力变压器的故障类型、不正常运行状态及相应的保护方式

电力变压器是电力系统中十分重要的供电设备,它的故障将对供电可靠性和系统的正常运行带来严重的影响。大容量的电力变压器也是十分贵重的设备,因此必须根据变压器的容量和重要程度装设性能完善、工作可靠的继电保护装置。

电力变压器大多为油浸式的,其高低压绕组均在油箱内,故变压器的故障可分为油箱内部故障和油箱外部故障两种。油箱内的故障包括绕组的相间短路、接地短路、匝间短路以及铁芯的烧毁等。这些故障都是十分危险的,因为油箱内故障时产生的电弧,将引起绝缘物质的剧烈汽化,从而可能引起爆炸。因

此,这些故障应该尽快加以切除。油箱外的故障,主要是套管和引出线上发生相间短路和接地短路。实践表明,变压器套管及引出线上的相间短路和接地短路,以及绕组的匝间短路是比较常见的故障形式,而变压器油箱内发生相间短路的情况比较少。

变压器的不正常运行状态主要有:变压器外部相间短路和外部接地短路引起的过电流以及中性点过电压;负荷超过额定容量引起的过负荷,漏油引起的油面降低或冷却系统故障引起的温度升高;大容量变压器由于其额定工作时的磁通密度相当接近于铁芯的饱和磁通密度,因此在过电压或低频率等异常运行方式下会发生变压器的过励磁故障,引起铁芯和其他金属构件过热。

二、变压器的瓦斯保护

瓦斯保护是变压器油箱内故障的一种主要保护形式。当在变压器油箱内部发生故障(包括轻微的匝间短路和绝缘破坏引起的经电弧电阻的接地短路)时,由于故障点电流和电弧的作用,将使变压器油及其他绝缘材料因局部受热而分解产生气体,因气体比较轻,它们将从油箱流向油枕的上部。当故障严重时,油会迅速膨胀分解并产生大量的气体,此时将有剧烈的气体夹杂着油流冲向油枕的上部。利用油箱内部故障时的这一特点,可以构成反映于上述气体而动作的保护装置,称为瓦斯保护。

气体继电器是构成瓦斯保护的主要元件,它安装在变压器油箱与油枕(也称储油柜)之间的连接管道上,如图 4-1 所示。这样油箱内产生的气体必须通过气体继电器才能流向油枕。为了不妨碍气体的流通,变压器安装时应使顶盖沿气体继电器的方向与水平面之间的升高坡度为 $1\% \sim 1.5\%$,通过继电器的连接管与水平面之间的升高坡度为 $2\% \sim 4\%$。

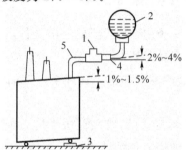

图 4-1　瓦斯继电器安装示意图

1—气体继电器;2—油枕;3—钢垫块;4—阀门;5—导油管

瓦斯保护原理接线图如图 4-2 所示。上面的触点表示"轻瓦斯保护",动作后经延时发出报警信号。下面的触点表示"重瓦斯保护",动作后启动变压器保护的总出口,使断路器跳闸。当油箱内部发生严重故障时,由于油流的不稳定,可能造成干簧触点的抖动,此时为使断路器能可靠跳闸,应选用具有电流自保持线圈的出口中间继电器 KOM,动作后由断路器的辅助触点来解除出口回路的自保持。此外,为防止变压器换油或进行试验时引起重瓦斯保护误动作跳闸,可利用切换片 XS 将跳闸回路切换到信号回路。

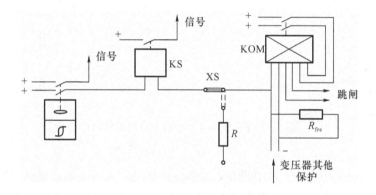

图 4-2　瓦斯保护原理接线图

瓦斯保护具有灵敏度高,动作迅速,接线简单的特点,并能反映变压器油箱内部各种类型的故障。特别是对绕组的匝间短路,但反映在外部电源电流的变化却很小,对保护这种故障有特殊重要的意义。

瓦斯保护的缺点是不能反映油箱外部绝缘套管和引线上的故障,因此不能成为变压器的唯一保护,还需要与其他保护装置(如电流速断、差动保护)配合使用。

三、变压器的纵联差动保护

纵联差动保护是变压器故障的主要保护形式。纵联差动保护可以无延时地切除变压器内部绕组和引出线的相间和接地故障,甚至匝间短路,具有独特的优点。

1. 变压器纵联差动保护的基本原理

纵联差动保护是反映被保护变压器各端流入和流出电流的相量差。对双绕组变压器和三绕组变压器实现纵联差动保护的原理接线图,如图 4-3 所示。规定各侧电流的正方向均以流入变压器为正。

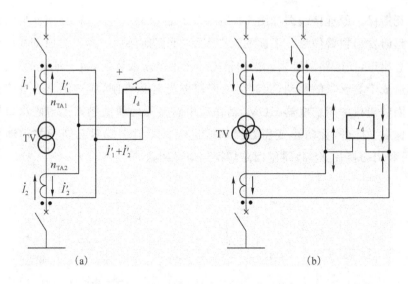

图 4-3   变压器纵联差动保护的原理接线图

(a) 双绕组变压器；(b) 三绕组变压器

由于变压器高压侧和低压侧的额定电流不同，为了保证纵联差动保护的正确工作，传统的纵联差动保护必须适当选择两侧电流互感器的变比，使得正常运行和外部故障时，两侧二次电流大小相等、方向相反，流入保护的差动电流为零。在保护范围内故障时，流入差回路的电流为短路点的短路电流的二次值，保护动作。纵联差动保护动作后，跳开变压器两侧断路器。如图 4-3(a)所示，应使

$$I_1' = I_2' = \frac{I_1}{n_{TA1}} = \frac{I_2}{n_{TA2}}$$

或

$$\frac{n_{TA2}}{n_{TA1}} = \frac{I_2}{I_1} = n_T \tag{4-1}$$

式中 n_{TA1}——高压侧电流互感器的变比；

n_{TA2}——低压侧电流互感器的变比；

n_T——变压器的变比(高、低压侧额定电压之比)。

由此可知，要实现变压器的纵联差动保护，需要适当选择两侧电流互感器的变比，使两个变比的比值尽可能等于变压器的变比 n_T。

2. 变压器纵联差动保护的特点

变压器纵联差动保护最明显的特点是产生不平衡电流的因素很多，现对不平稳电流产生的原因及减小或消除其影响的措施进行讨论。

1）由两侧电流互感器的型号不同而产生的不平衡电流

对于装设在变压器两侧的电流互感器,由于变压器两侧的额定电压不同,所以很难选择型号相同的电流互感器。不同型号的电流互感器,它们的饱和特性及归算到同一侧的励磁电流也就不同,因此在变压器差动保护中将引起不平衡电流。例如,35 kV 变压器高压侧通常是利用断路器中的套管式电流互感器,而 6 kV 侧多数是在高压开关柜内装设独立的环氧树脂浇铸式电流互感器,两者结构形式不同,励磁特性也就不同,必将引起不平衡电流。

在外部短路时,这种不平衡电流可能会很大。为了解决这个问题:一方面,应按 10% 误差的要求选择两侧的电流互感器,以保证在外部短路的情况下,其二次电流的误差不超过 10%;另一方面,在确定差动保护的动作电流时,引入一个同型系数 K_{st} 来反映互感器不同型的影响。当两侧电流互感器的型号相同时,取 $K_{st}=0.5$;当两侧电流互感器的型号不同时,则取 $K_{st}=1$。这样,当两侧电流互感器的型号不同时,实际上是采用较大的 K_{st} 值来提高纵联差动保护的动作电流,以躲开不平衡电流的影响。

2）由变压器带负荷调整分接头而产生的不平衡电流

电力系统中经常采用带负荷调压的变压器,利用改变变压器分接头的位置来保持系统的运行电压。改变分接头的位置,实际上是改变变压器的变比 n_T。如果纵联差动保护已经按某一变比设置好参数,则当分接头改变时,保护中各侧的计算电流的平衡关系就被破坏,产生一个新的不平衡电流。由于变压器分接头的调整是根据系统运行的要求随时都可能进行的,所以在纵联差动保护中不可能采用改变平衡绕组匝数的方法来加以平衡。因此,在带负荷调压的变压器差动保护中,应在整定计算中加以考虑,即用提高保护动作电流的方法来躲过这种不平衡电流的影响。

3）由变压器两侧电流相位不同而产生的不平衡电流

电力系统的变压器通常采用 Y/d-11 的接线方式,如图 4-4(a)所示。其中 $\dot{I}_{AH1}$、$\dot{I}_{BH1}$ 和 $\dot{I}_{CH1}$ 为变压器星形侧的一次电流,$\dot{I}_{AL1}$、$\dot{I}_{BL1}$ 和 $\dot{I}_{CL1}$ 为三角形侧的一次电流,在对称运行状态下,后者超前 30°,如图 4-4(b)所示。

在实现变压器纵联差动保护时,如果两侧的电流互感器均采用星形接线,则会有差电流流入保护回路。传统的变压器纵联差动保护为了消除这种差电流的影响,通常都是将变压器星形侧的三个电流互感器接成三角形,而将变压器三角形侧的三个电流互感器接成星形,采用这种接线方式即可把二次电流的关系校正过来。即变压器星形侧的二次输出电流为 $\dot{I}_{AH2}-\dot{I}_{BH2}$、$\dot{I}_{BH2}-\dot{I}_{CH2}$ 和

$\dot{I}_{CH2}-\dot{I}_{AH2}$,刚好与变压器三角形侧的二次电流 $\dot{I}_{AL2}$、$\dot{I}_{BL2}$ 和 $\dot{I}_{CL2}$ 同相位,如图 4-4(c)所示。这样差动回路两侧的电流相位相同。

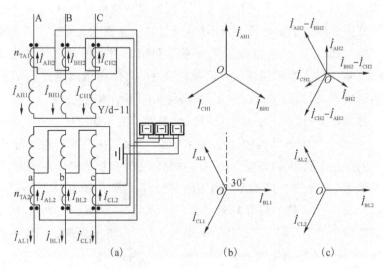

图 4-4 Y/d-11 接线变压器的纵联差动保护接线和正常运行时的相量图
(图中电流方向对应于正常工作情况)
(a) 变压器及其纵联差动保护的接线;(b) 电流互感器原边电流相量图;
(c) 纵联差动保护回路的电流相量图

当电流互感器采用上述接线方式以后,在互感器接成三角形侧的差动臂中,在三相对称情况下,电流增大了 $\sqrt{3}$ 倍。此时为保证在正常运行及外部故障情况下差动回路中没有电流,必须将该侧电流互感器的变比增大 $\sqrt{3}$ 倍,使之与另一侧的电流相等,故选择变比的条件为:

$$\frac{n_{TA2}}{n_{TA1}/\sqrt{3}}=n_T \qquad (4-2)$$

3. 不平衡电流产生的原因及消除措施

在正常运行及保护范围外部短路故障时流入纵联差动保护差动回路的电流称为不平衡电流 I_{ub}。变压器的纵联差动保护需要躲过差动回路中的不平衡电流。现对不平衡电流产生的原因和消除方法分别进行讨论。

变压器的励磁电流 I_E 是在差动范围内未接入差动保护回路的一个特殊支路,因此通过电流互感器反映到差动回路中未参与平衡。在正常运行情况下,此电流很小,一般不超过额定电流的 2%~10%。在外部故障时,由于电压降低,励磁电流减小,它的影响就更小了。

但是,在变压器空载合闸,或者变压器外部故障切除后变压器端电压突然恢复时,则可能会产生很大的暂态励磁电流,这种电流称为励磁涌流。因为在稳态工作情况下,铁芯中的磁通应滞后于外加电压90°,如图 4-5(a)所示。如果空载合闸时,正好在电压瞬时值 $u=0$ 时投入,则铁芯中应该具有磁通 $-\Phi_m$。但是由于铁芯中的磁通不能突变,因此,将出现一个非周期分量的磁通,其幅值为 $+\Phi_m$。这样在经过半个周期以后,如果不计非周期分量磁通衰减,铁芯中两个磁通极性相同,铁芯中的磁通就达到 $2\Phi_m$。如果铁芯中还有剩余磁通 Φ_r,则总磁通将为 $2\Phi_m+\Phi_r$,如图 4-5(b)所示。此时变压器的铁芯严重饱和,励磁电流 I_E 将剧烈增大,此电流就称为变压器的励磁涌流,其数值最大可达额定电流的6~8倍,同时还包含有大量的周期分量和高次谐波分量,如图 4-5(c)、(d)所示。励磁涌流的大小和衰减时间,与外加电压的相位、铁芯中剩磁的大小和方向、电源容量的大小、回路的阻抗以及铁芯性质等都有关系。例如,正好在电压瞬时值为最大时合闸,就不会出现励磁涌流,而只有正常时的励磁电流。但是对三相变压器而言,无论在任何瞬间合闸,至少有两相要出现程度不同的励磁涌流。

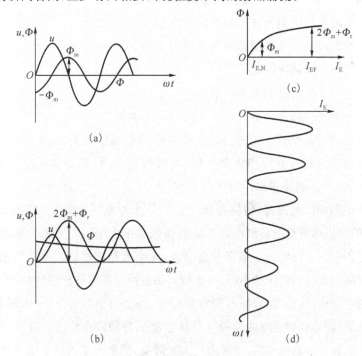

图 4-5　变压器励磁涌流的产生及变化曲线

(a) 稳态情况下,磁通与电压的关系;(b) 在 $u=0$ 瞬间空载合闸时,磁通与电压的关系;

(c) 变压器铁芯的磁化曲线;(d) 励磁涌流的波形

通过对励磁涌流的试验数据分析,励磁涌流具有以下特点:

(1)包含有很大成分的非周期分量,使涌流偏于时间轴的一侧。

(2)包含有大量的高次谐波,以二次谐波为主。

(3)波形中间出现间断,如图 4-6 所示,在一个周期中间断角为 α。

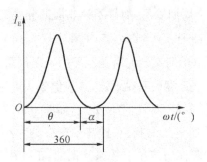

图 4-6　励磁涌流的波形

根据以上特点,在变压器纵联差动保护中防止励磁涌流影响的方法如下:

(1)采用具有速饱和铁芯的差动继电器。

(2)鉴别短路电流和励磁涌流波形的差别。

(3)利用二次谐波制动等。

(4)利用有较大间断角的特点。

(5)由于变压器外部短路而产生的不平衡电流。

在变压器的差动保护范围外部发生故障的暂态过程中,由于变压器两侧电流互感器的铁芯特性及饱和程度不同,互感器饱和后,传变误差增大而引起的不平衡电流,对差动保护产生较大的影响。

保护范围外部短路时,短路电流中含有很大的非周期分量。在短路后 $t=0$ 时,突增的非周期分量电流使电流互感器的铁芯中产生一个突增的磁通,它使二次回路中产生一个突增的非周期分量电流,此电流是去磁的。电流互感器一、二次侧边回路的衰减时间常数不同,一次侧回路衰减时间常数较短(如 0.05 s),二次侧回路的电阻小,电感大,衰减时间常数较长,甚至可达 1 s。在一次侧非周期分量减少以后,副边衰减很慢的非周期分量电流成为励磁电流的一部分,使电流互感器铁芯饱和。铁芯饱和后,励磁阻抗大大降低,周期分量的励磁电流加大,最大值出现在几个周波之后,其值为稳态励磁电流的许多倍,波形如图 4-7 所示。曲线 3 为铁芯饱和以后励磁电流的周期分量;曲线 4 为短路电流中衰减的非周期分量(归算到互感器的二次侧);曲线 1 为互感器的二次侧感应的非周期分量电流;曲线 2 为总的励磁电流(误差电流),其中包括铁芯饱和后加大了的励磁电流和互感器二次衰减慢的直流分量。总误差电流偏到时间轴的一侧。

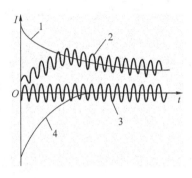

图 4-7　暂态过程中电流互感器励磁电流的波形图

外部短路暂态过程中变压器两侧电流互感器励磁电流大大增加,由于两侧电流互感器铁芯饱和程度不同,两侧总励磁电流的差即暂态过程中不平衡电流加大。从分析及实验记录的不平衡电流波形可知,外部短路暂态不平衡电流比稳态不平衡电流大,并含有较大直流分量。

为了减小保护范围外部短路暂态过程中不平衡电流的影响,在电磁式继电保护中曾采用在差动回路中接入具有快速饱和特性的中间变流器。速饱和变流器是一个铁芯截面较小、易于饱和的中间变流器。从上面分析可知,暂态不平衡电流中有较大的直流分量。直流分量使速饱和变流器饱和。这时,交流分量电流难于传送到速饱和变流器的副边,差动继电器不会动作。但加入速饱和继电器以后,在内部故障时,由于在暂态过程中短路电流也包含着非周期分量电流,速饱和变流器会饱和。因此,继电器不能立即动作,须待非周期分量衰减后,差动保护才能动作将故障切除。被保护的设备容量越大,其一次回路的时间常数越大,因而保护动作的时间就越长,这对尽快切除设备内部的故障是十分不利的。

四、变压器相间短路和接地短路的后备保护

1. 变压器相间短路的后备保护

为反映变压器外部相间故障而引起的变压器绕组过电流,以及在变压器发生严重内部相间故障时,作为差动保护和瓦斯保护的后备,变压器应装设相间

短路的后备保护。保护的方式有过电流保护、低电压启动的过电流保护、复合电压启动的过电流保护、负序过电流保护以及阻抗保护等。

变压器过电流保护的工作原理与定时限过电流保护相同，一般用于降压变压器，按照躲开变压器可能出现的最大负荷电流整定。这样整定后的启动电流一般较大，对于升压变压器、系统联络变压器或容量较大的降压变压器，灵敏度往往不能满足要求，为此可以采用低电压启动或复合电压启动的过电流保护。低电压启动的过电流保护只有在电流元件和低电压元件同时动作后才能启动整套保护；复合电压启动的过电流保护在低电压启动的过电流保护基础上增加了负序电压的判据，因而提高了不对称故障时的灵敏性。对大容量的变压器和发电机组可以进一步采用负序过电流保护。当电流、电压保护不能满足灵敏度要求或根据系统保护间配合的要求，变压器的相间故障后备保护也可以采用阻抗保护。阻抗保护通常用于 $330\sim500$ kV 大型联络变压器、升压及降压变压器，作为变压器引线、母线及相邻线路相间短路的后备保护。

变压器电流保护和阻抗保护的原理与线路的保护基本相同，不再赘述。

相间短路后备保护的配置与被保护变压器电气主接线方式及各侧电源情况有关。现简单分析如下：

（1）对于双绕组变压器，相间短路的后备保护可以只装设在主电源侧。根据主接线情况可带一段或两段时限，较短时限用于缩小故障影响范围，较长时限用于断开各侧断路器。

（2）对于单侧电源的三绕组变压器，相间短路后备保护宜装设在主电源侧及主负荷侧，如图 4-8 所示。以过电流保护为例，设 $t_Ⅰ$、$t_Ⅱ$、$t_Ⅲ$ 分别为各侧母线后备保护的动作时限。负荷侧的过电流保护只作为母线Ⅲ保护的后备，动作后只跳开断路器 QF3。动作时限 t_3 应该与母线Ⅲ保护的动作时限相配合，即 $t_3=t_Ⅲ+\Delta t$，其中 Δt 为一个时限级差。电源侧的过电流保护作为变压器主保护和母线Ⅱ保护的后备。为了满足外部故障时尽可能缩小故障影响范围的要求，电源侧的过电流保护采用 2 个时间元件，以较小的时限 $t_2=\max(t_Ⅱ,t_3)+\Delta t$ 跳开断路器 QF2，以较大的时限 $t_1=t_2+\Delta t$ 跳开三侧断路器 QF1、QF2 和 QF3。这样，母线Ⅲ故障时保护的动作时间最快，母线Ⅱ故障时其次，变压器内部故障时保护的动作时间最慢。若电源侧过电流保护作为母线Ⅱ的后备保护灵敏度不够时，则应该在三侧都装设过电流保护。两个负荷侧的保护只作为本侧母线保护的后备。电源侧保护则兼作为变压器主保护的后备,只需要一个时间元件。三者动作时间的配合原则相同。

（3）对于多侧电源的三绕组变压器,各侧均应装设后备保护,并根据需要增设方向元件,如图4-9所示,在变压器三侧分别装设过电流保护作为本侧母线保护的后备保护,主电源侧的过电流保护兼作变压器主保护的后备保护。假设Ⅰ侧为主电源侧。Ⅰ侧、Ⅱ侧和Ⅲ侧作为本侧母线后备保护的动作时限分别取$t_1=t_Ⅰ+\Delta t$、$t_2=t_Ⅱ+\Delta t$、$t_3=t_Ⅲ+\Delta t$,其中Ⅰ侧和Ⅱ侧的过电流保护还应增设方向元件,方向分别指向该侧母线Ⅰ和Ⅱ,保护动作后分别跳开相应侧的断路器。作为变压器主保护的后备保护动作时限取$t_T=\max(t_1,t_2,t_3)+\Delta t$,装在变压器主电源侧,动作后跳开三侧断路器。这样,当任一母线故障时,相应侧的方向元件启动（Ⅲ侧不需要方向元件）,过电流保护动作跳开本侧断路器,变压器另外两侧可以继续运行。当变压器内部故障时,各侧方向元件均不启动（Ⅲ侧过电流保护不启动）,主电源侧过电流保护经时限t_T总出口跳开三侧断路器。

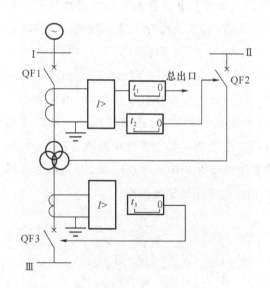

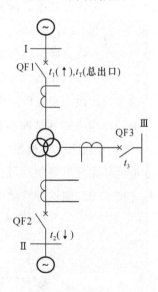

图4-8　单侧电源三绕组变压器相间
短路后备保护的配置

图4-9　多侧电源三绕组变压器相间
短路后备保护的配置

2. 变压器接地短路的后备保护

电力系统中,接地故障是最常见的故障形式。中性点直接接地系统的变压器一般要求装设接地保护,作为变压器主保护和相邻元件接地保护的后备保护。

1)中性点直接接地变压器的零序电流保护

中性点直接接地运行的变压器通常采用零序电流保护作为变压器或相邻元件接地故障的后备保护,对自耦变压器和三绕组变压器可以选择带零序功率方向,以实现零序方向电流保护。当零序电流保护的灵敏度不能满足要求时,可以采用接地阻抗保护。

零序电流保护一般采用两段式,每段各带两级延时,如图 4-10 所示,零序电流取自变压器中性点电流互感器的二次侧。零序电流保护 I 段作为变压器及母线接地故障的后备保护,与相邻元件零序电流保护 I 段相配合。以较短时延 t_1 动作于母线解列,即断开母线联路(简称母联)断路器或分段断路器 QF,以缩小故障影响范围,在另一条母线故障时,使变压器能够继续运行。以较长时延 $t_2 = t_1 + \Delta t$ 跳开变压器两侧断路器。由于母线专用保护有时退出运行,而母线及附近发生短路故障时对电力系统影响比较严重,所以设置零序电流保护 I 段,用以尽快切除母线及其附近故障。零序电流保护 II 段作为引出线接地故障的后备保护,与相邻元件零序电流保护后备段(通常是最后一段)相配合。同样,以 t_3 断开母联断路器或分段断路器,以 $t_4 = t_3 + \Delta t$ 跳开变压器。

对自耦变压器和高、中压侧中性点都直接接地的三绕组变压器,在高、中压侧均应装设两段式双时限的零序电流保护;当有选择性要求时,应增设方向元件。保护动作按照尽量减少故障影响范围的原则,有选择性地跳开母联断路器、变压器本侧断路器和各侧断路器。由于变压器中性点接地改变时,会引起零序电流分布发生变化,往往会使零序电流保护的灵敏度降低,因此在变压器中性点接地的两侧均需设动作于总出口的零序电流保护段。

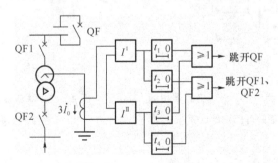

图 4-10　中性点直接接地变压器的零序电流保护逻辑图

2）中性点不接地变压器的接地后备保护

对于多台变压器并联运行的变电所，通常采用一部分变压器中性点接地运行，而另一部分变压器中性点不接地运行的方式。这样可以将接地故障电流水平限制在合理范围内，同时也使整个电力系统零序电流的大小和分布情况尽量不受运行方式变化的影响，从而保证零序保护有稳定的保护范围和足够的灵敏度。如图 4-11 所示，T2 和 T3 中性点接地运行，T1 中性点不接地运行。K_2 点发生单相接地故障时，T2 和 T3 由零序电流保护动作而被切除，T1 由于无零序电流，仍将带故障运行。此时变成了中性点不接地系统单相接地故障的情况，将产生接近额定相电压的零序电压，危及变压器和其他电力设备的绝缘，因此需要装设中性点不接地运行方式下的接地保护将 T1 切除。

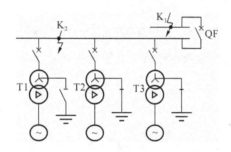

图 4-11　多台变压器并联运行的变电所

五、变压器的零序电流保护

对 110 kV 以上中性点直接接地系统中的电力变压器，一般应装设零序电流（接地）保护，作为变压器主保护的后备保护和相邻元件短路的后备保护。

大接地电流系统发生单相或两相接地短路时，零序电流的分布和大小与系统中变压器中性点接地的台数和位置有关。

1. 变电所单台变压器的零序电流保护

零序电流保护装于变压器中性点接地引出线的电流互感器上，整序电流保护原理接线图如图 4-12 所示。保护动作后切除变压器两侧的断路器。

（1）零序电流保护的整定计算。动作电流按与被保护侧母线引出线零序保护后备段在灵敏度上相配合的条件进行整定，即

$$I_{0.dz} = K_{ph} K_{fz} I'''_{0.dz}$$

式中　K_{ph}——配合系数，$K_{ph} = 1.1 \sim 1.2$；

K_{fz}——零序电流分支系数,其值为远后备范围内故障时,流过本保护与流过出线零序保护零序电流之比;

$I_{0.dz}'''$——出线零序电流保护第三段的动作电流。

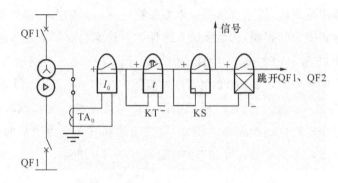

图 4-12　变压器零序电流保护原理接线图

(2)灵敏度校验。为满足远后备灵敏度的要求,则

$$K_{hm} = \frac{3I_{d.0.下一末}}{I_{0.dz}} > 1.2$$

动作时限为:

$$t_0 = t_0''' + \Delta t$$

式中　t_0'''——出线零序保护第三段动作时限。

2. 变电所多台变压器的零序电流保护

当变电所有多台变压器并列运行时,只允许一部分变压器中性点接地。中性点接地的变压器可装设零序电流保护,而不接地运行的变压器不能投入零序电流保护。

当发生接地故障时,变压器接地保护不能辨认接地故障发生在哪一台变压器。若接地故障发生在不接地的变压器,接地保护动作,切除接地的变压器后,接地故障并未消除,且变成中性点不接地系统在接地点会产生较大的电弧电流,使系统过电压。

同时,系统零序电压加大,不接地的变压器中性点电压升高,其零序过电压可能使变压器中性点绝缘损坏。

为此,变压器的零序保护动作时,首先应切除非接地的变压器。若故障依然存在,经一个时限阶段 Δt 后,再切除接地变压器,零序保护动作原理接线图如图 4-13 所示。

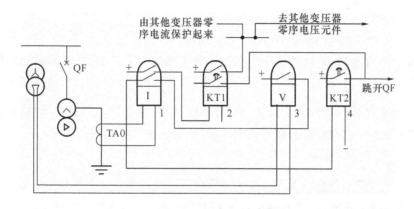

图 4-13　变压器的零序保护动作原理接线图

每台变压器都装有同样的零序电流保护,它是由电流元件和电压元件两部分组成。正常时零序电流及零序电压很小,零序电流继电器及零序电压继电器皆不动作,不会发出跳闸脉冲。发生接地故障时,出现零序电流及零序电压,当它们大于启动值后,零序电流继电器及零序电压继电器皆动作。电流继电器启动后,常开触点闭合,启动时间继电器 KT1。时间继电器的瞬动触点闭合,给小母线 A 接通正电源,将正电源送至中性点不接地变压器的零序电流保护。不接地的变压器零序电流保护的零序电流继电器不会动作,常闭触点闭合。小母线 A 的正电源经零序电压继电器的常开触点、零序电流继电器的常闭触点启动有较短延时的时间继电器 KT2,经较短时限首先切除中性点不接地的变压器。若接地故障消失,零序电流消失,则接地变压器的零序电流保护的零序电流继电器返回,保护复归。若接地故障没有消失,接地点在接地变压器处,零序电流继电器不返回,时间继电器 KT1 一直在启动状态,经过较长的延时时间继电器 KT1 跳开中性点接地的变压器。

六、变压器的非电气量保护

非电气量保护是变压器的重要保护形式,它是相对于变压器各侧的电气量保护而言的,是通过监视、检测变压器的非电气状态参数(如瓦斯气体、油温、油位等)以及变压器辅助设备(如冷却器等)的状态,判断变压器的运行状态和外部环境,从而达到保护变压器的目的。变压器的非电气量保护主要包括:瓦斯保护、压力释放、冷却器故障、冷风消失、油温升高等。

1. 瓦斯保护

瓦斯保护是变压器内部故障的主保护,对变压器匝间和层间短路、铁芯故障、套管内部故障、绕组内部断线及绝缘劣化和油面下降等故障均能灵敏动作。当油浸式变压器的内部发生故障时,由于电弧将使绝缘材料分解并产生大量的气体,从油箱向油枕流动,其强烈程度随故障的严重程度不同而不同,反映这种气流与油流而动作的保护称为瓦斯保护,也称气体保护。

2. 压力释放保护

当变压器超载或故障时,会引起油箱内部压力升高,如果压力达到一定程度而始终得不到释放,可能会引起变压器的爆炸,所以油浸式变压器需要装设过压力保护装置——压力释放阀。当变压器内部达到一定压力时,压力释放阀便动作,释放阀的膜盘跳起,变压器油排出,从而可靠地释放压力,压力释放阀动作的同时,释放阀的电气开关接点闭合,发出压力释放的跳闸信号。

3. 冷却器故障、风冷消失保护

由于变压器的铁耗和铜耗的影响,大中型变压器在运行中会产生较大的热量,尤其在高温的环境时,发热问题更加严重,因此大中型变压器一般都装有冷却装置。

当变压器采用风冷却方式时,在变压器油箱壁或散热管上加装风扇,利用风扇改变进入散热器与流出散热器的油温差,提高散热器的冷却效率。当风扇的电源或风扇因故障停转时,风扇的保护系统发出"风冷消失"的报警信号。

当变压器采用强迫油循环冷却方式时,利用油泵将变压器油输入油冷却器冷却后再送回油箱。变压器可以装设多台冷却器和备用冷却器,根据温度和(或)负载控制冷却器的投切。一般情况下,若冷却器全停,应发出跳闸信号;若冷却器出现故障,则投入其他冷却器或备用冷却器,并发出报警信号。

4. 油温高保护

若变压器长时间在较高温度下运行,将导致变压器的老化加速,因此必须对变压器的温度进行监测,如变压器的顶层油温、强迫油循环冷却器进出口温度等。变压器温度的测量采用变压器专用的温度计,例如变压器用压力式温度计,它通过感温介质的压力变化来显示变压器的油温,并带有电气接点来控制变压器冷却系统及发出报警信号。

除以上几种外,变压器的非电气量保护还有绕组过温、本体油位异常、调压油位异常等。

技能训练

（1）瓦斯继电器调试。

（2）能对瓦斯保护故障分析判断。

（3）正确填写继电器的检验、调试、维护记录和校验报告。

（4）会正确使用、维护和保养常用校验设备、仪器和工具。

完成任务

将班级学生分成小组，每组由 3 人组成，即工作负责人和 2 名工作班成员。实验进行中的接线、调节负载、保持电压或电流、记录数据等工作每人应有明确的分工，三者互相监督，不得互相兼任，以保证试验操作协调，记录数据准确可靠，发生故障时，继电器 100% 不误动。

学习评价

1. 工作成果评价

严格按照国家电网公司电力安全工作规程，对瓦斯继电器调试操作程序、操作行为和操作水平等进行评价，如表 4-1 所示。

表 4-1　瓦斯继电器调试工作评价表

学习目标	评价指标	评价标准	自评	小组评	教师评
调校准备	操作程序	正确			
	操作行为	规范			
	操作水平	熟练			
调校实施	操作程序	正确			
	操作行为	规范			
	操作水平	熟练			
	操作精度	达到要求			
后续工作	操作程序	正确			
	操作行为	规范			
	操作水平	熟练			

2. 学习成果评价

按照职业教育技术类技能型人才培养要求,主要评价学生瓦斯继电器调试知识与技能、操作技能及情感态度等的情况,如表 4-2 所示。

表 4-2　瓦斯继电器调试学习成果评价表

评价项目	评价标准	等级(权重)分				自评	小组评	教师评
		优秀	良好	一般	较差			
知识与技能	各种电力变压器保护	10	8	5	3			
	瓦斯继电器调试与故障分析判断	10	8	5	3			
	正确填写继电器的检验、调试、维护记录和校验报告	10	8	5	3			
	会正确使用、维护和保养常用校验设备、仪器和工具	8	6	4	2			
操作技能	熟悉运用网络独立收集、分析、处理和评价信息的方法	10	8	5	3			
	积极参与小组合作与交流	10	8	5	3			
	能制作 PPT,将搜集到的材料用 PPT 清楚地展现出来,而且比较有创新	8	6	4	2			
情感态度	课堂上积极参与,积极思维,积极动手、动脑,发言次数多	8	6	4	2			
	小组协作交流情况:小组成员间配合默契,彼此协作愉快,互帮互助	10	8	5	3			
	对本内容兴趣浓厚,提出了有深度的问题	8	6	4	2			
课堂调查:书面写出你在学习本节课时所遇到的困难,向教师提出较合理的教学建议		8	6	4	2			
自评意见:								
小组评意见:								
教师评意见:								
努力方向:								

思考与练习

一、选择题

1. 瓦斯保护是变压器的（　　）。

A 后备保护　　　　　　　　　　　B 内部故障的主保护

C 外部故障的主保护　　　　　　　D 外部故障后备保护

2. 为防止由瓦斯保护启动的中间继电器在直流电源正极接地时误动，应（　　）。

A 采用动作功率较大的中间继电器，而不要求快速动作

B 对中间继电器增加 0.5 s 的延时

C 在中间继电器启动线圈上并联电容

3. 在 Y/d-11 接线的变压器低压侧发生两相短路时，星形侧的某一相的电流等于其他两相短路电流的（　　）倍。

A $\sqrt{3}$　　　　　　B 0.5　　　　　　C 2　　　　　　D $\dfrac{\sqrt{3}}{2}$

4. 变压器的纵联差动保护（　　）。

A 能够反映变压器的所有故障

B 只能反映变压器的相间故障和接地故障

C 不能反映变压器的轻微匝间故障

5. 比率制动保护中设置比率制动的原因是（　　）。

A 提高内部故障时保护动作的可靠性

B 使继电器动作电流随外部不平衡电流增加而提高

C 使继电器动作电流不随外部不平衡电流增加而提高

D 提高保护动作速度

二、判断题

1. 变压器气体继电器的安装，要求变压器顶盖沿气体继电器方向与水平面之间的升高坡度为 1%～1.5%。（　　）

2. 当变压器发生少数绕组匝间短路时，匝间短路电流很大，因而变压器瓦斯保护和各种类型的变压器差动保护均动作跳闸。（　　）

3. 在空载投入变压器或外部故障切除后恢复供电等情况下，有可能产生很大的励磁涌流。（　　）

4. 变压器差动电流速断保护的动作电流可取为 6～8 倍变压器额定电流,与其容量大小、电压高低和系统等值阻抗大小无关。(　　)

5. 差动保护能够代替瓦斯保护。(　　)

6. 电力变压器不管其接线方式如何,其正、负、零序阻抗均相等。(　　)

任务二　同步发电机保护构成与运行

引言

发电机是电力系统中十分重要和贵重的设备,发电机的安全运行直接影响电力系统的安全。由于发电机结构复杂,在运行中可能发生故障和异常运行状态,会对发电机造成危害。同时,系统故障也可能损坏发电机,特别是现代的大中型发电机,其单机容量大,对系统影响也大,损坏后的修复工作困难且工期长。因此,要对发电机可能发生的故障类型及不正常运行状态进行分析,并且针对各种不同故障和不正常运行状态,给发电机装设性能完善的继电保护装置。因此,同步发电机保护构成与运行被列为必修项目。

学习目标

(1) 发电机的差动保护工作原理。

(2) 发电机的差动保护特点。

过程描述

(1) 教师下发项目任务书,描述项目学习目标。

(2) 教师通过图片、动画、录像等讲解本次项目中发电机差动保护的原理,整定原则。

(3) 教师通过现场试验设备演示继电保护测试仪使用方法,发电机差动保护的接线、调试方法及步骤。

(4) 学生进行继电保护测试仪的认识,查阅保护原理和调试指导书,根据任务书要求,收集有关调试规程、职业工种要求、装置说明书等资料,根据获得的信息进行分析讨论。

过程分析

为了达到发电机的差动保护调试的标准要求,试验的各项操作必须严格按照国家电网公司电力安全工作规程操作。

（1）如果新投产或是电流二次回路有过改动，必须对差动保护 TA 的二次回路的接线进行检查，二次接线接入差动保护回路的极性必须正确，极性如图 4-14 所示。

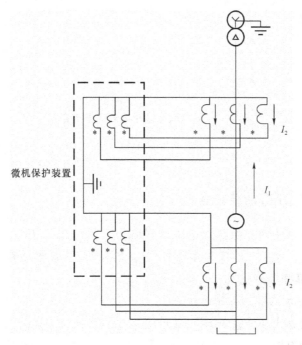

图 4-14　差动保护回路

（2）发电机差动保护最小动作电流测试。在发电机机端及中性点 A、B、C 相分别加入单相电流至发电机差动保护动作，记录所加电流值与定值相符。

（3）发电机差动保护动作时间测试。在发电机机端或中性点加入 2 倍动作电流值，实测发电机差动保护的动作时间。

（4）发电机差动比率制动特性测试。如图 4-15 所示，在发电机机端和中性点侧的 A 相分别加入电流，两侧电流相位相同，固定任意一侧的电流值，改变另外一侧的电流值，直到发电机差动保护动作。

制动电流 $I_{zd} < I_B$ 时，此时由于发电机差动保护没有进入制动区，故差动作电流即为最小制动电流，即 $I_{zd} = 0.68$ A。

制动电流 $I_{zd} \geq I_B$ 时，此时由于发电机差动保护进入制动区，故差动保护动作电流随制动电流的增大而增大，提高差动保护动作的可靠性，有效地防止区外故障时差动保护误动。

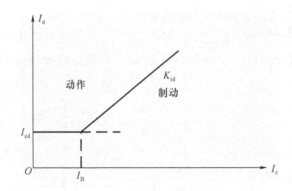

图 4-15   发电机差动比率制动特性曲线

知识链接

一、发电机纵联差动保护

发电机纵联差动保护是发电机定子绕组及其引出线相间短路的主保护。发电机纵联差动保护的原理与短距离输电线路及变压器纵联差动保护的原理相同,这里不再重复详述。

1. 发电机纵联差动保护的接线

根据接线方式和位置的不同,纵联差动保护可分为完全纵联差动保护和不完全纵联差动保护。

两者的区别是接入发电机中性点的电流不同。

(1) 完全纵联差动保护。发电机完全纵联差动保护是发电机内部相间短路故障的主保护。保护接入发电机中性点的全部电流,其纵联差动保护逻辑框图如图4-16所示,$\dot{I}_M$ 和 $\dot{I}_N$ 分别为发电机机端、中性点侧一次电流的正方向。发电机机端、中性点侧的电流互感器的接线方式均为 Y 形接线。CTA、CTB、CTC 分别为对应于发电机机端 A、B、C 相的电流变换器,CTa、CTb、CTc 分别为对应于发电机中性点侧 a、b、c 相的电流变换器。

(2) 不完全纵联差动保护。不完全纵联差动保护也是发电机内部故障的主保护,既能反映发电机(或发电机-变压器组)内部各种相间短路,也能反映匝间短路,并在一定程度上反映分支绕组的开焊故障。

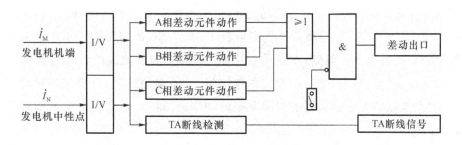

图 4-16　发电机纵联差动保护逻辑框图

由于完全纵联差动保护引入发电机定子机端和中性点两侧全部的相电流，因此在定子绕组发生匝间短路时两侧电流仍然相等，因此保护不能动作。通常大型发电机定子绕组每相均有 2 个或多个并联分支，若仅引入发电机中性点侧部分分支电流与机端电流来构成纵联差动保护，适当选择两侧电流互感器的变比，也可以保证正常运行及区外故障时没有差流，而在发电机相间或匝间短路时均会产生差流，使保护动作切除故障。这种纵联差动保护称为不完全纵联差动保护，其原理接线图如图 4-17 所示。

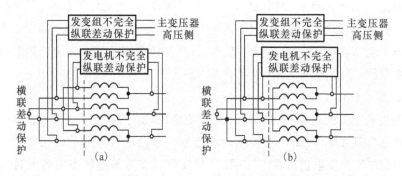

图 4-17　发电机不完全纵联差动保护原理接线图

(a) 中性点侧引出 6 个端子；(b) 中性点侧引出 4 个端子

2. 发电机纵联差动保护的整定计算

发电机纵联差动保护一般采用两折线的比率制动特性，因此对纵联差动保护的整定计算，实质上就是对 $I_{d.min}$、I_{res1} 及 K 的整定计算。

（1）启动电流 $I_{d.min}$ 的整定。启动电流 $I_{d.min}$ 的整定原则是躲过发电机额定运行时差动回路中的最大不平衡电流。在发电机额定工况下，在差动回路中产生的不平衡电流主要由纵联差动保护两侧的电流互感器 TA 变比误差、二次回路参数及测量误差引起。通常对发电机纵联差动保护，可取 $I_{d.min}=(0.1\sim0.3)I_{N.G}$。对发变组纵联差动保护取 $(0.3\sim0.5)I_{N.G}$。对于不完全纵联差动保护，尚需考虑发电机每相各分支电流的差异,应适当提高 $I_{d.\,min}$ 的整定值。

(2) 拐点电流 I_{res1} 的整定。拐点电流 I_{res1} 的大小,决定保护开始产生制动作用的电流的大小。显然,在启动电流 $I_{d.\,min}$ 及动作特性曲线的斜率 K 保持不变的情况下,I_{res1} 越小,差动保护的动作区越小,而制动区增大;反之亦然。因此,拐点电流的大小直接影响差动保护的动作灵敏度。通常拐点电流整定为 $I_{res.\,min} = (0.5 \sim 1.0) I_{N.G}$。

(3) 制动线斜率 K 的整定。发电机纵联差动保护的制动线斜率 K 一般可取 $0.3 \sim 0.4$。根据规程规定,发电机纵联差动保护的灵敏系数 K_{sen} 是在发电机机端发生两相金属性短路情况下差动电流和动作电流的比值,要求 $K_{sen} \geqslant 1.5$。随着对发电机内部短路分析的进一步深入,对发电机内部发生轻微故障的分析成为可能,可以更多地分析内部发生故障时的保护动作行为,从而更好地选择保护原理和方案。

二、发电机定子绕组的单相接地保护

根据安全运行要求,发电机的外壳都是接地的,因此定子绕组因绝缘破坏而引起的单相接地故障占内部故障的比重比较大,占定子故障的 $70\% \sim 80\%$。当接地电流比较大,能在故障点引起电弧时,将使绕组的绝缘和定子铁芯烧坏,并且也容易发展成相间短路,造成更大的危害。

1. 发电机定子绕组单相接地的特点

现代发电机的定子绕组都设计为全绝缘的,定子绕组中性点不直接接地,而是通过高阻接地、消弧线圈接地或不接地。当发电机内部单相接地时,流经接地点的电流为发电机所在电压网络(与发电机有直接电联系的各元件)对地电容电流的总和,而故障点的零序电压将随发电机内部接地点的位置变化而改变。

假设 A 相接地发生在定子绕组距中性点 α 处,α 表示由中性点到故障点的绕组占全部绕组匝数的百分数,发电机内部单相接地时的电流分布,如图 4-18 所示。此时与故障点对应的各相电势为 $\alpha\dot{E}_A$、$\alpha\dot{E}_B$ 和 $\alpha\dot{E}_C$,而各相对地电压分别为:

$$\begin{cases} \dot{U}_{Ak} = 0 \\ \dot{U}_{Bk} = \alpha\dot{E}_B - \alpha\dot{E}_A \\ \dot{U}_{Ck} = \alpha\dot{E}_C - \alpha\dot{E}_A \end{cases} \tag{4-3}$$

因此,故障点的零序电压为:

$$\dot{U}_{k0(\alpha)}=\frac{1}{3}(\dot{U}_{Ak}+\dot{U}_{Bk}+\dot{U}_{Ck})=-\alpha\dot{E}_{A} \tag{4-4}$$

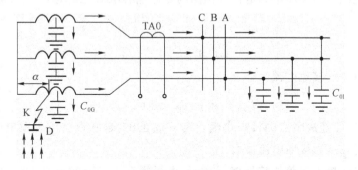

图 4-18　发电机内部单相接地时的电流分布

可见,故障点的零序电压随着故障点的位置不同而改变。当发电机的机端接地时,即 $\alpha=1$,故障点的零序电压最大。实际上,当发电机内部单相接地时,无法直接获得故障点的零序电压 $U_{k0(\alpha)}$,只能借助于机端的电压互感器进行测量。当忽略各相电流在发电机内阻抗上的压降时,机端各相的对地电压分别为:

$$\begin{cases}\dot{U}_{AD}=(1-\alpha)\dot{E}_{A}\\ \dot{U}_{BD}=\dot{E}_{B}-\alpha\dot{E}_{A}\\ \dot{U}_{CD}=\dot{E}_{C}-\alpha\dot{E}_{A}\end{cases} \tag{4-5}$$

发电机内部单相接地时,机端的电压相量图如图 4-19 所示,由此可求得机端的零序电压为:

$$\dot{U}_{K0}=\frac{1}{3}(\dot{U}_{AD}+\dot{U}_{BD}+\dot{U}_{CD})=-\alpha\dot{E}_{A}=\dot{U}_{K0(\alpha)} \tag{4-6}$$

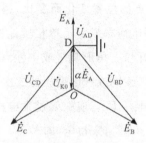

图 4-19　发电机内部单相接地时,机端的电压相量图

其值和故障点的零序电压相等。因此,故障点的零序电压可以通过机端的电压互感器进行测量。

发电机内部单相接地时的零序等效网络，如图 4-20(a)所示。图中，C_{0G} 为发电机每相的对地电容，C_{01} 为发电机以外电压网络每相对地的等效电容。由此可求出发电机的零序电容电流和网络的零序电容电流分别为：

$$\begin{cases} 3\dot{I}_{0G}=\mathrm{j}3\omega C_{0G}\dot{U}_{k0(\alpha)}=-\mathrm{j}3\omega C_{0G}\alpha\dot{E}_A \\ 3\dot{I}_{01}=\mathrm{j}3\omega C_{01}\dot{U}_{k0(\alpha)}=-\mathrm{j}3\omega C_{01}\alpha\dot{E}_A \end{cases} \tag{4-7}$$

则故障点总的接地电流为：

$$\dot{I}_{k(\alpha)}=-\mathrm{j}3\omega(C_{0G}+C_{01})\alpha\dot{E}_A \tag{4-8}$$

可见，流经故障点的接地电流也与 α 成正比，当故障点位于发电机出线端子附近时，$\alpha\approx1$，接地电流最大。

当发电机内部单相接地时，流经发电机零序电流互感器 TA0 一次侧的零序电流为发电机以外电压网络的对地电容电流。而当发电机外部单相接地时，如图 4-20(b)所示，流过 TA0 的零序电流为发电机本身的对地电容电流。

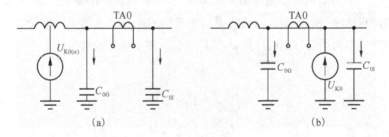

图 4-20 单相接地的零序等效网络

(a) 发电机内部单相接地；(b) 发电机外部单相接地

2) 利用零序电压构成的定子单相接地保护(横向零序电压保护)

由于零序电压随故障点的位置变化而变化，越靠近机端，故障点的零序电压越高，因此可以利用零序电压构成定子单相接地保护。此时零序电压可取自发电机机端电压互感器的开口三角形绕组或中性点电压互感器的二次侧(也可以从发电机中性点接地消弧线圈或配电变压器二次绕组获得)。

零序电压保护的动作电压 U_{set}，应按躲过发电机正常运行时发电机系统产生的最大不平衡零序电压 $3U_{0.max}$ 来整定，即

$$U_{set}=K_{rel}3U_{0.max} \tag{4-9}$$

影响不平衡零序电压的主要因素如下：

(1) 发电机电压系统中三相对地绝缘不一致。

（2）发电机端三相 TV 的一次绕组对开口三角形绕组之间的变化不一致。

（3）发电机的三次谐波电势在机端 TV 开口三角形一侧输出的三次谐波电压，可以通过设置三次谐波滤波单元加以过滤。

（4）主变压器高压侧发生接地故障时，由变压器高压侧通过电容耦合传递到发电机系统的零序电压，可以通过延时躲过这一电压的影响。

零序电压保护的动作延时，应与主变压器大电流系统侧接地保护的最长动作延时相配合。保护的出口方式，应根据发电机的结构、容量及发电机电压系统的主接线状况确定作用于跳闸或信号。

当中性点附近发生接地时，由于零序电压太小，保护装置不能动作，因而出现死区，即对定子绕组不能达到 100％的保护范围。对大容量的机组而言，由于振动较大而产生的机械损伤或发生漏水（指水内冷的发电机）等原因，都可能使靠近中性点附近的绕组发生接地故障。如果这种故障不能及时发现，则有可能进一步发展成匝间短路、相间短路或两点接地短路，从而造成发电机的严重损坏。因此，对大型发电机组，特别是水内冷式发电机组，应装设能反映 100％定子绕组的接地保护。

100％定子接地保护装置一般由两部分组成：第一部分是零序电压保护，它能保护定子绕组的 85％以上；第二部分保护则用来消除零序电压保护的死区。为提高可靠性，两部分的保护区应相互重叠。

三、发电机横联方向差动保护

容量较大的发电机每相都有 2 个或 2 个以上的并联支路。同一支路绕组匝间短路或同相不同支路的绕组匝间短路，都称为定子绕组的匝间短路。发生匝间短路时，纵联差动保护往往不能反应，故对于发电机定子绕组的匝间短路，必须装设专用保护。

在大容量发电机中，由于额定电流很大，其每相都是由 2 个或 2 个以上并列的分支绕组组成的。在正常运行时，各绕组中的电势相等，流过相等的负荷电流。当同相内非等电位点发生匝间短路时，各分支绕组中的电势就不再相等，因而会由于出现电势差而在各绕组中产生环流。利用这个环流，即可实现对发电机定子绕组匝间短路的保护，此即横联方向差动保护。

现以每相具有 2 个并联分支绕组为例，当某一个分支绕组内部发生匝间短路时，由于故障支路和非故障支路的电势不相等，如图 4-21（a）所示。因此会产

生环流 $\dot{I}_k$，而且短路匝数 α 越多，则环流越大，而当 α 较小时，环流也较小。或者，当同相的两个并联分支绕组间发生匝间短路时，如图 4-21(b)所示。若 $α_1 \neq α_2$，由于 2 个支路的电势差，将分别产生 2 个环流 $\dot{I}'_k$ 和 $\dot{I}''_k$，当然如果 $α_1 - α_2$ 之差很小时，环流也会很小。

横联方向差动保护的原理接线原理图如图 4-22 所示，电流互感器装于发电机 2 组星形中性点的连线上。当发电机定子绕组发生各种匝间短路时，中性点连线上有环流流过，横联方向差动保护动作。但是当同一绕组匝间短路的匝数较少，或同相的 2 个分支绕组电位相近的两点发生匝间短路，由于环流较小，保护可能不动作。因此，横联方向差动保护存在死区。该保护还能够反映定子绕组分支线开焊以及机内绕组相间短路。

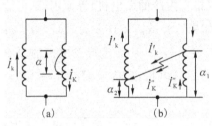

图 4-21　发电机绕组匝间短路的电流分布

（a）在某一绕组内部匝间短路；

（b）在同相不同绕组匝间短路

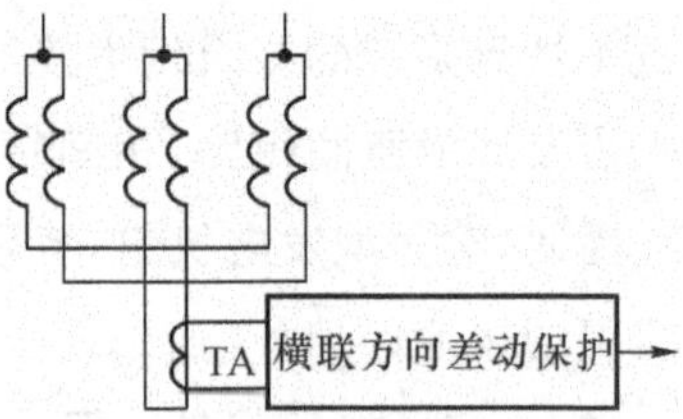

图 4-22　横联方向差动保护

接线原理图

按这种接线方式，当发电机出现三次谐波电势时，三相的三次谐波电势在正常状态下接近同相位。如果任一支路的三次谐波电势与其他支路的不相等，就会在 2 组星形中性点的连线上出现三次谐波的环流，并通过互感器反映到保护中去，这是所不希望的。因此，横联方向差动保护需要采用三次谐波过滤器，以滤掉三次谐波的不平衡电流。

保护的启动电流按躲过外部故障和不正常运行状态时流过发电机中性点的最大不平衡电流整定。由于工艺、绕组设计方面的原因，不同机组的不平衡电流大小不尽相同，应以实测为准。

技能训练

（1）能调试比率制动式差动保护。

（2）能进行发电机差动保护的整定计算。

（3）正确填写继电器的检验、调试、维护记录和校验报告。

（4）会正确使用、维护和保养常用校验设备、仪器和工具。

完成任务

班级分组要求每组 4～6 人，教师为各组设定不同的参数要求，学生制订工作计划和实施方案，列出工具、仪器仪表、装置的需要清单；教师审核工作计划和实施方案，引导学生确定最终实施方案。学生根据新要求，对原理和发电机差动保护调试方法进行反思内化，练习使用继电保护测试仪，进行保护装置的接线、检验、调试，对调试结果进行分析，逐步形成调试技能；学生逐项填写试验清单和误差分析，归档技术资料，小组展示成果，并根据事先提出的目标进行自我评估；老师听取学生的反馈信息，评价学生工作过程和工作结果的优劣、学生的协作精神、安全意识，提出存在问题和改进意见。

学习评价

1. 工作成果评价

严格按照国家电网公司电力安全工作规程，对发电机的差动保护调试操作程序、操作行为和操作水平等进行评价，如表 4-3 所示。

表 4-3　发电机的差动保护调试工作评价表

学习目标	评价指标	评价标准	自评	小组评	教师评
调校准备	操作程序	正确			
	操作行为	规范			
	操作水平	熟练			
调校实施	操作程序	正确			
	操作行为	规范			
	操作水平	熟练			
	操作精度	达到要求			
后续工作	操作程序	正确			
	操作行为	规范			
	操作水平	熟练			

2. 学习成果评价

按照职业教育技术类技能型人才培养要求，主要评价学生发电机的差动保护调试知识与技能、操作技能及情感态度等的情况，如表 4-4 所示。

表 4-4　发电机的差动保护调试学习成果评价表

评价项目	评价标准	等级（权重）分				自评	小组评	教师评
		优秀	良好	一般	较差			
知识与技能	调试发电机各种保护	10	8	5	3			
	发电机各种保护的定值整定计算	10	8	5	3			
	正确填写继电器的检验、调试、维护记录和校验报告	10	8	5	3			
	会正确使用、维护和保养常用校验设备、仪器和工具	8	6	4	2			
操作技能	熟悉运用网络独立收集、分析、处理和评价信息的方法	10	8	5	3			
	积极参与小组合作与交流	10	8	5	3			
	能制作PPT，将搜集到的材料用PPT清楚地展现出来，而且比较有创新	8	6	4	2			
情感态度	课堂上积极参与，积极思维，积极动手、动脑，发言次数多	8	6	4	2			
	小组协作交流情况：小组成员间配合默契，彼此协作愉快，互帮互助	10	8	5	3			
	对本内容兴趣浓厚，提出了有深度的问题	8	6	4	2			
课堂调查：书面写出你在学习本节课时所遇到的困难，向教师提出较合理的教学建议		8	6	4	2			
自评意见：								
小组评意见：								
教师评意见：								
努力方向：								

思考与练习

一、选择题

1. 与电力系统并列运行的 0.9 MW 容量发电机,应该在发电机(　　)保护。

A 机端装设电流速断

B 中性点装设电流速断

C 装设纵联差动

2. 发电机出口发生三相短路时的输出功率为(　　)。

A 额定功率　　　　　　　B 功率极限　　　　　　　C 零

3. 发电机装设纵联差动保护,它作为(　　)保护。

A 定子绕组匝间短路

B 定子绕组相间短路

C 定子绕组及其引出线相间短路

4. 发电机比率制动的差动继电器,设置比率制动原因是(　　)。

A 提高内部故障时保护动作的可靠性

B 使继电器动作电流随外部不平衡电流增加而提高

C 使继电器动作电流不随外部不平衡电流增加而提高

D 提高保护动作速度

5. 发电机定子绕组过电流保护的作用是(　　)。

A 反映发电机内部故障

B 反映发电机外部故障

C 反映发电机外部故障,并作为发电机纵差保护的后备

二、判断题

1. 发电机定子绕组的故障主要是指定子绕组的相间短路、匝间短路和接地短路。(　　)

2. 发电机装设纵联差动保护,它是作为定子绕组及其引出线的相间短路保护。(　　)

3. 在正常工况下,发电机中性点无电压。因此,为防止强磁场通过大地对保护的干扰,可取消发电机中性点电压互感器二次(或消弧线圈、配电变压器二

次)的接地点。（　　　）

4. 100 MW 及以上发电机定子绕组单相接地后,只要接地电流不超过 5 A,可以继续运行。（　　　）

5. 发电机过电流保护的电流继电器,接在发电机中性点侧三相星形连接的电流互感器上。（　　　）

6. 发电机低压过流保护的低电压元件是区别故障电流和正常过负荷电流,提高整套保护灵敏度的措施。（　　　）

任务三　母线保护构成与运行

引言

　　发电厂和变电站的母线是电力系统中的重要组成元件之一,母线是电能集中和分配的重要元件。当母线上发生故障,将使故障母线上所有元件在母线故障修复期间或切换到另一组母线所必需的时间内停电,母线故障引起母线电压极度下降,甚至使电力系统稳定运行破坏,导致电力系统瓦解,造成严重后果。因此,母线保护构成与运行被列为必修项目。

学习目标

　　(1) 正确分析母线完全差动保护的构成及基本原理。
　　(2) 确定双母线连接方式故障时选择母线保护的方法。

过程描述

　　(1) 教师下发项目任务书,描述项目学习目标。
　　(2) 教师通过图片、动画、录像等讲解本次项目中母线完全差动保护的原理。
　　(3) 通过现场试验设备演示继电保护测试仪使用方法,母线保护装置完全差动的接线、调试方法及步骤。
　　(4) 学生进行继电保护测试仪和微机母线保护装置的认识,查阅保护原理和调试指导书,根据任务书要求,收集有关调试规程、职业工种要求、装置说明书等资料,根据获得的信息进行分析讨论。

过程分析

为了达到母线完全差动保护调试的标准要求,试验的各项操作必须严格按照国家电网公司电力安全工作规程操作。

(1)试验接线。任选 2 个支路和母联开关,在保护装置模拟盘上将支路一的隔离开关强制合于 Ⅰ 段母线,将支路二的隔离开关强制合于 Ⅱ 段母线。测试仪 A、C 相电流输出分别接支路一和支路二的 A 相电流回路、测试仪 B 相电流输出接母联支路的 A 相电流回路,将 2 个支路和母联支路的 N 相短接后接测试仪的 N。保护屏后 Ⅰ、Ⅱ 段母线电压回路并接后接入测试仪的电压输出回路。投入"母线差动保护"压板,母联开关置于合位(母联 TWJ 接点无接入、分列压板退出、模拟盘上母联 Ⅰ、Ⅱ 段母线隔离开关分别接 Ⅰ、Ⅱ 段母线)。

(2)差动保护动作。首先用测试仪输出正常电压、大小相等的三相电流,A 相电流 180°、B 相电流 0°、C 相电流 0°(假设母联 TA 极性端靠近 Ⅰ 段母线,如果实际接线母联 TA 极性端靠近 Ⅱ 段母线,将 B 相电流输出反向即可)。此时保护装置差流显示为 0.改变电压以开放电压闭锁元件,并将 A 相电流输出角度改为 0°,此时若 $I_A+I_B \geqslant 105\%I_{dz}$($I_{dz}$ 为差动动作电流定值),保护装置 Ⅰ 段母线差动保护应可靠动作;若 $I_A+I_B \leqslant 95\%I_{dz}$,保护装置差动保护不动作。

保持 A 相电流输出不变,将 C 相电流输出角度改为 180°,此时若 $I_B+I_C \geqslant 105\%I_{dz}$,保护装置 Ⅱ 段母线差动保护应可靠动作;若 $I_B+I_C \leqslant 95\%I_{dz}$,保护装置差动保护不动作。模拟 B、C 相差动保护动作只需将试验接线更改为支路一、支路二及母联支路的相应相别即可。

知识链接

一、装设母线保护的基本原则

1.母线保护的作用

母线是电能集中与分配的重要环节,它的安全运行对不间断供电具有极为重要的意义。母线故障是发电厂和变电所中电气设备最严重的故障之一,将使连接在故障母线上的所有元件在修复故障母线期间或是转换到另一组无故障的母线上运行以前被迫停电。同时,在电力系统枢纽变电所的母线上发生故障时,有可能引起系统稳定的破坏,造成电力系统解列、大面积停电甚至崩溃,所以必须针对母线故障设置相应的保护装置。

低压电网中发电厂或变电所母线大多采用单母线,与系统的电气距离较远,母线故障不至于对系统稳定和供电可靠性带来严重影响,所以可以不装设专门的母线保护,利用供电元件的保护装置来切除母线故障。

(1)如图 4-23 所示的发电厂采用单母线接线,此时母线上的故障可以利用发电机的过电流保护使发电机的断路器跳闸而予以切除。

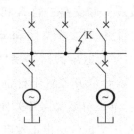

图 4-23 利用发电机的过电流保护切除母线故障

(2)如图 4-24 所示的降压变电所,其低压侧的母线正常时分列运行,低压母线上的故障可以由相应变压器的过电流保护使变压器的断路器跳闸予以切除。

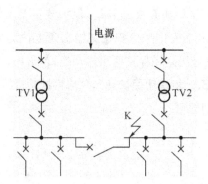

图 4-24 利用变压器的过电流保护切除低压母线故障

(3)如图 4-25 所示的双侧电源网络(或环形网络),当变电所 F 母线上 K 点短路时,可以由保护 1 和保护 4 的第 Ⅱ 段动作予以切除等。

由于供电元件快速动作的保护如差动保护,不能反映母线故障,所以利用供电元件的保护装置切除母线故障时,故障切除的时间一般较长。此外,当双母线同时运行或母线为分段单母线时,上述保护不能保证有选择性地切除故障母线。

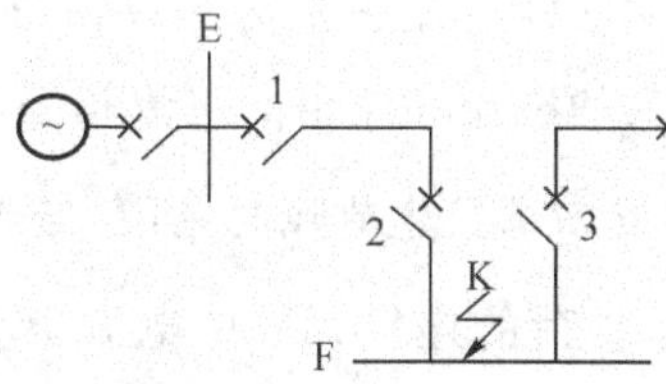

图 4-25　在双侧电源网络上,利用电源侧的保护切除母线故障

随着电力系统规模和容量的不断扩大,目前对高压重要母线普遍装设专门的快速保护。具体而言,在下列情况下应该装设专门的母线保护:

(1) 在 110 kV 及以上的双母线和分段单母线,为保证有选择性地切除任一组(或段)母线上所发生的故障,而另一组(或段)无故障的母线仍能继续运行,应该装设专用的母线保护。对于 3/2 断路器接线的每组母线应该装设两套母线保护。

(2) 110 kV 及以上的单母线,重要发电厂的 35 kV 母线或高压侧为 110 kV 及以上的重要降压变电所的 35 kV 母线,按照系统的要求必须快速切除母线上的故障时,应该装设专用的母线保护。

由于母线在电力系统中的地位极为重要,母线故障对电力系统稳定将造成严重威胁,必须以极快的速度予以切除。另外,母线的连接元件很多,实现母线保护需将所有接于母线各回路的保护二次回路、跳闸回路聚集在一起,结构复杂,极易由于一个元器件或回路的故障,尤其是人为地误碰误操作造成母线保护误动作,使大量电源和线路被切除,造成巨大损失。由于上述原因,对母线保护的要求应该突出安全性和快速性。同时,在设计母线保护时还应该注意以下问题:

(1) 由于母线保护所连接的支路多,外部故障时,故障电流大,而且超高压母线接近电源,直流分量衰减的时间常数大,因此电流互感器可能出现深度饱和的现象。母线保护必须要采取措施,防止因电流互感器饱和导致误动作。

(2) 母线的运行方式变化较多,倒闸操作频繁,尤其是双母线接线,随着运行方式的变化,母线上各连接元件经常在 2 条母线上切换,因此母线保护必须能适应运行方式的变化。

2. 母线保护的分类

(1) 按母线保护的原理分类,可分为电流差动母线保护和电流比相式母线保护。

构成电流差动母线保护的基本原则:在正常运行以及母线范围以外故障时,在母线上所有连接元件中,流入的电流和流出的电流相等,差动回路的电流为零,可以表示为 $\sum I = 0$;当母线内部发生故障时,所有与电源连接的元件都向故障点供给短路电流,而供电给负荷的连接元件中电流很小或等于零,差动回路的电流为短路点的总电流 I_K ,即 $\sum I = I_K$ 。

构成电流比相式母线保护的基本原则:在正常运行及母线外部故障时,至少有一个母线连接元件中的电流相位和其余元件中的电流相位是相反的,具体说来,就是电流流入的元件和电流流出的元件中电流的相位相反;当母线故障时,除电流等于零的元件以外,其他元件中的电流是基本上同相位的。

(2) 按母线差动保护中差动回路的电阻大小分类,可以分为低阻抗型、中阻抗型和高阻抗型母线差动保护。

常规的母线差动保护是低阻抗型的,即差动回路的阻抗很小,只有数欧姆。其优点是在内部故障时,当全部故障电流流经阻抗很低的差动回路,差动回路上的电压不会很大,不会因为增大电流互感器的负担而使电流互感器饱和并产生很大的不平衡电流,同时也不会造成保护回路过电压。但在外部故障时,全部故障电流流过故障支路的电流互感器而使其饱和,此时将产生很大的不平衡电流。为了使保护不误动,保护定值应按躲过此不平衡电流整定,或采取制动措施。

高阻抗母线差动保护是在差动回路中串入一个高阻抗,其值可在数百欧以上。因此,在外部故障使电流互感器饱和时,可减小差动回路的不平衡电流,因而不需要制动。但在内部故障时,差动回路可产生危险的过电压,必须用过电压保护回路减小此过电压,以保证既能使保护装置正确动作,又不会因过电压而损坏。

中阻抗母线差动保护实际上是上述 2 种母线差动保护的折中方案。在差动回路接入一定的阻抗(约 200 Ω),采用特殊的制动回路既能减小不平衡电流的影响,又不产生危险的过电压,不需要专门的过电压保护回路。

(3) 按母线的接线方式分类,可以分为单母线分段、双母线、双母线带旁路母线(专用旁路母线或母联兼旁路母线)、双母线单分段、双母线双分段、3/2接线母线等的母线保护。桥式接线和四边形接线母线不采用专门的母线保护。

目前,数字式母线差动保护采用电流差动保护原理,通过专门的 TA 饱和识别和闭锁辅助措施,能有效地防止 TA 饱和引起的误动。适用于单母线、双母线,3/2 接线母线等各种母线接线,因此在我国电力系统中得到广泛的应用。

二、母线的完全差动保护

1. 母线的完全差动保护的基本原理

以单母线完全电流母线差动保护为例,保护原理接线图如图 4-26 所示。完全差动是所有接入母线的支路,不论该支路对端是否有电源,都将其电流接入差动回路,因而这些支路的元件发生故障(电流互感器以外)都不在母线差动保护范围内。完全母线差动保护在母线的所有连接元件上装设具有相同变比和磁化特性的电流互感器。所有互感器的二次绕组在母线侧的端子互相连接,另一侧的端子也互相连接,然后接入差动回路。差动回路中的电流即为各个二次电流的相量和。

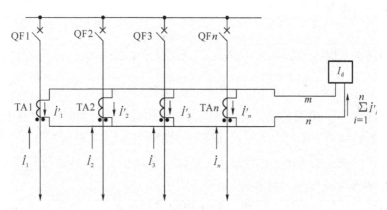

图 4-26　单母线完全电流母线差动保护原理接线图

在正常运行和外部短路时一次侧电流总和为零,母线保护用的电流互感器必须具有相同的变比 n_{TA},才能保证二次侧的电流总和也为零。因各互感器的特性不可能绝对相同,在正常运行及外部故障时,流入差动回路的是由于各互感器的特性不同而产生的不平衡电流 I_{ub};而当母线上故障时,则所有与电源连接的元件都向短路点 K 供给短路电流,于是流入差动回路的电流为:

$$\dot{I}'_K = \dot{I}'_1 + \dot{I}'_2 + \dot{I}'_3 = \frac{1}{n_{TA}}(\dot{I}_1 + \dot{I}_2 + \dot{I}_3) = \frac{1}{n_{TA}}\dot{I}_K$$

式中　$\dot{I}_K$——故障点的全部一次短路电流,此电流足够使保护装置动作,从而使所有连接元件的断路器跳闸。

差动保护的启动电流应按如下条件整定,并选择其中较大的一个。

(1) 躲开外部故障时所产生的最大不平衡电流。当所有电流互感器的负载均按 10% 差的要求选择,且差动回路采用配有速饱和变流器或其他抑制非周期分量的措施时,有

$$I_{set} = K_{rel} I_{ub \cdot max} = K_{rel} \times 0.1 I_{k \cdot max}/n_{TA} \tag{4-1}$$

式中　K_{rel}——可靠系数,可取为 1.3;

　　　$I_{k \cdot max}$——在母线范围外任意连接元件上短路时,流过该元件电流互感器的最大短路电流;

　　　n_{TA}——母线保护所用电流互感器的变比。

(2) 由于母线差动保护电流回路中连接的元件较多,接线复杂,因此电流互感器二次回路断线的概率比较大。为了防止在正常运行情况下,任意电流互感器二次回路断线时引起保护装置误动作,启动电流 I_{set} 应大于任一连接元件中的最大负荷电流 $I_{L \cdot max}$,即

$$I_{set} = K_{rel} I_{L \cdot max}/n_{TA} \tag{4-2}$$

当保护范围内部故障时,应采用下式校验灵敏系数,即

$$K_{sen} = \frac{I_{k \cdot min}}{I_{set} n_{TA}} \tag{4-3}$$

式中　$I_{k \cdot min}$——采用实际运行中可能出现的连接元件最少时,在母线上发生故障时的最小短路电流值;一般要求灵敏系数 K_{sen} 不小于 2。

这种保护方式适用于单母线或双母线经常只有一组母线运行的情况。

2. 母线差动保护的制动特性

目前广泛使用的微机母线差动保护均采用分相完全电流差动保护原理。为了解决外部故障时的不平衡电流问题,微机母线差动保护引入制动特性。比率制动特性母线电流差动保护的判据为:

$$\begin{cases} I_d > I_{d \cdot min} & (I_{res} < I_{res1}) \\ I_d > K_{res} I_{res} & (I_{res} \geqslant I_{res1}) \end{cases} \tag{4-4}$$

式中　I_d——差动电流,即所有连接元件的电流相量为 $\left| \sum\limits_{i=1}^{n} \dot{I}_i \right|$;

　　　I_{res}——制动电流;

　　　$I_{d \cdot min}$——最小动作电流;

　　　I_{res1}——拐点电流;

　　　K_{res}——比例制动系数,$K_{res} = \tan \alpha$,如图 4-27 所示。

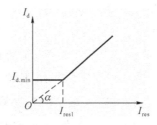

图 4-27　母线差动保护的动作特性

普通比率制动特性母线差动保护利用穿越性故障电流作为制动电流克服差动不平衡电流,以防止在外部短路时差动保护的误动作,即

$$I_{res} = \sum_{i=1}^{n} |\dot{I}_i| \tag{4-5}$$

由于在母线内部短路时,差动回路中也有制动电流,尤其是在 3/2 断路器接线的母线中可能有部分故障电流流出母线,加大了制动量,在此种情况下普通比率制动特性母线差动保护的灵敏度将有所下降。为了提高比率制动特性母线差动保护的灵敏性,希望进一步降低在发生内部短路时的制动电流。为此提出的复式比率制动特性的制动电流取为:

$$I_{res} = \sum_{i=1}^{n} |\dot{I}_i| - \left| \sum_{i=1}^{n} \dot{I}_i \right| \tag{4-6}$$

此外,还可以利用故障分量实现母线差动保护,故障分量比率制动特性可以避免故障前的负荷电流对比率制动特性产生的不良影响,从而提高母线差动保护的灵敏度。

3. 母线差动保护的抗 TA 饱和措施

影响母线差动保护动作正确性的关键是 TA 饱和的问题。在 TA 饱和不是非常严重时,比率制动特性可以保证母线差动保护不误动作;但当 TA 进入深度饱和时,此方法仍不能避免保护误动,需要采用其他专门的抗 TA 饱和的方法。在传统的母线差动保护中采用在差动回路中串入阻抗的措施,根据阻抗的大小可分为中阻抗方式和高阻抗方式,其中以中阻抗母线差动保护应用较为广泛。例如,RADSS 母线差动保护就是基于中阻抗保护方案的,在微机母线保护中广泛采用了同步识别法、波形对称原理、谐波制动原理等方法来解决 TA 饱和的问题。

1) 传统母线差动保护在差动回路接入阻抗的方法

在母线发生外部短路时,一般情况下非故障支路电流不很大,它们的 TA

不易饱和。但是故障支路电流集各电源支路电流之和,可能非常大,它的 TA 就可能极度饱和,相应的励磁阻抗必然很小,极限情况近似为零。这时虽然一次电流很大,但几乎全部流入励磁支路,二次电流近似为零。这时差动回路中将流过很大的不平衡电流,完全电流母线差动保护将误动作。

假设母线上连接有 n 条支路,第 n 条支路为故障支路,母线外部短路的等值电路如图 4-28 所示。图中虚线框内为故障支路 TA 的等效回路,Z_μ 为励磁阻抗,$Z_{\sigma 1}$ 和 $Z_{\sigma 2}$ 分别为 TA 一次和二次绕组漏抗,r 为故障支路 TA 至差动回路的阻抗值(二次回路连线阻抗值),r_u 为差动回路的阻抗。对于中阻抗母线差动保护,$r_u \approx 200\ \Omega$;如果是高阻抗型,$r_u \approx 2.5 \sim 7.5\ \mathrm{k}\Omega$。

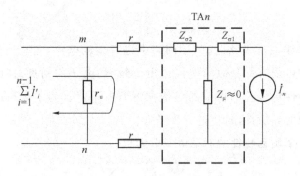

图 4-28　母线外部短路时高阻抗母线差动保护等值电路

在外部短路时,若电流互感器无误差,则非故障支路二次电流之和与故障支路二次电流大小相等、方向相反,此时差动继电器中电流为零,非故障支路二次电流都流入故障支路 TA 的二次绕组。但是外部短路最严重的情况是故障支路的 TA 出现极度饱和,其励磁阻抗 Z_μ 近似为零,一次电流全部流入励磁支路。

对于高阻抗型母线差动保护,由于差动回路的内阻 r_u 很高,非故障支路二次电流都流入故障支路 TA 的二次绕组,差动回路中电流仍然很小,保护不会动作。在内部短路时所有引出线电流都流入母线,所有支路的二次电流都流向差动回路,保护动作。此时由于二次回路阻抗大,TA 二次侧可能出现相当高的电压,需要采取保护措施。

对于中阻抗型母线差动保护,当母线外部短路而使故障支路的 TA 严重饱和时,该 TA 二次电流接近于零,但是由于差动回路有适当的电阻,从其他非故障支路流入的电流不会全部进入差动回路,部分仍会流过第 n 条故障支路的二次回路($Z_{\sigma 2}$),此时,保护不应该动作。由于外部故障时差动回路有不平衡电流,所以中阻抗母线差动保护在接入一定大小的电阻后仍然需要采用比率制动特性,但是不需要限制高电压的措施。

4. 母线差动保护的构成

为了提高母差保护动作的可靠性,除分相差动元件之外,还采用了启动元件,区外故障 TA 饱和鉴别元件及出口闭锁元件(对于 3/2 接线的 500 kV 母线,母差保护不采用出口闭锁元件)。

母差保护的启动元件一般由差电流越限及相电流突变的"或"构成。为防止各种可能的原因(如误碰断路器操作机构,出口断路器损坏等)导致正常运行时母线差动保护误动作,采用复合电压(低电压、负序电压、零序电压及相电压突变)元件闭锁跳闸出口。母线差动保护逻辑框图如图 4-29 所示。

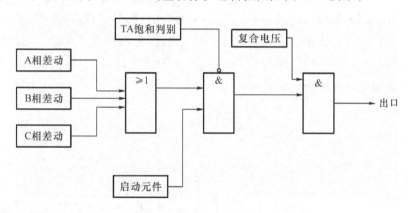

图 4-29　母线差动保护逻辑框图

任务四　双母线保护

双母线是发电厂和变电所广泛采用的一种主接线方式。在发电厂以及重要变电站的高压母线上,一般都采用双母线同时运行(母联断路器经常投入),而每组母线上连接一部分(约 1/2)供电和受电元件,这样当任一组母线上故障后,只影响到约 1/2 的负荷供电,而另一组母线上的连接元件则可以继续运行,这就大大提高了供电的可靠性。此时,必须要求母线保护具有选择故障母线的能力。

一、双母线电流差动保护

双母线电流差动保护主要由三组差动回路组成,如图 4-30(a)所示,第一组由电流互感器 TA1、TA2、TA5 和第一组母线小差动元件 KD1 组成,用以选择 Ⅰ 组母线上的故障;第二组由电流互感器 TA3、TA4、TA6 和第二母线小差动元件 KD2 组成,用以选择 Ⅱ 组母线上的故障;第三组实际上是由电流互感器 TA1、TA2、TA3、TA4 和大差动元件 KD3 组成的完全电流差动保护,作为整套保护的启动元件,当任一组母线上发生故障时,KD3 都能启动,而当母线外部故障时不启动。

实质上,大差动元件作为母线故障判别元件,而小差动元件作为故障母线选择元件。当大差动元件及某条母线的小差动元件同时动作后,才能切除故障母线,如图 4-30(b)所示。大差动元件的接入电流,为除母联 TA 之外的两组母线所有连接元件 TA 的二次电流;小差动元件的接入电流,为被保护的那组母线所有连接元件 TA 的二次电流。

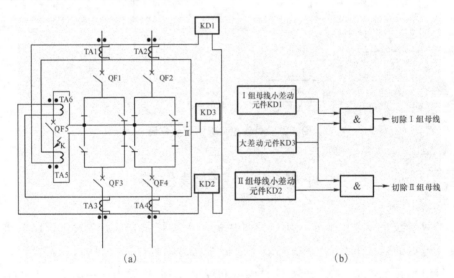

(a)   (b)

图 4-30 双母线电流差动保护单相原理图

(a)单相原理接线图;(b)保护动作逻辑图

在正常运行及母线外部(K 点)短路时,如图 4-31(a)所示,流经差动回路 KD1、KD2 和 KD3 的电流均为不平衡电流,保护装置已从定值上躲开,不会误动作。

　　当Ⅰ组母线上(K点)短路时,如图 4-31(b)所示,由电流的分布情况可见,差动回路 KD1 和 KD3 中流入全部故障电流,而差动回路 KD2 中为不平衡电流,于是差动回路 KD1 和 KD3 启动。KD3 动作后使母联络断路器 QF5 跳闸。KD1 动作后使断路器 QF1 和 QF2 跳闸,并发出相应的信号。这样就把发生故障的Ⅰ组母线从电力系统中切除了,而没有故障的Ⅱ组母线仍然可以继续运行。同理,可以分析当Ⅱ组母线上短路时,只有差动回路 KD2 和 KD3 动作,最后使断路器 QF5、QF3 和 QF4 跳闸切除故障。

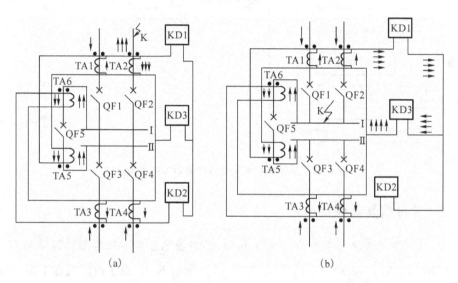

图 4-31　按正常连接方式运行时,外部故障和内部故障下的电流分布

(a) 外部短路;(b) Ⅰ组母线上故障

　　在元件连接方式变化时,例如当线路 1 自母线Ⅰ切换到母线Ⅱ上工作时,传统母线差动保护的二次回路不能随着切换,因此按原有接线工作的母线Ⅰ、Ⅱ的差动保护都不能正确反映母线上实际连接元件的电流和。在这种情况下发生故障时,保护将无法正确选择出故障母线,所以电流差动保护原理只适用于元件按照固定连接方式运行的双母线接线。而微机母线差动保护利用隔离开关辅助触点结合支路负荷电流的识别方法来判别各元件与母线的连接方式,从而可以自动适应母线运行方式的变化。双母线或单母线分段差动保护的逻辑框图,如图 4-32 所示。

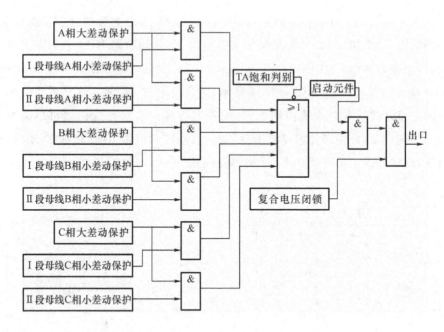

图 4-32 双母线或单母线分段差动保护逻辑框图

二、双母线其他保护形式

双母线电流差动保护存在一个问题,即当故障发生在母联断路器两侧 TA 之间时,如图 4-30(a)所示的 TA5 与 TA6 之间的 K 点,由于故障既在 I 组母线小差动保护范围内,也在 II 组母线小差动保护范围内,所以两组母线差动保护均动作跳闸,不能有选择性地只跳开第 II 组母线。

为了避免出现这种情况,可以在母联断路器单元只安装一组 TA,如图 4-33 所示。在微机母线差动保护中不需要将所有 TA 的二次侧端子连接在一起,可以分别接入差动回路。

这种接线在母线外部与内部故障时的动作情况与图 4-32 相同。但是当故障发生在母联断路器与母联 TA 之间时将无法切除故障母线,并将无故障母线切除。如图 4-33 中的 K 点短路时,对 II 组母线的差动保护而言,相当于区内故障,保护动作跳开 QF0、QF3 及 QF4。而 K 点对于 I 组母线的差动保护相当于区外故障,保护不动作,无法切除故障,即出现死区,所以需要设置母线差动死区保护。保护的逻辑框图如图 4-34 所示。该保护也可以用来判别母联断路器失灵。

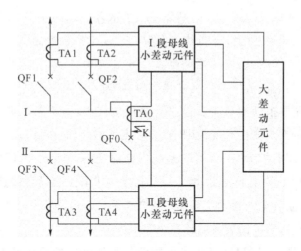

图 4-33　双母线电流差动保护接入回路示意图

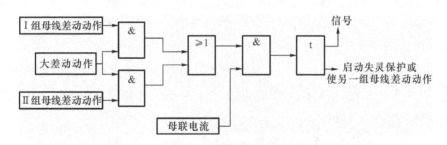

图 4-34　母联失灵及母线差动死区保护逻辑框图

当 I 组母线差动保护或 II 组母线差动保护动作后,如果母联 TA 二次仍有电流,则判定为母联断路器失灵或母线差动保护死区,启启动失灵保护或死区保护使另一组母线差动保护动作,切除故障。

当任一组母线检修后再投入运行之前,利用母联断路器由另一组母线对其充电时,若被充电母线上有故障,为防止充电于故障母线造成事故范围扩大,通常设置母联充电保护,有时双母线还配有母联过流保护。母联充电保护及母联过流保护,均由母联过电流元件及时间元件构成,其出口作用于母联断路器跳闸。

三、断路器失灵保护

在 110 kV 及以上电压等级的发电厂和变电所中,当输电线路、变压器和母线发生短路,在保护装置动作切除故障时,可能伴随故障元件的断路器拒动,也即发生断路器的失灵故障。产生断路器失灵故障的原因是多方面的,如断路器跳闸线圈断线、断路器的操作机构失灵等。高压电网的断路器和保护装置都应具有一定的后备作用,以便在断路器或保护装置失灵时,仍然能够有效切除故障。相邻元件的远后备保护方案是最简单合理的后备方式,它既是保护拒动的后备,又是断路器拒动的后备。但是在高压电网中,由于各电源支路的助增作用,实现远后备方式往往有较大困难(灵敏度不够),而且由于动作时间较长,容易造成事故范围的扩大,甚至引起系统失稳而瓦解。因此,电网中枢地区重要的 220 kV 及以上的主干线路,由于系统稳定要求必须装设全线速动保护时,通常装设两套独立的全线速动主保护(保护双重化),以防保护装置的拒动,而对于断路器的拒动,则专门装设断路器失灵保护。

所谓断路器失灵保护,是指当故障元件的继电保护动作发出跳闸脉冲后,断路器拒绝动作时,能够以较短的时限切除同一个发电厂或变电所内其他有关的断路器,将故障部分隔离,并使停电范围限制为最小的一种后备保护。

1. 断路器装设失灵保护的条件

由于断路器失灵保护是在系统故障的同时断路器失灵的双重故障情况下的保护,因此允许适当降低对它的要求,即仅要最终能切除故障即可。装设断路器失灵保护的条件如下:

(1)相邻元件保护的远后备保护灵敏度不够时应装设断路器失灵保护;对分相操作的断路器,允许只按单相接地故障来检验其灵敏度。

(2)根据变电所的重要性和装设失灵保护作用的大小来决定装设断路器失灵保护。例如,多母线运行的 220 kV 及以上的变电所,当失灵保护能缩小断路器拒动引起的停电范围时,就应装设失灵保护。

2. 对断路器失灵保护的要求

(1)失灵保护误动和母线保护误动一样,影响范围很广,必须有较高的安全性(不误动)。

(2)在保证不误动的前提下,应该以较短延时,有选择性地切除相关断路器。

(3)失灵保护的故障鉴别元件和跳闸闭锁元件,应对断路器所在线路或设备末端故障有足够灵敏度。

3. 断路器失灵保护的基本原理

断路器失灵保护由启动单元、时间单元和出口闭锁单元等组成,如图 4-35

所示,以单母线分段的失灵保护为例。当 K 点发生故障时,出线 1 的保护动作,其出口继电器动作跳开断路器 QF1 的同时,启动失灵保护。如果故障线路的断路器 QF1 拒动,经过一定的延时后,失灵保护动作,使连接至该段母线上的所有其他有电源的断路器(如 QF2、QF3)跳闸,从而切除 K 点的故障,起到 QF1 拒动时的后备作用。

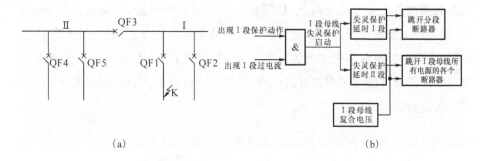

图 4-35 单母线分段失灵保护(以 Ⅰ 段母线为例)

(a)单母线分段接线图;(b)失灵保护逻辑框图

启动单元由出线元件保护出口继电器的接点与出线的电流元件动作信号"与"构成。它表示出线保护动作后,电流持续存在,说明断路器失灵,故障尚未切除。

失灵保护的动作时间应大于故障元件断路器跳闸时间以及保护装置返回时间之和。保护可以设Ⅱ段延时,以短延时跳开分段断路器,以较长延时跳开故障元件所在母线上所有电源的各个断路器。

为防止出口回路误碰及出口继电器损坏等原因导致误跳断路器,出口回路采用复合电压元件闭锁。当母线差动保护与失灵保护配套时,两者可公用出口回路。

技能训练

(1)能判断母线的各种故障并进行分析。

(2)能识读保护图纸,学会按照图纸完成母线保护特性试验。

(3)正确填写继电器的检验、调试、维护记录和校验报告。

(4)会正确使用、维护和保养常用校验设备、仪器和工具。

完成任务

班级分组要求每组 4～6 人,教师为各组设定不同的参数要求,学生制订工作计划和实施方案,列出工具、仪器仪表、装置的需要清单;教师审核工作计划和实施方案,引导学生确定最终实施方案。学生根据新要求,对母线完全差动原理和调试方法进行反思内化,练习使用继电保护测试仪,对调试结果进行分析,逐步形成调试技能。学生逐项填写试验清单和误差分析,归档技术资料,小组展示成果,并根据事先提出的目标进行自我评估;老师听取学生的反馈信息,评价学生工作过程和工作结果的优劣,学生的协作精神,安全意识,提出存在问题和改进意见。

学习评价

1. 工作成果评价

严格按照国家电网公司电力安全工作规程,对母线完全差动保护调试操作程序、操作行为和操作水平等进行评价,如表 4-5 所示。

表 4-5　母线完全差动保护调试工作评价表

学习目标	评价指标	评价标准	自评	小组评	教师评
调校准备	操作程序	正确			
	操作行为	规范			
	操作水平	熟练			
调校实施	操作程序	正确			
	操作行为	规范			
	操作水平	熟练			
	操作精度	达到要求			
后续工作	操作程序	正确			
	操作行为	规范			
	操作水平	熟练			

2. 学习成果评价

按照职业教育技术类技能型人才培养要求,主要评价学生母线完全差动保护调试知识与技能、操作技能及情感态度等的情况,如表 4-6 所示。

表 4-6　母线完全差动保护调试学习成果评价表

评价项目	评价标准	等级(权重)分				自评	小组评	教师评
		优秀	良好	一般	较差			
知识与技能	调试母线各种保护,能判断母线的各种故障并进行分析	10	8	5	3			
	能识读保护图纸,学会按照图纸完成母线保护特性试验	10	8	5	3			
	正确填写继电器的检验、调试、维护记录和校验报告	10	8	5	3			
	会正确使用、维护和保养常用校验设备、仪器和工具	8	6	4	2			
操作技能	熟悉运用网络独立收集、分析、处理和评价信息的方法	10	8	5	3			
	积极参与小组合作与交流	10	8	5	3			
	能制作 PPT,将搜集到的材料用 PPT 清楚地展现出来,而且比较有创新	8	6	4	2			
情感态度	课堂上积极参与,积极思维,积极动手、动脑,发言次数多	8	6	4	2			
	小组协作交流情况:小组成员间配合默契,彼此协作愉快,互帮互助	10	8	5	3			
	对本内容兴趣浓厚,提出了有深度的问题	8	6	4	2			
课堂调查:书面写出你在学习本节课时所遇到的困难,向教师提出较合理的教学建议		8	6	4	2			
自评意见:								
小组评意见:								
教师评意见:								
努力方向:								

思考与练习

一、判断题

1. 母联失灵保护不经复合电压闭锁。（　　）

2. 充电保护启动后开放充电保护 500 ms。（　　）

3. 母线互联时按单母线方式运行,差动保护动作时报"I 母线差动动作"。（　　）

4. 差动保护动作后固定启动母联失灵保护。（　　）

二、简答题

1. 简述母联跳位的作用。

2. 什么是母线? 设置母线保护意义?

3. 母线差动的制动系数设置了高低两个定值的作用是什么? 高、低定值在何时使用?

4. 简述母线保护的主要接线形式。

5. 简述断路器失灵保护。

项目五

电力系统安全自动装置构成与运行

本"项目"包含 2 个工作任务：自动控制装置的构成与运行、无功功率自动调节装置构成与运行。

任务一　自动控制装置的构成与运行

引言

自动控制装置包含内容诸多，如自动重合闸、按频率自动减负荷装置、备用电源自动投入装置和自动并列装置等。自动重合闸广泛应用于架空线输电和架空线供电线路上的有效反事故措施，即当线路出现故障，继电保护使断路器跳闸后，自动重合闸装置经短时间间隔后使断路器重新合上；当系统频率降低时，根据频率下降的程度自动断开相应负荷，阻止频率降低，并使系统频率迅速恢复到给定的数值；备用电源自动投入装置是当线路或用电设备发生故障时，能够自动迅速、准确地把备用电源投入用电设备中或把设备切换到备用电源上，不至于让用户断电的一种装置；采用自动并列装置进行并列操作，不仅能减轻运行人员的劳动强度，也能提高系统运行的可靠性和稳定性。自动控制装置在电力系统中占据非常重要的位置，因此自动控制装置的构成与运行被列为必修项目。

学习目标

（1）正确分析双侧电源线路自动重合闸的构成及基本原理。

（2）确定故障时选择自动重合闸装置的方法。

过程描述

（1）教师下发项目任务书，描述项目学习目标。

（2）教师通过图片、动画、录像等讲解本次项目中双侧电源线路自动重合闸试验的原理。

（3）学生根据任务书要求，收集有关调试规程、职业工种要求、装置说明书等资料，根据获得的信息进行分析讨论。

过程分析

为了达到双侧电源线路自动重合闸的标准要求，试验的各项操作必须严格按照国家电网公司电力安全工作规程操作。

（1）本侧无电压检查，对侧同期检查时，调整移相器，使输入/输出（I/O）电压相位差为 30°～40°（此时不满足同期条件，TJJ 不动作），1LP 连通，2LP 断开。分别模拟下列情况，检验重合闸动作情况：

① 本侧保护动作于断路器跳闸后，对侧断路器也已跳闸，即在试验中断开 S2，线路无电压，重合闸应动作使断路器重合。

② 本侧保护动作于断路器跳闸后，对侧断路器没有跳闸或跳闸后已抢先重合，即在试验中合上 S2，线路有电压，重合闸闭锁不应动作。

（2）本侧同期检查，对侧无电压检查时，调整移相器，使输入/输出（I/O）电压相位差为 0°～20°（此时满足同期条件，TJJ 动作），ILP 断开，2LP 连通。分别模拟下列情况，检验重合闸动作情况：

① 本侧保护动作于断路器跳闸后，对侧断路器经无电压检查重合闸动作已重合，即在试验中合上 S2，线路有电压，满足同期条件，重合闸应动作使断路器重合。

② 本侧保护动作于断路器跳闸后，对侧断路器跳闸后没有重合或重合不成功再次跳闸，即在试验中断开 S2，线路无电压，重合闸闭锁不应动作。

知识链接

一、自动重合闸

1．自动重合闸在电力系统中的作用

在电力系统的各种故障中，输电线路（特别是架空线路）发生故障的概率最

大,而在输电线路中,大多数是瞬时性故障。所谓瞬时性故障,就是在故障出现后,继电保护装置动作切除故障,故障点的绝缘水平可自行恢复,故障随即消失。例如,大风引起的碰线,飞鸟跨接裸导体,雷电引起的绝缘子表面闪络等。因此,提高输电线路供电的可靠性具有非常重要的意义。而输电线路自动重合闸装置在电力系统中起着非常重要的作用。

自动重合闸(ARC)装置是将因故障跳开后的断路器按需要自动投入的一种自动装置。在电力系统输电线路上,采用自动重合闸的作用可归纳如下:

(1) 可大大提高供电的可靠性,在线路上发生暂时性故障时,迅速恢复供电,减少线路停电的次数,这对单侧电源的单回线路尤为显著。

(2) 在有双侧电源的高压输电线路上采用重合闸,可以提高电力系统并列运行的稳定性。

(3) 在电网的设计与建设过程中,有些情况下由于考虑重合闸的作用,即可以暂缓架设双回线路,以节约投资。

(4) 自动重合闸可以纠正因断路器本身机构不良或继电保护误动作而引起的误跳闸。

当自动重合闸装置合闸于永久性故障时,例如线路倒杆、断线、绝缘子击穿或损坏引起的故障,断路器跳闸后故障依然存在,即使再合上电源,断路器也会再次跳闸。因此,则对电力系统的运行造成一定的不利影响。

(1) 使电力系统再次受到短路电流的冲击,可能引起电力系统振荡。

(2) 使电力系统又一次受到故障的冲击。

(3) 同时断路器在短时间内连续 2 次切断短路电流,这就恶化了断路器的工作条件。对于油断路器,其实际切断容量将比额定切断容量有所降低。因此在短路电流较大的电力系统中,装设油断路器的线路不允许使用自动重合闸装置。

2. 自动重合闸装置的要求

1) 动作迅速

自动重合闸装置的动作时间应尽可能短。重合闸动作的时间,一般为 $0.5 \sim 1$ s。

2) 在下列情况下,自动重合闸不动作

(1) 手动跳闸时不应重合。当运行人员手动操作或遥控操作使断路器跳闸时,不应自动重合。

（2）手动合闸于故障线路时，继电保护动作使断路器跳闸后，不应重合。因为在手动合闸前，线路上没有电压，如合闸到已存在有故障线路处，则线路故障多属于永久性故障。

3）不允许多次重合

自动重合闸的动作次数应符合预先规定的次数。如一次重合闸应保证重合一次，当重到永久性故障时再次跳闸后就应不再重合。因为在永久性故障时，多次重合将使系统多次遭受冲击，还可能会使断路器损坏，扩大事故。

4）动作后自动复归

自动重合闸装置动作后应能自动复归，准备好下次再动作。对于 10 kV 及以下电压级别的线路，如无人值班时也可采用手动复归方式。

5）用不对应原则启动

一般自动重合闸可采用控制开关位置与断路器位置不对应原则启动重合闸装置，对综合自动重合闸，宜采用不对应原则和保护同时启动。

6）与继电保护相配合

自动重合闸能与继电保护相配合，在重合闸前或重合闸后加速继电保护动作，以便更好地与继电保护装置相配合，加速故障切除时间，提高供电的可靠性。

3．自动重合闸的分类

自动重合闸装置的类型很多，根据不同特征，通常可分为如下几类：

（1）按组成元件的动作原理分类，可分为机械式、电气式。

（2）按作用于断路器的方式，可以分为三相 ARD、单相 ARD 和综合 ARD三种。

（3）按动作次数可分为一次 ARD、二次 ARD、多次 ARD。

（4）按运用的线路结构可分为单侧电源线路 ARD、双侧电源线路 ARD。双侧电源线路 ARD 又可分为快速 ARD、非同期 ARD、检定无压和检定周期的ARD 等。

4．三相自动重合闸

所谓三相重合闸，是指不论在输、配线上发生单相短路还是相间短路，继电保护装置均将线路三相断路器同时跳开，然后启动自动重合闸同时合三相断路器。若为暂时性故障则重合闸成功；否则保护再次动作跳三相断路器。

目前，一般只允许重合闸动作一次，称为三相一次自动重合闸装置。在特殊情况下,如无人值班的变电所的无遥控单回线,无备用电源的单回线重要负荷供电线,断路器遮断容量允许时,可采用三相二次重合闸装置。

在我国电力系统中,三相一次重合闸方式使用非常广泛。目前我国电力系统中重合闸装置有电磁型、晶体管型、集成电路型和微机型4种,它们的工作原理和组成部分完全相同,只是实施方法不同。

1) 单侧电源线路的三相一次重合闸

(1) 自动重合闸的构成。三相一次自动重合闸装置一般主要由启动元件、延时元件、一次合闸脉冲元件和执行元件4部分组成,如图5-1所示。

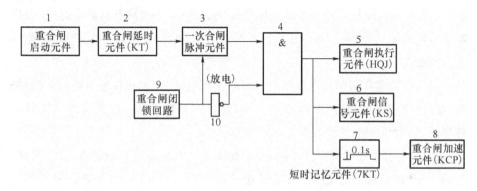

图 5-1　三相一次自动重合闸原理框图

图中各元件功能介绍如下:

1 为重合闸启动元件。当断路器由继电保护动作跳闸或其他非手动原因而跳闸后,重合闸启动。一般使用断路器的辅助常开触点或者用合闸位置继电器的触点构成,在正常运行情况下,当断路器由合闸位置变为跳闸位置时,马上发出启动指令。

2 为重合闸延时元件。启动元件发出启动指令,延时元件开始计时,达到预定的延时后,发出一个短暂的合闸脉冲命令。这个延时就是合闸时间,它是可以整定的。

3 为一次合闸脉冲元件。保证重合闸装置只重合一次。当延时时间到后,它马上发出一个可以合闸脉冲命令,并且开始计时,准备重合闸的整组复归,复归时间一般为15~25 s。在这个时间内,即使再有重合闸延时元件发出命令,它也不再发出可以合闸的第二个命令。此元件的作用是保证在一次跳闸后有足够的时间合上(对瞬时故障)和再次跳开(对永久故障)断路器,而不会出现多次重合。

4 为与门。该门的输出是输入的逻辑与,即输入全为 1 时,输出为 1;输入有 0 时,输出为 0。

5 为重合闸执行元件。启动合闸回路。

6 为重合闸信号元件。启动信号回路。

7 为短时记忆元件。

8 为重合闸加速元件。对于永久性故障,在保证选择性的前提下,尽可能地加快故障的再次切除,需要保护与重合闸配合。当手动合闸到带故障的线路上时,保护跳闸,故障一般是因为检修时的保安接地线未拆除、缺陷未修复等永久故障,不仅不需要重合,而且要加速保护的再次跳闸。

9 为重合闸闭锁回路。手动跳闸闭锁重合闸:当手动跳开断路器时,也会启动重合闸回路,为消除这种情况造成的不必要合闸,设置闭锁环节,使之不能形成合闸命令。

(2)自动重合闸的动作原理。当线路上发生故障(单相接地短路、相间短路等)时,继电器保护装置动作,跳开三相,重合闸装置启动。经重合闸的延时元件延时后,发出一个短暂的重合闸脉冲命令。

① 当没有手动跳开断路器时,与门输出为"1",启动重合闸回路、信号回路。合闸三相,经短时记忆元件延时后导通输出"1"并保持 1 s,启动重合闸后加速元件。如果故障是瞬时性的,合闸成功;故障是永久性的,保护再次跳开三相,不再重合。

② 当手动跳开断路器时,与门输出为"0",不能形成合闸命令。

2) 双电源三相一次重合闸方式

双电源三相一次重合闸方式有快速自动重合闸、非同期自动重合闸、检查同期重合闸;检查另一回路有电流重合闸、自动解列重合闸。

(1)快速自动重合闸。所谓快速自动重合闸,就是当输电线路发生故障时,继电保护很快使线路两侧的断路器断开并接着进行快速重合。由于从短路开始到重新合上的整个间隔 0.5~0.6 s,在这样短的时间内,两侧电源的电势角摆开不大,系统还不可能失步。

在输电线路上采用三相快速自动重合闸应具备下列条件:

① 线路两侧都装设有能瞬时切除故障的保护装置,如高频保护、纵联差动保护等。

② 线路两侧都装有可以进行快速重合闸的断路器,如快速空气断路器等。

③ 在两侧断路器进行重合的瞬间,通过设备的冲击电流周期分量不得超过

规定值。

④ 重合时两侧电势来不及摆开到危及系统稳定的角度,能保持系统稳定,恢复正常运行。

(2)非同期自动重合闸。对于线路上没有快速动作的继电保护和断路器时,当断路器断开后再自动重合闸时两侧电源可能已经失去了同步。如果系统中各元件在冲击电流满足要求时,可以采用非同期合闸方式,即不管线路两侧电源是否同步,都将自动合上两侧断路器,并等待系统自动拉入同步。

(3)检查同期重合闸方式如图 5-2 所示。

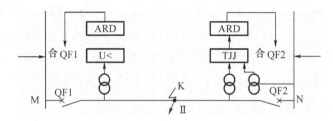

图 5-2　检查同期重合闸方式示意图

3)自动重合闸与继电保护的配合

(1)自动重合闸前加速保护动作方式如图 5-3 所示。

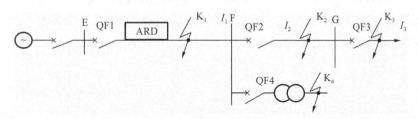

图 5-3　自动重合闸前加速保护动作方式

① 重合闸前加速保护动作的原理。重合闸动作之前加速保护的动作,简称前加速方式。如图 5-3 所示的网络接线,假设在每条线路上均装设过电流保护,其动作时限按阶梯型原则来配合。因而,在靠近电源端保护 1 处的时限就很长。为了加速故障的切除,可在保护 1 处采用前加速的方式,即当任何一条线路上发生故障时,第一次都由保护 1 瞬时动作予以切除。如果故障是在线路 E-F 以外(如 K_1 点),则保护 1 的动作是无选择性的。但是断路器 1 跳闸后,立即启动重合闸,如果故障是瞬时性的,则重合之后就恢复了供电,从而纠正了上述无选择性的动作。如果故障是永久性的,则故障由相应线路的保护(K_1 点短路

时的保护 3)再次切除。为了使无选择性的动作范围不至于扩展得太长,一般规定当变压器低压侧短路时,保护 1 不应动作。因此,保护 1 的启动电流还应按照躲开相邻变压器低压侧的短路(K₂点)来整定。

前加速方式能快速切除瞬时性故障,而且只需要在电源侧的断路器上装设一套自动重合闸装置,简单经济;但是该断路器动作次数较多,工作条件比其他断路器恶劣,最大的缺点是若该断路器或自动重合闸装置拒动,则扩大了停电范围。前加速方式主要用于 35 kV 以下由发电厂或重要变电所引出的直配线路上,以便快速切除故障,保证母线电压。

前加速的优点是能快速切除瞬时性故障,使瞬时性故障来不及发展成为永久性故障,而且使用的设备少,只需一套 ARD 自动重合闸装置;其缺点是重合于永久性故障时,再次切除故障的时间会延长,装有重合闸线路的断路器的动作次数较多,而且若此断路器的重合闸拒动,就会扩大停电范围,甚至在最后一级线路上发生故障,也可能造成全网络停电。

② 自动重合闸后加速保护动作方式如图 5-4 所示。后加速方式广泛应用于 35 kV 以上的电网和对重要负荷供电的送电线路上。因为在这些线路上一般都装有性能比较完善的保护装置,例如三段式电流保护、距离保护等。因此,第一次有选择性地切除故障的时间(瞬时动作或具有 0.3～0.5 s 的延时)均为系统运行所允许,而在重合闸以后加速保护的动作(一般是加速第Ⅱ段的动作,有时也可以加速第Ⅲ段的动作),就可以更快地切除永久性故障。

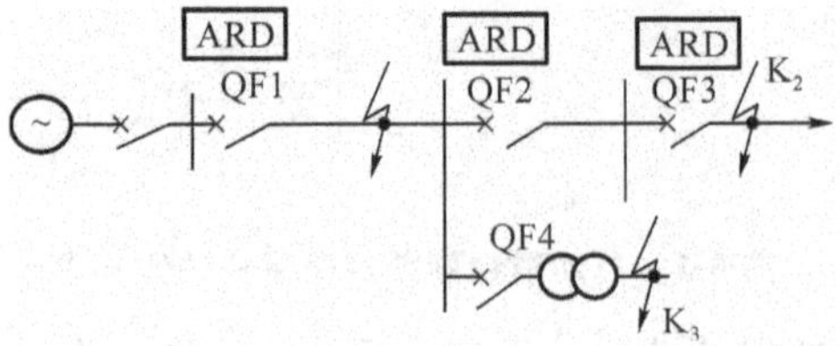

图 5-4　自动重合闸后加速保护动作的原理图

(2)重合闸后加速保护原理。这种方式在重合闸动作之后加速保护动作,简称后加速,即当线路发生故障时保护有选择性地动作切除故障,然后自动重合。若重合于永久性故障上,则在断路器合闸后,再加速保护动作,瞬时切除故障,与第一次动作是否带有时限无关。

采用重合闸后加速时,必须在线路的每个断路器上均装设一套自动重合闸装置。由于保护第一次跳闸是有选择性的切除故障,所以即使重合闸拒绝动作,也不会扩大停电范围。

后加速保护的优点:第一次是有选择性地切除故障,不会扩大停电范围,特别是在重要的高压电网中,一般不允许保护无选择性的动作而后以重合闸来纠正(前加速的方式);保证了永久性故障能瞬时切除,并仍然是有选择性的;和前加速保护相比,使用中不受网络结构和负荷条件的限制,一般说来是有利无害的。

后加速的缺点:与前加速相比较为复杂;第一次切除故障可能带每个断路器上都需要装设一套重合闸有延时。

5. 单相重合闸

所谓单相重合闸,就是指线路上发生单相接地故障时,保护动作只跳开故障相的断路器,然后进行单相重合。如果故障是暂时性的,则重合闸后,便恢复三相供电;如果故障是永久性的,而系统又不允许长期非全相运行时,则重合后,保护动作跳开三相断路器,不再进行重合,保护装置、选相元件与单向重合闸回路之间互相配合框图,如图 5-5 所示。

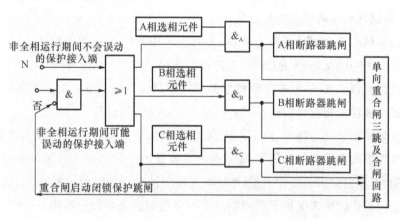

图 5-5　保护装置、选相元件与单向重合闸回路之间互相配合的框图

在这种情况下,如果只把发生故障的一相断开,而未发生故障的两相仍然继续运行,然后再进行单相重合,就能够大大提高供电的可靠性和系统并列运行的稳定性。如果线路发生的是瞬时性故障,则单相合闸成功,即恢复三相的正常运行;如果是永久性故障,则再次切除故障并不再进行重合。目前,一般是采用重合不成功时就跳开三相的方式。这种单相经一定时间重合单相、若不成功再跳开三相的重合方式称为单相重合闸方式。

采用单相重合闸的优点如下：

（1）能在绝大多数的故障情况下保证对用户的连续供电，从而提高供电的可靠性。当由单侧电源单回路向重要负荷供电时，以保证不间断地供电更有显著的优越性。

（2）在双侧电源的联络线上采用单相重合闸，就可以在故障时大大加强两个系统之间的联系，从而提高系统并列运行的动态稳态性。对于联系比较薄弱的系统，当三相切除并继之以三相重合闸而很难再恢复同步时，采用单相重合闸就能避免两系统解列。

采用单相重合闸的缺点如下：

（1）需要有按相操作的断路器。

（2）需要专门的选相元件与继电器保护相配合，再考虑一些特殊的要求后，使重合闸回路的接线比较复杂。

（3）在单相重合闸过程中，由于非全相运行能引起本线路和电网中其他线路的保护误动作，因此就需要根据实际情况采取措施予以防止。这将使保护的接线、整定计算和调试工作复杂化。

由于单相重合闸具有以上特点，并在实践中证明了它的优越性。因此，已经在 220～500 kV 的线路上获得了广泛的应用。对于 10 kV 的电力网，一般不推荐这种重合闸方式，只在由单侧电源向重要负荷供电的某些线路及根据系统运行需要装设单相重合闸的某些重要线路上，才考虑使用。

在单相重合闸过程中，由于出现纵向不对称，因此将产生负序和零序分量，这就可能引起本线路保护以及系统中的其他保护的误动作。对于可能误动作的保护，应整定保护的动作时限大于单相非全相运行的时间以躲开之，或在单相重合闸动作时将该保护予以闭锁。为了实现对误动作保护的闭锁，在单相重合闸与继电保护相连接的输入端都设有 2 个端子：一个端子介入在非全相运行中仍然能继续工作的保护，习惯上称为 N 端子；另一个端子则接入非全相运行中可能误动作的保护，称为 M 端子。在重合闸启动以后，利用"否"回路即可将接入端的保护跳闸回路闭锁。当断路器被重合而恢复全相运行时，这些保护也立即恢复工作。

1）故障相选择元件

为实现单向重合闸，首先就必须有故障相的选择元件（简称选相元件）。对选相元件的基本要求如下：

（1）应保证选择性，即选相元件与继电保护相配合只跳开发生故障的一相，而接于另外两相上的选相元件不应动作。

（2）在故障相末端发生单相接地短路时，接于该相上的选相元件应保证足够的灵敏性。

2）动作时限的选择

当采用单相重合闸时，其动作时限的选择除应满足三相重合闸时所提出要求（大于故障点灭弧时间及周围介质去游离的时间，大于断路器及其操作机构复归原状准备好再次动作的时间）以外，还应考虑下列问题：

（1）不论是单侧电源还是双侧电源，均应考虑两侧选相元件与继电保护以不同时限切除故障的可能性。

（2）潜供电流对灭弧所产生的影响。这是指当故障相线路自两侧切除后，如图 5-6 所示，由于非故障相与断开相之间存在着有静电（通过电容）和电磁（通过互感）的联系。因此，虽然 A-C 短路电流已被切断，但在故障点的弧光通道中，仍然流有如下的电流：①非故障相 A 通过 A-C 相间的电容 C_{AC} 供给的电流；②非故障相 B 通过 B-C 相间的电容 C_{BC} 供给电流；③继续运行的两相中，由于流过负荷电流 $\dot{I}_{CA}$ 和 $\dot{I}_{CB}$ 而在 C 相中产生互感电动势 E_{m}，此电动势通过故障点和该相对地电容 C_0 而产生的电流。

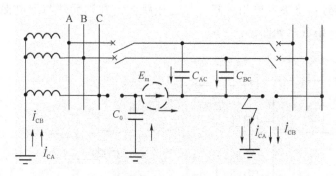

图 5-6　C 相单相接地时，潜供电流的示意图

这些电流的总和称为潜供电流。由于潜供电流的影响，将使短路时弧光通道的去游离受到严重阻碍，而自动重合闸只有在故障点电弧熄灭且绝缘恢复以后才有可能成功，因此单相重合闸的时间还必须考虑潜供电流的影响。一般线路的电压越高，线路越长，则潜供电流就越大。潜供电流的持续时间不仅与其大小有关，而且也与故障电流的大小、故障切除的时间、弧光的长度以及故障点的风速等因素有关。因此，为了正确地整定单相重合闸的时间，国内许多电力系统都是由实测来确定灭弧时间。例如，我国某电力系统中，在 220 kV 的线路上，根据实测确定保证单相重合闸期间的熄弧时间应在 0.6 s 以上。

6. 综合重合闸

我国在 220 kV 及以上的高压电力系统中，广泛应用综合自动重合闸装置，它是由单相自动重合闸和三相自动重合闸综合在一起构成的装置。适用于中性点直接接地电网，具有单相重合闸和三相重合闸的两种性能。在相间短路时，保护动作跳开三相断路器，然后进行三相重合闸；在单相接地短路时，保护和装置配合只断开故障相，然后进行单相重合闸。

综合自动重合闸除必须装设选相元件外，还应该装设故障判别元件（简称判别元件），用它来判别故障是接地故障还是相间故障。由于在单相接地故障时，某些高压线路保护（如相差高频保护）也会动作，使三相断路器跳闸，如果综合自动重合闸不装设判别元件，就会在发生单相接地故障时发生三相跳闸的后果。

判别元件一般由零序电流继电器和零序电压继电器构成。线路发生相间短路时，判别元件不动作，由继电保护启动三相跳闸回路使三相断路器跳闸。接地短路时，判别元件启动，继电保护在选相元件判别短路是单相短路，还是两相接地短路后，将决定单相跳闸还是三相跳闸。判别元件与继电保护、选相元件配合的逻辑电路如图 5-7 所示。

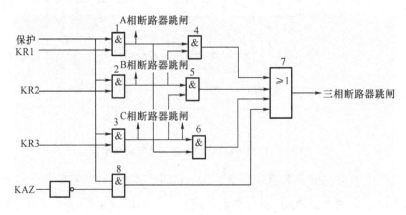

图 5-7　保护、选相和判别元件的逻辑电路

在图 5-7 中，KR1、KR2、KR3 3 个阻抗继电器作为反映 A、B、C 单相接地短路的选相元件，零序电流继电器 KAZ 作为判别是否发生接地短路的判别元件。

当线路发生相间短路时,没有零序电流,判别元件 KAZ 不动作,继电保护通过与门 8 跳三相断路器。当线路发生接地短路故障时,故障线路上有零序电流,判别元件 KAZ 动作,与门 1、2、3 中之一开放,跳单相断路器;如果 2 个选相元件动作,则说明发生了两相接地短路,与门 4、5、6 中之一开放,保护将跳三相断路器。

根据电力系统的要求,综合重合闸运行方式有以下几种:

(1) 综合自动重合闸方式。线路上发生单相接地短路时,实行单相自动重合闸,当重合到永久性故障时,断开三相并不再进行自动重合;线路上发生相间短路时,实行三相自动重合闸,当重合到永久故障时,断开三相断路器并不再进行自动重合闸。

(2) 三相自动重合方式。线路上无论发生任何形式的短路故障,均实行三相自动重合闸,当重合到永久性故障时,断开三相断路器并不再进行重合。

(3) 线路上发生单相接地短路时,实行单相自动重合闸,当重合闸到永久性故障时,断开三相不再进行重合。

(4) 直跳方式。线路上发生任何形式的故障时,均断开三相断路器不再进行自动重合闸。此方式也称为停电方式。

综合重合闸装置经过转换开关的切换,将单相重合闸和三相重合闸综合在一起。当发生单相接地故障时,采用单相重合闸方式工作;发生相间短路时,采用三相重合闸方式工作。综合考虑这两种重合闸方式的装置称为综合重合闸装置。在 110 kV 及以上的高压电力系统中,综合重合闸已得到广泛应用。

二、按频率自动减负荷装置构成与运行

1. 电力系统频率控制的必要性

1) 频率偏低对电力用户的影响

(1) 引起异步电动机转速及所驱动的机械转速变化,影响产品质量。

(2) 影响国防中测量和控制用的电子设备的准确性和性能。

(3) 使异步电动机转速和输出功率降低,所带机械转速和出力降低。

2) 电压和频率偏低对电力系统的影响

电能有 2 个主要的质量指标——电压和频率,电力系统正常运行时,要求电压和频率符合标准。电压和频率若偏离额定值过大,不仅对电气设备本身有不利影响,对工农业用电也有很大影响,如效率降低、次品率上升等,同时也给发电厂和电力系统造成很大的威胁。频率偏低对电力系统特别是火电厂有三方面的威胁:

(1) 当系统频率长期低于 49.5 Hz 运行时,某些汽轮机的叶片会发生共振,导致机械损伤,甚至断裂损坏,造成事故。

(2) 系统频率降低,使火电厂厂用机械出力降低,发电厂出力减少,系统有功功率缺额进一步增加,系统频率进一步下降,形成恶性循环,如果不及时采取措施,会造成电力系统频率崩溃。

(3) 系统频率降低引起发电机转速下降,电动势降低,发电机发出的无功功率减少,系统电压随之降低,严重时会造成电力系统电压崩溃。

负荷波动导致频率变化,可以通过一次调频和二次调频,调整发电机输出的有功功率,维持系统的有功功率平衡,使系统频率的变化在允许范围内。在电力系统发生事故时,会出现发电功率远远小于负荷功率(出现有功功率缺额)的情况。当缺额量超出了正常热备用的调节能力时,出现低频运行,影响电能质量,甚至破坏系统稳定性。

运行实践证明,电力系统的频率不能长期维持在 49.5 Hz 以下,事故情况下不能较长时间停留在 47 Hz 以下,绝对不允许低于 45 Hz。因此,当电力系统出现严重的有功功率缺额时,应当迅速切除一些不重要的负荷以制止频率下降,保证系统安全稳定运行和电能质量,防止事故扩大,保证重要负荷的供电。因此,在电力系统中常常设置按频率自动减负荷装置(简称 AFL),或称低频减载装置。

2. 电力系统的频率特性

电力系统的频率特性分为负荷的静态频率特性和电力系统的动态频率特性。

负荷的静态频率特性是指有功负荷随频率而变化的特性,即电力系统的总有功负荷 $P_L \sum$ 与系统频率 f 之间的关系。实际上此特性与负荷的性质有关,不同性质的负荷消耗有功功率与频率的关系不一样,电力系统中的负荷一般可分为三类:

(1) 负荷消耗的有功功率与频率无关,如白炽灯、电热设备、整流设备等。

（2）负荷消耗的有功功率与频率一次方成正比，如碎煤机、卷扬机往复式水泵、压缩机等。

（3）负荷消耗的有功功率与频率二次方、三次方、高次方成正比，如通风机、静水头阻力不大的循环水泵等。

电力系统的总有功负荷由以上三类按比例组合，当系统频率变化时，系统总有功负荷消耗的有功功率相应变化。当系统频率下降时，总负荷消耗的有功功率随之减少，当频率升高时，总负荷消耗的有功功率随之增加。这种负荷消耗的有功功率随系统频率变化的现象，称为负荷调节效应。

由于负荷调节效应的存在，当电力系统因有功功率不平衡引起系统频率变化时，负荷自动改变消耗的有功功率，对系统频率有一定的补偿作用，使系统可稳定运行在一个新的频率下。例如，系统正常运行时频率为 f_N，总有功负荷为 $P_L\sum$，若出现有功功率缺额造成频率下降时，负荷会自动减少消耗的有功功率，有利于缓解有功功率缺额，建立新的有功功率平衡，其结果是系统在一个较低的频率下运行。如果功率缺额较大，仅靠负荷调节效应来补偿，会使系统运行频率很低，破坏系统的安全运行，这是不允许的。此时必须再借助 AFL 自动切除一部分不重要的负荷，保证系统的安全运行。

3. 对 AFL 和动作频率的要求

1）对 AFL 的基本要求

当电力系统出现有功功率缺额时，由负荷调节效应与 AFL 共同起作用，可以保证系统的稳定运行，具体实施中，对 AFL 提出了一些基本要求。

（1）AFL 动作后，系统频率应回升到恢复频率范围内。事故情况下，AFL 动作后使系统频率恢复到一定值是为了防止事故扩大。一般要求系统频率恢复值低于系统额定频率，剩下的恢复由运行人员完成。由于系统事故时功率缺额差异较大，考虑装置本身误差，只要求系统频率值恢复到规定范围即可，我国电力系统规定恢复频率不低于 49.5 Hz。

（2）要使 AFL 充分发挥作用，应有足够负荷接于 AFL 上。当系统出现最严重有功功率缺额时，AFL 配合负荷调节效应应能使系统频率恢复到恢复频率。

（3）AFL 应根据系统频率的下降程度切除负荷。

实际电力系统中每次出现的有功功率缺额不同，频率下降的程度也不同，为了确保供电可靠性，同时使 AFL 动作后系统频率不超过希望值，AFL 切除负荷采用分级切除、逐步逼近的方式,即当系统频率下降到一定值时,AFL 的相应级动作切除一定数量的负荷,如果仍然不能阻止频率下降,则 AFL 下一级动作再切除一定数量的负荷,依次类推,直到频率不再下降为止。应当注意,在分级实现切负荷时,首先切除不重要负荷,必要时再切除部分较为重要的负荷,当AFL 动作完毕后,系统频率必然恢复到希望值。

2) AFL 各级动作频率确定应符合系统要求

AFL 的动作频率确定包括首级、末级动作频率、动作频率级差及动作级数的确定。

(1) 首级动作频率。从提高系统稳定性出发,AFL 首级动作频率 f_1 应确定高一些,但过高不能充分发挥旋转备用的作用,对用户供电可靠性不利。兼顾两方面因素,AFL 的首级动作频率一般不超过 49.1 Hz。

(2) AFL 的末级动作频率 f_n 由系统允许的最低频率下限来确定,大于核电厂冷却介质泵低频保护的整定值,并留有不小于 0.3~0.5 Hz 的裕度,保证这些机组继续联网运行;同时,为保证火电厂的继续安全运行,应限制频率低于47.0 Hz 的时间不超过 0.5 s,以避免事故进一步恶化。

(3) 动作频率级差。设 f_i 和 f_{i+1} 分别是 i 级和 $i+1$ 级动作频率,则动作频率级差为:

$$\Delta f = f_i - f_{i+1}$$

AFL 动作频率级差的确定有以下两种原则:

①强调选择性,即要求 AFL 前一级动作之后,若不能阻止频率的继续下降,后一级才能动作。在这种情况下,动作频率级差要考虑 AFL 测量元件——频率继电器的测量误差等因素,整定复杂,且级差较大。AFL 的级数相应较少,使每级切除负荷量较大,实际减负荷数不易与功率缺额量接近,造成频率的过恢复或欠恢复,现已较少采用。

②不强调选择性,即减小级差,前一级动作后,允许后一级或两级无选择性动作。这样由于级差减小,相应 AFL 的级数增加,每级切除负荷数减少,使实际减负荷数与功率缺额逼近,达到最佳效果。目前,电力系统中多采用这种级差确定方法,一般 $\Delta f = 0.1~0.3$ Hz。

(4) 动作级数 N。由首级动作频率 f_1 和末级动作频率 f_n 以及动作频率级差 Δf 可以计算出 AFL 的动作级数,即

$$N = \frac{f_1 - f_n}{\Delta f} + 1$$

式中　N——取整数。

（5）AFL 各级的动作时间符合要求。从 AFL 的动作效果看,装置应尽量不带延时。但不带延时使 AFL 在系统频率短时波动时可能误动作,一般要求 AFL 动作可带 0.15～0.50 s 延时。对于某些负荷,装置的动作时间可稍长,前提是保证电力系统安全运行。

（6）AFL 应设置附加级。规程规定,AFL 动作后应使系统稳定运行频率恢复到不低于 49.5 Hz(f_{res})水平。但在 AFL 分级动作过程中可能会出现以下情况:第 i 级动作切除负荷后,系统频率稳定在希望频率 f_{res}(49.5 Hz)以下,但又不足以使得第 $i+1$ 级动作,这样会使系统频率长时间停留于低于 f_{res} 以下运行,这是不允许的。为了消除这一现象,AFL 应设置较长延时的附加级,动作频率取 f_{res} 下限,当附加级动作后,应足以使系统频率回升到 f_{res}。由于附加级动作时,系统频率已比较稳定,其动作时限一般为 10～20 s(约为系统频率变化时间常数的 2～3 倍)。必要时,附加级也可以分成若干级,各级的动作频率相同,用延时区分各级的动作顺序。

4. AFL 的应用

1）AFL 的配置

电力系统中装设 AFL,应根据电力系统的结构和负荷的分布情况,分散装设在电力系统中相关的发电厂和变电所。图 5-8 所示为电力系统 AFL 的示意图,图 5-9 所示为某变电所 AFL 的原理框图。

由图 5-9 可见,当系统频率下降到 f_i 时,全系统内所有的第 i 级 AFL 均动作,断开各自相应的负荷 P_{cuti}。

2）AFL 误动作原因及防误动措施

AFL 运行中,可能会有以下几种情况产生误动作:

（1）由于水轮发电机调速机构动作较慢,若系统中旋转备用以水轮发电机为主,在旋转备用起作用前,AFL 可能误动。

（2）供电电源中断,负荷反馈可能使 AFL 误动作。

针对上述原因,防止 AFL 误动作的措施如下:

（1）给 AFL 适当延时,防止频率短时波动和系统旋转备用起作用前 AFL 误动。

（2）加快继电保护、备用电源自动投入装置、自动重合闸装置的动作时间,缩短供电中断时间,防止负荷反馈使 AFL 误动作。

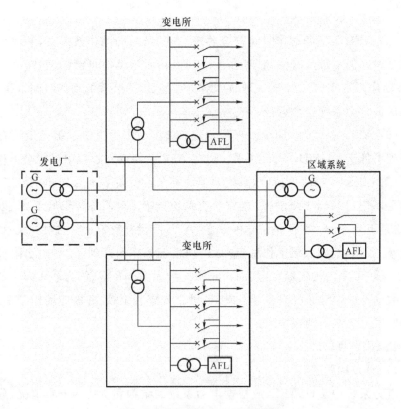

图 5-8　电力系统 AFL 的示意图

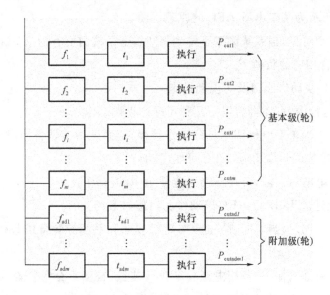

图 5-9　变电所 AFL 的原理框图

（3）增加低电压或低电流闭锁，在供电电源中断时闭锁 AFL，防止其误动。

（4）采用频率变化率闭锁，即利用系统频率下降的速度区分是有功缺额造成的频率下降，还是负荷反馈时的频率下降。运行经验表明，当频率下降速度 $\dfrac{\mathrm{d}f}{\mathrm{d}t}<0.3\ \mathrm{Hz/s}$ 时，可以认为是系统功率缺额引起的频率下降；当 $\dfrac{\mathrm{d}f}{\mathrm{d}t}\geqslant 3\ \mathrm{Hz/s}$ 时，可以认为是负荷反馈时的频率下降。因此，用 $\dfrac{\mathrm{d}f}{\mathrm{d}t}\geqslant 3\ \mathrm{Hz/s}$ 作为频率变化率判据，当 $\mathrm{d}f/\mathrm{d}t\geqslant 3\ \mathrm{Hz/s}$ 时闭锁 AFL，不允许切负荷；当 $\mathrm{d}f/\mathrm{d}t<3\ \mathrm{Hz/s}$ 时解除闭锁。

（5）采用按频率自动重合闸纠正 AFL 的误动作。由于非功率缺额引起的频率下降，在 AFL 动作切除负荷后频率回升较快，即频率变化率 $\dfrac{\mathrm{d}f}{\mathrm{d}t}$ 大，而真正功率缺额造成的频率下降，在 AFL 动作切负荷后频率回升较慢，所以根据频率变化率 $\dfrac{\mathrm{d}f}{\mathrm{d}t}$ 进行重合闸，将被误切除的负荷重新投入。

三、备用电源自动投入装置构成与运行

1. 概述

备用电源和备用设备自动投入装置是当工作电源或工作设备因故障被断开以后，能迅速自动地将备用电源或备用设备投入工作，使用户不至于停电的一种装置，简称 AAT 或 BZT。

采用 AAT 的优点如下：

（1）提高供电可靠性，节省建设投资。

（2）简化继电保护，减少投资成本。采用 AAT 以后，在保证供电可靠性的前提下，并列变压器可解列运行，环形供电网络可开环运行，使继电保护简单而可靠，从而减少了投资成本。

（3）限制短路电流，提高母线残余电压。在受端变电所，采用变压器解列运行或环网开环运行的方式，可限制出线短路电流，使供电母线上残余电压相应提高。

综上所述，AAT 具有供电可靠性高，结构简单，投资少，限制短路电流等优点，使 AAT 在电力系统中获得了广泛的应用。按照 DL400—1991《继电保护和安全自动装置技术规程》要求一般在下列情况下，应装设 AAT：

① 装有备用电源的发电厂厂用电源和变电所所用电源；

② 由双电源供电，其中一个电源经常断开作为备用的变电所；

③ 降压变电所内有备用变压器或有互为备用的母线段；

④ 有备用机组的某些重要辅机。

2. 备用方式

根据备用方式（AAT 的存在方式）划分，可分为明备用和暗备用两种，如图 5-10 所示。

（1）明备用。装设有专用的 AAT。正常运行时备用电源不工作。

（2）暗备用。不装设专用的 AAT，两个电源互为备用。正常运行时，备用电源也投入运行。

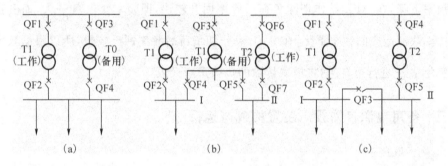

图 5-10　应用 AAT 的典型一次接线图

(a)明备用；(b)明备用；(c)暗备用

在图 5-10(a)中，QF3、QF4 在断开状态备用变压器 T0 作为工作变压器 T1 的备用。

在图 5-10(b)中，QF3、QF4、QF5 在断开状态，备用变压器 T0 作为工作变压器 T1 和 T2 的备用。

在图 5-10(c)中，正常运行时 QF3 处于断开状态，工作母线 Ⅰ、Ⅱ 段分别通过各自的供电设备或线路供电。当任意母线由于供电设备或线路故障停电时，QF3 自动合闸，从而实现供电设备和线路的互为备用。

3. 对 ATT 的基本要求

（1）保证在工作电源或设备确实断开后，才投入 ATT。防止将 ATT 合于故障电源上，造成 AAT 动作失败，甚至扩大事故，加大设备损坏程度。如图 5-10(c) 中只有 QF2 断开后，AAT 才能动作，使 QF3 合闸。可以通过以下措施实现：AAT 的合闸部分应由供电元件受电侧断路器（图 5-10(c)中的 QF2）的动断触点启动。

（2）工作电源电压消失，AAT均应动作。手动跳开工作电源，AAT不应动作。在图5-10(b)中，工作母线Ⅰ或Ⅱ段失压的原因：工作变压器T1或T2故障；母线Ⅰ或Ⅱ段故障；母线Ⅰ或Ⅱ段出现故障未被该出线断路器断开；断路器QF1、QF2或QF6、QF7误跳闸；电力系统内部故障，使工作电源失压等。所有这些情况，AAT都应动作。

但若是电力系统内部故障，使得工作电源和备用电源同时消失时，AAT不动作以免系统故障消失后恢复供电时，所有工作母线段上的负荷均由备用电源或设备供电，引起备用电源或设备过负荷，降低工作可靠性。

（3）AAT应保证只动作一次。当工作母线或出线上发生未被出线断路器断开的永久性故障时，AAT动作一次，断开工作电源或设备，投入备用电源或设备。因为故障仍然存在，备用电源或设备上的继电保护动作，断开备用电源或设备后，就不允许AAT再次动作，以免备用电源多次投入到故障原件上，对系统造成再次冲击而扩大事故。可以通过以下措施实现：控制AAT发出合闸脉冲的时间，以保证备用电源断路器只能合闸一次。

（4）AAT动作时间应使负荷停电时间尽可能短。从工作母线失去电压到备用电源投入为止，中间工作母线上的用户有一段停电时间，停电时间短，有利用户电动机的自启动。停电时间太短，电动机残压可能较高，备用电源投入时将产生冲击电流造成电动机的损坏。一般AAT的动作时间取为$1\sim1.5$ s，低压场合可减小到0.5 s。

此外，应校验AAT动作时备用电源过负荷情况，如备用电源过负荷超过限度或不能保证电动机自启动时，应在AAT动作时自动减载；如果备用电源投到故障上，应使其保护加速动作；低压启动部分中电压互感器二次侧的熔断器熔断时，AAT不应动作。

发电厂用AAT，还应符合下列要求：

（1）当一个备用电源同时作为几个工作电源的备用时，如备用电源已代替一个工作电源后；另一工作电源又被断开，必要时，AAT应仍能动作

（2）有2个备用电源的情况下，当2个备用电源为2个彼此独立的备用系统时，应各装设独立的AAT；当任一备用电源都能作为全厂各工作电源的备用时，AAT装置应使任一备用电源都能对全厂各工作电源实行自动投入。

（3）AAT，在条件可能时，可采用带有检定同步的快速切换方式，也可采用带有母线残压闭锁的慢速切换方式及长延时切换方式。

（4）应校验备用电源和 AAT 的过负荷情况。

（5）当备用电源和 AAT 动作时，如备用电源或 AAT 投于永久故障，应使其保护加速动作。

（6）备用 AAT 的动作时间以使用户的停电时间尽可能短为原则。

（7）备用电源不满足有压条件，AAT 不应动作。

四、AAT 的工作原理

1. 概述

图 5-11 所示为 AAT 原理框图。图中，D1、D2 为"与门"，D3 为延时门（延时动作，瞬时返回），D4 为"或门"，SW 为自保持常闭按钮。

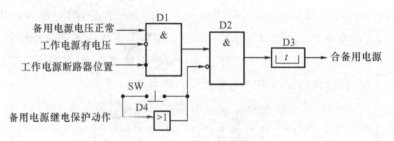

图 5-11　AAT 原理框图

AAT 输入量的定义：

"1"代表备用电源电压正常，"0"代表备用电源电压不正常；

"1"代表工作电源有电压，"0"代表工作电源电压消失；

"1"代表工作电源断路器在合闸位置，

"0"代表工作电源断路器已断开；

"1"代表备用电源继电保护动作，

"0"代表备用电源继电保护未动作。

2. AAT 工作原理简介

（1）工作电源正常时，工作电源有电压输入为 1；工作电源断路器在合闸位置输入也为 1。两信号"否"掉 D1，装置不动作。

（2）工作电源消失，工作电源无电压输入为 0；工作电源断路器在跳闸位置输入也为 0；备用电源电压正常，输入为 1；满足 D1 的导通条件，D1 通；此时备用电源继电保护未动作，输入 0 信号，D4 不通，满足 D2 导通条件，经 D3 延时，发出备用电源合闸命令。

（3）当备用电源合到故障系统上时，其继电保护动作跳闸，D4 通并自保持，"否"掉 D2，保证备用电源只动作一次。待故障处理完毕后，按下 SW，解除 D4 的自保持，AAT 准备下次动作。

（4）备用电源电压不正常，其输入为 0，AAT 不动作。

五、自动并列装置构成与运行

1. 概述

电力系统中的负荷是随机变化的。为保证电能质量，并满足安全和经济运行的要求，须经常将发电机投入和退出运行，把一台待投入系统的空载发电机经过必要的调节，在满足并列运行的条件下经开关操作与系统并列，这样的操作过程称为并列操作。在某些情况下，还要求将已解列为两部分运行的系统进行并列，同样也必须满足并列运行条件才能进行开关操作，这种操作也为并列操作。

（1）同步运行。并列运行的同步发电机，其转子以相同的电角速度旋转，每个发电机转子的相对电角速度都在允许的极限值以内。

（2）电力系统并列操作。一般是指 2 个交流电源在满足一定条件下的互联操作，也称同步操作、同期操作或并网。

（3）同步发电机的并列操作有 2 个基本要求：

① 并列瞬间，发电机的冲击电流不应超过规定的允许值。

② 并列后，发电机应能迅速进入同步运行。

2. 并列方法

在电力系统中，常见的并列方法有准同步并列和自同步并列两种。

1）准同步并列

先给待并发电机加励磁，使发电机建立起电压，调整发电机的电压和频率，在与系统电压和频率接近相等时，选择合适的时机，使发电机电压与系统电压在相角差接近 0°时合上并列断路器，将发电机并入电网。根据自动化程度的高低，准同步方式又可分为手动并联运行和自动并联运行两种。手动准同期并列：整个并列过程是人工完成的；自动准同期并列：整个并列过程是自动进行的。从构成上看，自动准同步装置可分为模拟式和数字式两大类。

准同步并列的优点：并列时产生的冲击电流小，系统电压不会降低，并列后容易拉入同步。在电力系统中应用较广。

2）自同步并列

将未加励磁电流的发电机的转速升到接近额定转速，首先投入断路器；然后立即合上励磁开关供给励磁电流，随即将发电机拉入同步。

自同步的优点是并列速度快；缺点是并列时产生的冲击电流大，同步发电机从系统吸收无功，会使系统电压暂时下降。

3. 准同步并列条件

并列前断路器两侧电压的瞬时值如下：

发电机侧电压为 $u_G = U_{Gm}\sin(\omega_G t + \varphi_{oG})$

系统侧电压为 $u_S = U_{Sm}\sin(\omega_S t + \varphi_{oS})$

1）准同步并列的理想条件

要使一台发电机以准同步方式并入系统，进行并列操作最理想的状态是，在并列断路器主触头闭合的瞬间，断路器两次电压的大小相等、频率相同、相角差为零。准同步并列的理想条件如下：

（1）发电机电压和系统的电压相序必须相同；此条件发电机并列前已经满足；

（2）发电机电压和系统电压的幅值相同，即 $U_{Gm}=U_{Sm}$；

（3）发电机电压和系统电压的频率相同，即 $\omega_G=\omega_S$；

（4）发电机电压和系统电压的相位相同，即相角差 $\delta=0°$。

符合上述 4 个理想条件，并列断路器主触头闭合瞬间，冲击电流为零，待并发电机不会受到冲击，并列后发电机立即与系统同步运行。但在实际运行中，同时满足这 4 个条件是几乎不可能的，只要并列时，冲击电流较小，不会危及设备安全，发电机并入系统拉入同步的过程中，对待并发电机和系统冲击较小，不至于引起不良后果，即可进行并列。因此在实际运行中，（2）、（3）、（4）这 3 个理想条件是允许有一定的偏差的，只要偏差值在允许的范围内。

2）准同步并列的实际条件

（1）待并发电机电压与系统电压应接近相等，误差不应超过 $\pm(5\%\sim10\%)$ 的额定电压。

（2）待并发电机频率与系统频率应接近相等，误差不应超过 $\pm(0.2\%\sim0.5\%)$ 的额定频率。

（3）并列断路器触头应在发电机电压与系统电压相位差接近 0° 时，刚好接通。合闸瞬间相位差一般不应超过 $\pm10°$。

4. 自动准同步装置

1）自动准同步并列装置的功能

自动准同步并列装置是实现自动并列操作的装置，具体功能如下：

（1）能自动检测待并发电机与系统之间的电压差、频率差的大小，当满足准同步要求时，自动发出合闸脉冲命令，使断路器主触头闭合瞬间 $\delta = 0°$。

（2）如压差或频率不满足要求，能自动闭锁合闸脉冲，同时检出压差和频率的方向，对待并发电机进行压差和频率的调整，以加快自动并列的过程。

2）整步电压

整步电压波形如图 5-12 所示。

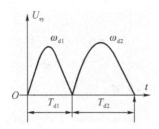

图 5-12　整步电压波形

$$U_{sy} = 2U_m \left| \sin \frac{\omega_d}{2} t \right| = 2U_m \left| \sin \frac{d}{2} \right|$$

整步电压的特点如下：

（1）整步电压随相角差周期变化。当从 $0° \rightarrow 180° \rightarrow 360°$ 变化一个周期，相应地从最小→最大→最小变化一个周期。若在最小时断路器主触头闭合，则可满足相角差的条件。

（2）整步电压随时间 t 周期变化，当从 $0° \sim 360°$ 变化一个周期时，脉动电压也变化一个周期，也是整步电压的周期。

（3）整步电压的最低点反映了电压差的大小。

当 $U_G = U_S$ 时，在 $\delta = 0°$ 处，$U_{symin} = 0$；

当 $U_G \neq U_S$ 时，应用三角公式可得 $U_{sy} = \sqrt{U_{Gm}^2 + U_{Sm}^2 - 2U_{Gm}U_{Sm}\cos \omega_d t}$。

在 $\delta = 0°$ 处，$U_{sy} = |U_{Gm} - U_{Sm}|$ 为两电压幅值差；

在 $\delta = 180°$ 处，$U_{sy} = |U_{Gm} + U_{Sm}|$ 为两电压幅值和；

通过检测 $\delta = 0°$ 处 U_{sy} 的大小，可检测同步并列的幅值条件。

3）合闸脉冲的发出

（1）恒定越前时间式准同步并列装置特性曲线，如图 5-13 所示。恒定越前时间式准同步并列装置是在之前提前一个时间发出合闸命令。

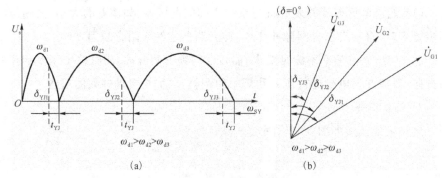

图 5-13　恒定越前时间原理图

(a)波形图;(b)向量图

(2)恒定越前相角式准同步并列装置特性曲线,如图 5-14 所示。

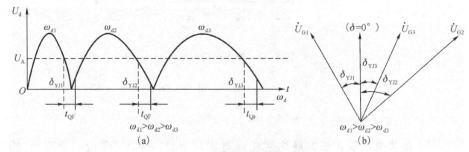

图 5-14　恒定越前相角原理图

(a)波形图;(b)向量图

技能训练

(1)能识读保护图纸,学会按照图纸完成双侧电源线路自动重合闸试验。

(2)正确填写继电器的检验、调试、维护记录和校验报告。

(3)会正确使用、维护和保养常用校验设备、仪器和工具。

完成任务

班级分组要求每组 4～6 人,教师为各组设定不同的参数要求,学生制订工作计划和实施方案,列出工具、仪器仪表、装置的需要清单;教师审核工作计划和实施方案,引导学生确定最终实施方案。学生根据新要求,对双侧电源线路自动重合闸原理和调试方法进行反思内化,逐步形成调试技能。学生逐项填写试验清单和误差分析,归档技术资料,小组展示成果,并根据事先提出的目标进行自我评估;老师听取学生的反馈信息,评价学生工作过程和工作结果的优劣,学生的协作精神,安全意识,提出存在问题和改进意见。

学习评价

1. 工作成果评价

严格按照国家电网公司电力安全工作规程,对双侧电源线路自动重合闸调试操作程序、操作行为和操作水平等进行评价,如表 5-1 所示。

表 5-1 双侧电源线路自动重合闸调试工作评价表

学习目标	评价指标	评价标准	自评	小组评	教师评
调校准备	操作程序	正确			
	操作行为	规范			
	操作水平	熟练			
调校实施	操作程序	正确			
	操作行为	规范			
	操作水平	熟练			
	操作精度	达到要求			
后续工作	操作程序	正确			
	操作行为	规范			
	操作水平	熟练			

2. 学习成果评价

按照职业教育技术类技能型人才培养要求,主要评价学生双侧电源线路自动重合闸调试知识与技能、操作技能及情感态度等的情况,如表 5-2 所示。

表 5-2 双侧电源线路自动重合闸学习成果评价表

评价项目	评价标准	等级(权重)分				自评	小组评	教师评
		优秀	良好	一般	较差			
知识与技能	能识读保护图纸	10	8	5	3			
	学会按照图纸完成双侧电源线路自动重合闸试验	10	8	5	3			
	正确填写继电器的检验、调试、维护记录和校验报告	10	8	5	3			
	会正确使用、维护和保养常用校验设备、仪器和工具	8	6	4	2			

评价项目	评价标准	等级（权重）分				自评	小组评	教师评
		优秀	良好	一般	较差			
操作技能	熟悉运用网络独立收集、分析、处理和评价信息的方法	10	8	5	3			
	积极参与小组合作与交流	10	8	5	3			
	能制作PPT，将搜集到的材料用PPT清楚地展现出来，而且比较有创新	8	6	4	2			
情感态度	课堂上积极参与，积极思维，积极动手、动脑，发言次数多	8	6	4	2			
	小组协作交流情况：小组成员间配合默契，彼此协作愉快，互帮互助	10	8	5	3			
	对本内容兴趣浓厚，提出了有深度的问题	8	6	4	2			
课堂调查：书面写出你在学习本节课时所遇到的困难，向教师提出较合理的教学建议		8	6	4	2			
自评意见：								
小组评意见：								
教师评意见：								
努力方向：								

思考与练习

简答题

1. 对自动重合闸装置有哪些基本要求。

2. 双侧电源线路自动重合闸装置要考虑哪些特殊问题？

3. 试画出检定无压和检定同期的重合闸示意图，并说明两侧为什么都要装设检定同期和检定元压的继电器?

4. 什么叫重合闸前加速、重合闸后加速? 各有何优缺点?

5. 什么是 AFL? 如何确定 AFL 首级动作频率、动作频率级差及动作级数?

6. 什么叫备用电源自动投入装置? 它有何作用?

7. 并列的方法有哪两种? 各有何特点?

8. 准同步并列的条件有哪些? 如果不满足这些条件,会有什么后果?

任务二　无功功率自动调节装置构成与运行

电压稳定是保持电力系统稳定的前提,要保持电力系统的电压稳定,必须合理地分配和调节电力系统的无功功率。有功功率电源集中在各发电厂的发电机,而无功功率电源除发电机外,还有电容器、调相机和静止补偿器等。有功是消耗能源的,而无功理论上不消耗能源,一旦无功电源装设好了,就可以随时调用,所以无功功率只存在调节问题,不存在能源消耗问题。无功功率自动调节装置构成与运行被列为必修项目。

学习目标

(1) 掌握同步发电机励磁系统、励磁方式和励磁调节方式。

(2) 使用半导体自动励磁调节器。

(3) 了解并联运行机组间无功功率分配。

(4) 简述同步发电机的强行励磁与灭磁。

过程描述

(1) 教师下发项目任务书,描述项目学习目标。

(2) 教师通过图片、录像等讲解本次项目中自动励磁调节器性能检测试验。

(3) 检测励磁调节器(AVR)特性是否符合国家和行业有关标准。

(4) 确认 AVR 模型参数。

过程分析

为了达到自动励磁调节器性能检测试验的标准要求,试验的各项操作必须严格按照国家电网公司电力安全工作规程操作。

AVR 性能检测试验方案,包括时域和频域特性试验。

(1)时域特性试验。发电机空载阶跃响应试验包括:实际 AVR 发电机空载升压试验、实际 AVR 与模型 AVR 之间空载阶跃响应对比、调节器自动升压范围测定、调节器手动 PID 调整及升压范围测定、零起升压试验、停机灭磁试验、手自动切换试验、电压/频率特性保护限制试验、TV 断线试验等。发电机负载试验包括:并网试验、自动无功调节试验、手动无功调节试验、手动与自动切换试验、静差率测定、调差率校核、强励和强励限制试验、系统短路试验、低励限制试验、过励限制试验、TV 断线试验、甩负荷试验、发电机负载阶跃试验、实际 AVR 与模型 AVR 之间负载阶跃响应对比、PSS 投入试验。

(2)频域特性试验。测量滤波、比例、积分、串联校正、PID、PSS 等环节频率特性;测量发电机励磁系统无补偿频率特性;测量发电机励磁系统有补偿频率特性。

知识链接

一、同步发电机励磁系统、励磁方式和励磁调节方式

1. 概述

同步发电机是电力系统的主要设备,它将旋转的机械功率转换成电磁功率。为完成这一转换,必须在发电机内建立一个旋转磁场,具体是在发电机的转子绕组(又称为励磁绕组)中,通以直流电流(用 $I_{e.G}$ 表示),产生相对转子静止的磁场,转子在原动机的拖动下旋转,形成旋转磁场。同步发电机的运行特性与它的空载电动势值的大小有关,而励磁电流的大小决定了发电机的空载电动势的大小,直接影响发电机的运行性能。

同步发电机的励磁系统由励磁功率单元和自动调节励磁装置(AER)组成,如图 5-15 和图 5-16 所示。

(1)励磁功率单元。向同步发电机的励磁绕组(GLE)提供直流励磁电流。

(2)自动调节励磁装置。根据发电机机端电压变化控制励磁功率单元的输出,从而达到调节励磁电流目的。

(3)励磁系统。与同步发电机励磁回路电压的建立、调整及必要时使其电压消失的有关设备和电路的统称。

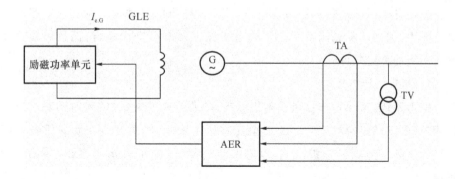

图 5-15　同步发电机自动调节励磁系统框图

（4）自动调节励磁装置。用于在正常运行或电力系统发生事故时调节励磁电流，以满足运行的需求。

（5）继电强行励磁装置（AEI）。作为励磁调节器强行励磁作用的后备措施，并作为某些不能满足强行励磁要求的励磁调节器补充措施，使励磁电压迅速升到最大值。

（6）自动灭磁装置（AEA）。用于在发电机或发电机-变压器组中的变压器发生故障时，为防止继续向故障点供给短路电流，加大故障的损坏程度，使发电机转子回路的励磁电流尽快降到零的一种装置。

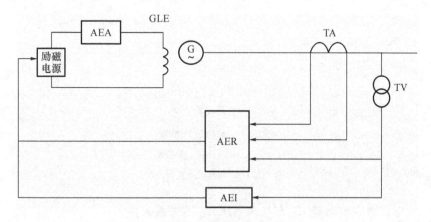

图 5-16　同步发电机励磁自动调节装置基本框图

2. 自动调节励磁系统的作用

同步发电机的运行特性与它的空载电动势 $\dot{E}_{GO}$ 值的大小有关，而 $\dot{E}_{GO}$ 值是发电机励磁电流的函数，所以调节励磁电流就等于调节发电机的运行特性。

在发电机正常运行和事故运行中,同步发电机的自动调节励磁系统起着重要的作用,优良的励磁调节系统不仅可以保证发电机安全运行,而且还能改善电力系统的稳定条件。

1) 调节机端电压

电力系统正常运行时,负荷随机波动,随着负荷的波动,需要对励磁电流进行调节,以维持机端或系统中某点电压在给定水平,励磁系统担负着维持电压水平的任务。为便于分析,下面以隐极机为例,讨论单机运行系统,如图 5-17 所示。

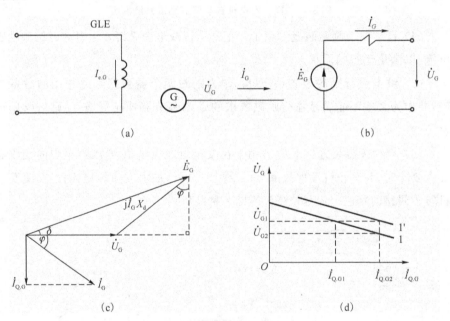

图 5-17　单机运行系统

(a) 一次系统;(b) 等值电路;

(c) 相量图;(d) 同步发电机的外特性

发电机感应电动势 $\dot{E}_G$ 与机端电压 $\dot{U}_G$ 的关系为:

$$\dot{E}_G = \dot{U}_G + j\dot{I}_G X_d \tag{5-1}$$

式中　$\dot{I}_G$——发电机定子电流;

X_d——发电机直轴同步电抗。

由图 5-17(c)可将 $\dot{E}_G$ 和 $\dot{U}_G$ 的幅值关系表示为:

$$E_G\cos\delta = U_G + I_{Q.G}X_d \tag{5-2}$$

式中　d —— $\dot{E}_G$ 与 $\dot{U}_G$ 间相角，即发电机功角；

$I_{Q.G}$ ——发电机的无功电流。

当 δ 值很小时，可以认为 $\cos\delta\approx1$，则

$$E_G\approx U_G + I_{Q.G}X_d \tag{5-3}$$

式(5-3)表明，在励磁电流不变（E_G 大小不变）时，无功负荷的变化是造成机端电压变化的主要原因。由式(5-3)可做出发电机的外特性（机端电压 U_G 与无功电流 $I_{Q.G}$ 之间的关系曲线），如图 5-17(d)所示。当发电机的无功电流 $I_{Q.G}$ 从 $I_{Q.G1}$ 增大到 $I_{Q.G2}$ 时，相应机端电压从 U_{G1} 下降到 U_{G2}。如果要维持 U_{G1} 不变，则应增加励磁电流，使外特性 1 向上平移至 1′。

综上所述，对于单机运行的发电机，引起机端电压变化的主要原因是无功负荷的变化，要保持机端电压不变，必须相应的调节发电机的励磁电流。

2）调节无功功率的分配

发电机接于无穷大容量电网时，调节它的励磁电流只能改变其输出的无功功率。励磁电流过小，发电机将从系统中吸收无功功率。

在实际运行中，发电机并联的母线并不是无限大系统，系统电压将随负荷波动而变化，改变其中一台发电机的励磁电流不但影响其本身的电压和无功功率，而且也影响与其并联运行机组的无功功率。所以，同步发电机自动调节励磁系统还担负着合理分配并联运行机组间无功功率的任务。

3）提高电力系统运行稳定性

同步发电机稳定运行是保证电力系统可靠供电的首要条件，电力系统在运行中随时都可能受到各种干扰。在这些扰动后，发电机组能够恢复到原来的运行状态，或者过渡到另一个新的稳定运行状态，则系统是稳定的。

自动调节励磁系统可以提高系统的静稳定极限，当其励磁响应速度快，又有高强励倍数时，可以改善电力系统的暂态稳定。

4）改善电力系统运行条件

电力系统故障切除后，由于用户电动机要自启动，系统出现无功缺额。发电机自同步并列或失磁时，也会出现无功缺额，自动调节励磁系统能自动增加励磁电流，多发无功功率，加速电网电压恢复，改善系统工作条件。

5）提交带时限继电保护的灵敏度

考虑到水轮机的调速装置不够灵敏和迅速，因而甩负荷时会出现电压上

升,由于自动调节励磁装置的存在,可抑制发电机突然甩负荷时电压的上升。在电力系统内部发生短路故障时,自动调节励磁装置能使短路电流增大,因而提高了带时限继电保护的灵敏度。

6) 降低故障的损坏程度

发电机故障或发电机-变压器组单元接线的变压器故障时,对发电机实行快速灭磁,以降低故障的损坏程度。

综上所述,自动调节励磁系统的作用如下:

(1) 正常运行时。同步发电机励磁自动调节系统有两种作用,即电力系统正常运行时,维持发电机或系统某点电压水平;在并列运行的发电机组之间,合理分配机组间的无功功率。

(2) 事故运行时。可以从保证电力系统的稳定性去考虑其作用,从而很容易想到其基本作用,即提高发电机的静稳定极限。系统事故时,加快系统电压的恢复,改善电动机的自启动条件;发电机故障或发电机-变压器组单元接线的变压器故障时,对发电机实行快速灭磁,以降低故障的损坏程度。

3. 对自动调节励磁系统的基本要求

自动调节励磁装置的任务是检测和综合系统运行状态的信息,以产生相应的控制信号,控制信号经放大后控制励磁功率单元的输出,以得到所需要的励磁电流。

1) 对自动调节励磁装置的要求

(1) 系统正常运行时,励磁调节器应能反映发电机电压高低以维持发电机电压在给定水平,并有足够的电压调节范围。

(2) 励磁调节器应能合理分配机组的无功功率,为此励磁调节器应保证同步发电机端电压调差率可以在下列范围内进行调整:半导体型为$\pm10\%$;电磁型为$\pm5\%$,并能随系统的要求而改变。

(3) 对远距离输电的发电机组,为了能在人工稳定区域运行,要求励磁调节器没有失灵区。

(4) 励磁调节器应能迅速反映系统故障,具备强行励磁等控制功能以提高暂态稳定和改善系统运行条件。

(5) 具有较小的时间常数,能迅速响应输入信息的变化。

(6) 励磁调节器应具有高度的可靠性,并且运行稳定。这在电路设计、元件选择和装配工艺等方面应采取相应的措施。

（7）励磁调节器应具有良好的静态特性和动态特性。

（8）励磁调节器应结构简单、检修方便，并应尽量做到系列化、标准化、通用化。

（9）系统故障时，自动调节励磁装置应能迅速地强行励磁，以提高系统的暂态稳定和改善系统的运行条件。

（10）装置结构简单、可靠，反应速度快，运行维护方便，应无失灵区，保证在人工稳定区内运行。

2）对励磁功率单元的要求

（1）要求励磁功率单元有足够的可靠性并具有一定的调节容量。在电力系统运行中，发电机依靠励磁电流的变化进行系统电压和本身无功功率的控制。因此，励磁功率单元应具备足够的调节容量，并留有一定的裕量，以适应电力系统中各种运行工况的要求。

（2）具有足够的励磁顶值电压和电压上升速度。前面已经提到，从改善电力系统运行条件和提高电力系统暂态稳定性来说，希望励磁功率单元具有较大的强励能力和快速的响应能力。因此，在励磁系统中励磁顶值电压和电压上升速度是两项重要的技术指标。

4. 同步发电机的励磁方式

供给同步发电机转子直流励磁电源的方式，按供电电源的不同分为直流励磁机（发电机）供电、交流励磁机（发电机）经半导体整流供电和静止电源供电。

1）直流励磁机供电的励磁方式

1960 年以前，同步发电机励磁系统的励磁功率单元，一般均采用同轴的直流发电机，称为直流励磁机（GE）。按照励磁机励磁绕组供电方式的不同，可分为自励式和他励式两种。

（1）图 5-18（a）所示为自励直流励磁机系统，同步发电机 G 的励磁绕组（GLE）由同轴的直流励磁机（直流发电机）供电，励磁机的励磁绕组除励磁机通过磁场电阻 R 供给自励电流外，还有自动调节励磁装置（AER）供给的励磁调节电流 I_{AER}。前者可通过电阻 R 人工调整，后者按预定要求自动调整。

（2）图 5-18（b）所示为他励直流调速机系统，主励磁机 GE1 的励磁电流除可以自动调整 I_{AER} 外，还有发电机 G、主励磁机 GE1 同轴旋转的副励磁机 GE2 供给的他励电流，后者可通过手动调整磁场电阻 R 来改变。他励直流励磁机系统有较快的响应速度，一般用于水轮发电机上。

直流励磁机有电刷、整流子换向整流等转到接触部件,造价高,运行维护工作量大。另外,转速为 3 000 r/min 的直流发电机最大功率为 600 kW,励磁容量有限,所以这种方式只能用在中、小容量发电机中。

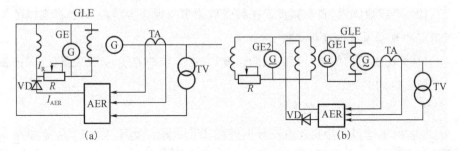

图 5-18　直流励磁机系统

(a) 自励直流励磁系统;(b) 他励直流励磁系统

2)交流励磁机供电的励磁方式

(1)他励交流励磁机静止整流励磁。励磁机输出的交流电经静止整流器整流后变成直流,供给发电机作为励磁电流,如图 5-19 所示。

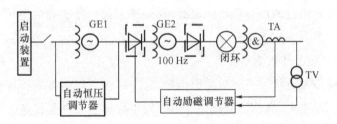

图 5-19　他励静止半导体励磁系统原理接线图

他励交流励磁系统的特点:

① 励磁系统的容量不受限制。

② 不受电网干扰,所以可靠性高。

③ 由于控制环节多,使得这种励磁系统的时间常数较大,响应速度较慢。

④ 有转子滑环和碳刷。需要一定的维护量,且易发生火花,不利防火。

⑤ 加长了机组主轴长度。

(2)自励交流励磁机静止整流励磁系统,如图 5-20 所示。

自励交流励磁系统的特点:

① 时间常数小,响应速度较快。

② 缩短了机组主轴长度。

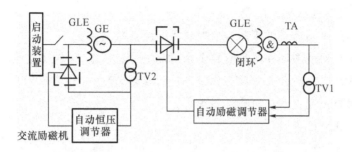

图 5-20　自励交流励磁机静止整流励磁系统原理接线图

③ 硅整流器控制的电流大,需要的可控整流设备容量大。

④ 可实现对发电机的逆变灭磁。

(3) 交流励磁机旋转整流励磁(无刷励磁)。永磁发电机的永磁极、交流励磁机的电枢绕组、硅整流器和发电机转子一起同轴旋转。励磁机励磁绕组放在定子上静止不动,如图 5-21 所示。

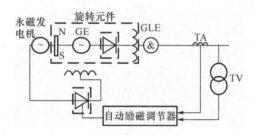

图 5-21　旋转硅整流励磁系统(无刷励磁系统)原理接线图

3) 交流励磁机励磁系统

随着发电机容量的增大,所需励磁电流也相应增大,直流励磁机系统已无法满足励磁容量的要求,所以大容量发电机的励磁功率单元就采用了交流励磁机和半导体整流元件组成交流励磁机系统。交流励磁机系统与直流励磁机系统一样,根据励磁机的励磁方式不同,可分为他励和自励交流励磁机系统。按整流是静止或是旋转,以及交流励磁机是磁场旋转或电枢旋转的不同,又可分为 4 种励磁方式:交流励磁机(磁场旋转式)加静止硅整流器、交流励磁机(磁场旋转式)加静止晶闸管、交流励磁机(电枢旋转式)加旋转硅整流器、交流励磁机(电枢旋转式)加旋转晶闸管。

该系统的主要优点:

① 取消了滑环和碳刷,维护量小。由于不存在火花问题,不易引起火灾。

② 因为没有炭粉和铜末引起电动机线圈污染,故绝缘的寿命较长。

该系统存在的技术问题：

① 不能采用传统的灭磁装置对转子回路直接灭磁。

② 无法对励磁回路进行直接测量，如转子电流、电压、转子绝缘等。

③ 无法对整流元件等的工作情况进行直接监测。

④ 对整流元件等的可靠性要求高。

4）静止励磁系统

静止励磁系统，其励磁功率电源取自发电机本身，采用励磁变压器作为电压源，励磁变流器作为电流源。由电压源或电流源构成的励磁系统，统称为自励静止励磁系统。由电压源和电流源复合构成的励磁系统，称为自复励静止励磁系统。静止励磁系统取消了励磁机，结构简单，运行维护方便，提高了可靠性，同时励磁调节速度高，对电力系统稳定性有利。

5. 同步发电机的励磁调节方式

1）人工调节 R_m 值的大小

调节发电机励磁电流的作用，如图 5-22 所示。

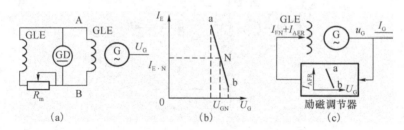

图 5-22　调节发电机励磁电流的作用

（a）改变 R_m 值调节励磁；（b）调节特性；（c）闭环调节示意图

2）自动励磁调节

自动调节励磁装置是同步发电机励磁控制系统的智能部件，它是根据端电压（和电流）的变化，对机组励磁产生校正作用的装置，用来实现正常和事故情况下励磁的自动调节。因此，要求自动调节励磁装置是连续作用的比例式调节装置，即它产生的校正作用的大小应与输出电压的偏差成正比。

自动调节励磁装置按其构成可分为机电型、电磁型、半导体型和微机型。机电型调节器是最早的调节器，并有死区，已被淘汰；电磁型调节器调节速度慢，但可靠性高，通常用于直流励磁机系统；半导体型调节器响应速度快，且工作可靠，在电力系统中得到广泛应用；微机型励磁调节器功能全面，灵活方便，已逐步广泛使用。

自动调节励磁装置按其原理可分为按电压偏差比例调节和补偿调节两种，如图 5-23 所示。

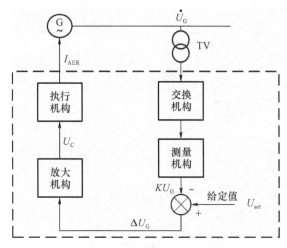

图 5-23　比例型励磁调节器的基本原理框图

（1）按电压偏差的比例调节。是一个以电压为被调节的负反馈调节。

自动调节励磁装置包括变换机构、测量机构、放大机构和执行机构。

① 测量机构。发电机端电压 KU_G（K 为比例系数）与给定值 U_{set} 的偏差为 $\Delta U_G = U_{set} - KU_G$。

② 放大机构。按照 ΔU_G 的大小和方向进行放大，以提高调节器的灵敏度和调节质量。

③ 执行机构。使励磁电流向相应的方向调整，从而控制发电机的电压值。

（2）按定子电流、功率因数的补偿调节。

① 复式励磁调节。若将发电机定子电流整流后供给发电机励磁，以补偿定子电流对端电压的影响，如图 5-24 所示。

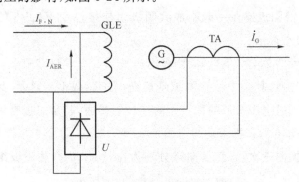

图 5-24　复式励磁调节器原理说明图

② 相位复式励磁调节。将发电机端电压和定子电流的相量和整流后供给发电机励磁,则可以补偿定子电流和功率因数(无功电流)对端电压的影响,如图 5-25 所示。

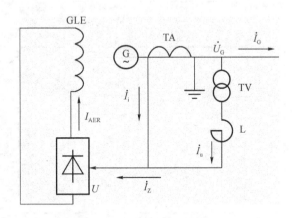

图 5-25　相位复式励磁调节器原理说明图

二、半导体自动励磁调节器

1. 可控整流电路

在交流励磁机系统和静止励磁系统中都采用了三相桥式整流电路,将交流电源转换为直流电源,给发电机(或励磁机)转子绕组提供励磁电流。整流电路依据整流元件类型可分为不可控整流电路和可控整流电路。

1) 三相桥式不可控整流电路

图 5-26 所示为三相桥式不可控整流电路,u_A、u_B、u_C 为三相对称电源电压,波形如图 5-26(b)所示,直流侧负载根据不同励磁系统,可以是发电机转子绕组或交流励磁机励磁绕组等,图 5-26(a)中 6 只桥壁均采用不可控的硅二极管,其中 V1、V3、V5 的阴极连在一起构成共阴极组连接;V2、V4、V6 的阳极连在一起,构成共阳极组连接。

根据二极管的单向导电性,共阴极组连接的二极管只有阳极电压最高的那一相的二极管导通,其余二极管因承受反向电压而截止。同理,共阳极组连接的二极管只有阴极电压最低的那一相的二极管导通,其余二极管因承受反向电压而截止。因此,6 只二极管均为自然换向(流)导通,每个工频周期内($2p$)内,共阴极组自然换向三次,自然换向点分别为 ωt_1、ωt_3、ωt_5;共阳极组自然换向三次,自然换向点分别为 ωt_2、ωt_4、ωt_6,如图 5-26(b)所示。

(1)输出电压瞬时值。输出电压瞬时值 u_{MN} 波形如图 5-26(c)所示。

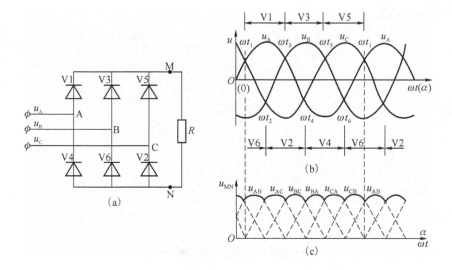

图 5-26　三相桥式不可控整流电路

在 $\omega t_1 \sim \omega t_2$ 区间，A 相电压最高，B 相电压最低，共阴极组的 V1 和共阳极组 V6 导通，构成 A→V1→R→V6→B 通路，输出电压为 u_{AB}。

在 $\omega t_2 \sim \omega t_3$ 区间，A 相电压仍最高，共阴极组 V1 继续导通；在 ωt_2 点，C 相电压比 B 相电压低，则共阳极组 V6 和 V2 自然换向，负载电流从 B 相的 V6 转移到 C 相的 V2，构成 A→V1→R→V2→B 通路，输出电压为 u_{AC}。

同理，在 $\omega t_3 \sim \omega t_4$ 区间，输出电压为 u_{BC}；在 $\omega t_4 \sim \omega t_5$ 区间，输出电压为 u_{BA}；在 $\omega t_5 \sim \omega t_6$ 区间，输出电压为 u_{CA}；在 $\omega t_6 \sim \omega t_1$ 区间，输出电压为 u_{CB}。

可见，三相桥式整流电路输出电压 u_{MN}。每个工频周期内（$2p$ 区间）有 6 个均匀波头，相位角为 $60°$。

（2）输出电压平均值。输出电压平均值 U_{av} 为一直流电压，其大小可表示为 $U_{av} = 1.35 U_{p-p} = 2.34 U_p$，其中 U_{p-p} 为整流桥交流侧线电压有效值，U_p 为整流桥交流侧相电压有效值。

2）三相半控桥式整流电路

三相半控桥式整流电路如图 5-27 所示，晶闸管 VS01、VS03、VS05 为共阴极组连接，二极管 V2、V4、V6 为共阳极组连接，V7 为续流二极管，L 和 R 为感性负载。共阳极组链接的 V2、V4、V6 自然换向导通；共阴极组连接的 VS01、VS03、VS05 触发换向导通，即在承受正向压降的同时接受触发脉冲才导通。一般用控制角 α 的大小表示晶闸管触发脉冲来临的早晚，并假设图 5-27 为 ωt_1

处为 α 的起始点。

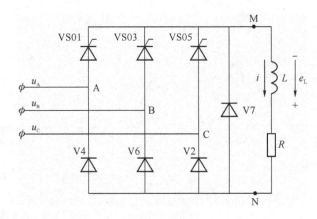

图 5-27　三相半控桥式整流电路

（1）对触发脉冲的要求。

① 任意晶闸管的触发脉冲应使控制角 α 在 $0°\sim180°$ 区间内发出，即 VS01 的触发脉冲在 $\omega t_1\sim\omega t_4$ 区间内发出，VS03 的触发脉冲在 $\omega t_3\sim\omega t_6$ 区间内发出，VS05 的触发脉冲在 $\omega t_5\sim\omega t_2$ 区间内发出，以便使触发脉冲与晶闸管的交流电源保持同步。

② 晶闸管的触发脉冲，应按 VS01、VS03、VS05 的顺序间隔 $120°$ 角度依次发出。

（2）输出电压。在不考虑交流回来电感，即认为换相是瞬时完成的情况下三相半控桥输出电压瞬时波形，如图 5-28 所示。

输出电压瞬时值：

参见图 5-28（b），在 $\alpha=0°$ 的 ωt_1 瞬间触发 VS01，以后每隔 $120°$ 依次触发 VS03、VS05。其输出电压与不可控桥式整流电路相同，只是在 ωt_1、ωt_3、ωt_5 自然换相点分别给 VS01、VS03、VS05 以触发脉冲。

① 参看图 5-28（c），在 $\alpha=30°$ 的 ωt_1 瞬间触发 VS01，以后每隔 $120°$ 依次触发 VS03、VS05。在 $\omega t_1\sim\omega t_2$ 区间，VS01 阳极电压（A 相）最高，同时接受触发脉冲而导通，V6 的阴极电位最低导通，构成 A→VS01→L→R→V6→B 通过，输出电压为 u_{AB} 在 ωt_2 时刻，V6 与 V2 自然换向，故在 $\omega t_2\sim\omega t_3$ 区间 VS01 和 V2 导通，输出电压为 u_{AC}。

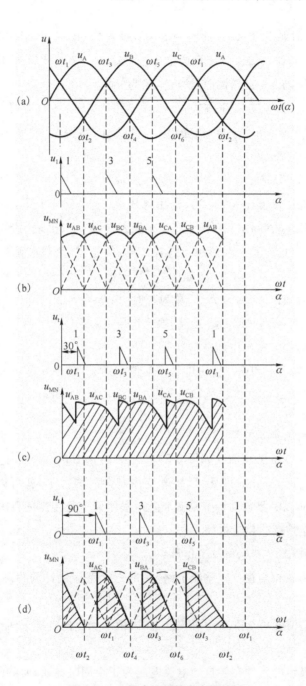

图 5-28 三相半控桥输出电压波形

（a）输入相电压波形；（b）$\alpha=0°$输出线电压波形；

（c）$\alpha=30°$输出线电压波形；（d）$\alpha=90°$输出线电压波形

② 在 ωt_3 时触发 VS03。此时 VS03 阳极电压（B 相）高于 VS01 阳极电压（A 相），VS03 导通，VS01 处于反向电压被迫截止，V2 继续导通，输出电压 u_{BC}；在 ωt_4 时刻，V2 与 V4 自然换向，输出电压为 u_{BA}。

在 ωt_5 时触发 VS05。同理，$\omega t_5 \sim \omega t_6$ 区间，VS05 和 V4 导通，输出 u_{CA}；$\omega t_6 \sim \omega t_1$ 区间，VS05 和 V4 导通，输出 u_{CB}。以后重复上述过程，输出电压瞬时值如图 5-28(c) 所示。

③ 图 5-28(d) 是 $\alpha = 90°$ 时的波形。在 $\omega t_1 \sim \omega t_4$ 区间，VS01 接收触发脉冲而导通，C 相电压最低使 V2 导通，输出电压 u_{AC}；到 ωt_4 时刻，A 相和 C 相电压相等，输出电压 $u_{MN} = u_{AC} = 0$，由于 VS03 触发脉冲尚未出现，VS01 和 VS03 不能触发换相。又由于负载为感性，在输出电压等于零、负载电流 i 开始变小时，电感 L 上将产生感应电动势 e_L，如图 5-27 所示，e_L 阻止电流 i 减小。当 e_L 的绝对值大于零，输出 M 端为负、N 端为正时，由于续流二极管 V7 形成通路，构成 $e_L \to L \to R \to N \to V7 \to M \to e_L$ 通路，输出电压 u_{MN} 近似等于零。

依次类推，得到输出电压波形如图 5-28(d) 所示。

（3）输出电压平均值。输出电压平均值 U_{av} 与 α 角关系可表示为

$$U_{av} = \frac{1.35 U_{p-p}(1 - \cos \alpha)}{2} = \frac{2.34 U_p(1 + \cos \alpha)}{2}$$

式中　α——控制角，$\alpha = 0° \sim 180°$。

画出 U_{av} 与 α 的关系曲线如图 5-29 所示。当 α 在 $0° \sim 180°$ 内变化时，U_{av} 对应于 $1.35 U_{p-p} \sim 0$ 变化。可见，只要改变控制角 α 的大小，就可以改变整流输出电压的大小，以满足自动调节励磁装置对晶闸管实行控制的要求。

3）三相全控桥式整流电路

（1）三相桥式全控电路及工作特点。

图 5-30 为三相全控桥式整流电路，它的六个整流元件均为晶闸管，它的工作特点是：

① 六只整流元件全部采用可控硅，在阳极承受正向电压期间在控制极上加触发脉冲。

② 共阴极组的元件在各自的电源电压为正半周时导通，而共阳极组的元件则在其电源电压负半周时导通，采用双脉冲触发。

③ 在一个周期中对每一只可控硅需要连续触发两次，按顺序发出，且依次间隔 $60°$，触发脉冲应与相应交流电压保持同步。

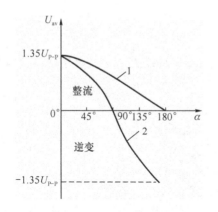

图 5-29　输出电压平均值 U_{av} 与 α 的关系曲线

1—半控桥;2—全控桥

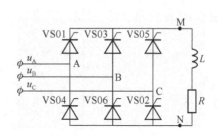

图 5-30　三相全控桥式整流电路

三相全控整流电路,它有整流、逆变两种工作状态,控制角 $\alpha < 90°$,将交流变换为可控制的直流供给励磁绕组;控制角 $\alpha > 90°$,将带感性负载的直流逆变为交流,进行灭磁。三相全控整流电路对触发脉冲也提出了较高的要求。

(2)对触发脉冲的要求。

① 晶闸管 VS01~VS06 的触发脉冲次序应为 VS01、VS02、…、VS06,且依次间隔 60°电角度。为保证后一晶闸管触发导通时,前一晶闸管处于导通状态,在触发脉冲的宽度小于 60°电角度时,应在给后一待导通晶闸管触发脉冲(主触发脉冲)的同时,也给前一已导通的晶闸管以触发脉冲(从触发脉冲),形成双触发脉冲,如表 5-3 所示。

表 5-3　$\alpha = 0$ 时双触发脉冲次序

晶闸管号	一周期内触发脉冲的次序						
	0°	60°	120°	180°	240°	300°	360°
VS01	主	从					
VS02		主	从				
VS03			主	从			
VS04				主	从		
VS05					主	从	
VS06	从					主	从

② VS01~VS06 的触发脉冲应在图 5-31(a)中以 $\omega t1 \sim \omega t6$ 点为起点的 180°区间内发出,即触发脉冲与相应的交流电源电压保持同步。

（3）输出电压。

① 整流工作状态。

整流工作状态就是控制角在 $0° < \alpha \leqslant 90°$ 时,将输入的交流电压转换成直流电压,供给励磁绕组,如图 5-31 所示。

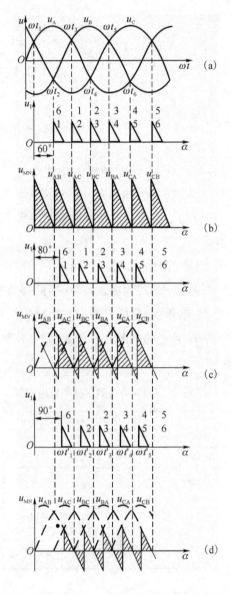

图 5-31 三相全控桥输出电压波形 $0° < \alpha \leqslant 90°$

（a)输入相电压波形;(b)$\alpha=60°$输出线电压波形;(c)$\alpha=80°$输出线电压波形;(d)$\alpha=90°$输出线电压波形

　　α＝0°时,输出电压波形与三相不可控桥式整流电路相同。

　　α＝60°时,各晶闸管在触发脉冲作用下换相,输出电压波形如图 5-31(b)所示。

　　60°＜α＜90°时,输出电压波形如图 5-31(c)所示,输出电压瞬时值 u_{MN} 将出现负的部分,原因是电感性负载产生的感应电动势,维持负载电流持续流通所引起的。

　　α＝90°时,输出电压波形如图 5-31(d)所示,其正值部分与负值部分面积相等,输出电压平均值为零。

　　② 逆变工作状态。

　　逆变工作状态就是控制角 α＞90°时,输出电压平均值 U_{AV} 为负值,将直流电压转换为交流电压。其实质是将负载电感 L 中储存的能量向交流电源侧倒送,使 L 中磁场能量很快释放掉。

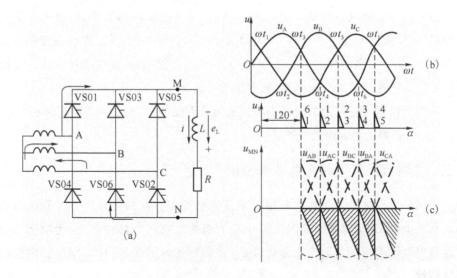

图 5-32　全控桥输出电压波形（90°＜α＜120°）

(a)整流桥;(b)输入相电压波形;(c)α＝120°时输出电压波形

　　图 5-32(c)为 α＝120°时输出电压波形,ωt_3 时刻虽然 u_{AB} 过零变负,但电感 L 上阻止电感 i 减小的感应电动势 e_L 较大,使 e_L-u_{AB} 仍为正[见图 5-31(a)],VS01 和 VS06 仍承受正向压降导通。这时 e_L 与电流 i 方向一致,直流侧发出功率,即将原来在整流状态下储存于磁场的能量,释放出来送回到交流侧。交流侧电压瞬时值 u_{AB} 与电流 i 方向相反,交流侧吸收功率,将能量送回交流

电网。

三相全控桥式整流电路工作在逆变工作状态,需要如下条件:

① 负荷必须是电感性的,并且原来工作于整流工作状态,即转子绕组已储存有能量。

② 控制角应大于 90°小于 180°,输出电压平均值 U_{AV} 为负值。

③ 由于逆变是将直流侧电感中储存的能量向交流侧倒送的过程,因而逆变时交流电源不得中断。

(4) 输出电压平均值。

$$U_{AV} = 1.35U_{p-p}\cos\alpha = 2.34U_p\cos\alpha$$

由上式可画出 U_{AV} 和 α 的关系曲线,如图 5-29 中曲线 2 所示。

综上所述,三相全控桥式整流电路在 $0°<\alpha\leqslant90°$ 时,处于整流工作状态,改变 α 角可以调节发电机励磁电流;在 $90°<\alpha<180°$ 时,电路处于逆变工作状态,可以实现对发电机的自动灭磁。也就是说,当发电机内部故障时,继电保护动作后,给励磁调节器一个信号,使控制角 α 由小于 90°的整流工作状态变化到大于 90°的某一适当的角度(如 150°),进入逆变工作状态,将发电机转子绕组中储存的能量迅速反馈给交流电源,实现逆变灭磁。

为了保证逆变灭磁的顺利进行控制角 α 不能过大,一般逆变角控制在90°< $\alpha<160°$,否则会造成逆变失败。

三、并联运行机组间无功功率分配

同步发电机的无功功率与励磁电流密切相关。在同一母线上并联运行的几台发电机,无功功率的分配与同步发电机的无功调节特性有关,无功调节特性是发电机无功电流 $I_{Q.G}$ 与端电压 U_G 之间的关系曲线,又称为同步发电机的外特性。

1. 有自动调节励磁装置的同步发电机的无功调节特性

发电机自动调节励磁系统是由励磁系统和发电机组成,考虑发电机转子电压和电流之间存在线性关系(未饱和时),利用励磁调节系统的工作特性 $I_{e.G} = f(U_G)$(或 $U_{av} = f(U_G)$)和同步发电机的调节特性 $I_{Q.G} = f(I_{e.G})$,可以合成发电机无功调节特性。

发电机的调节特性是指发电机励磁电流 $I_{e.G}$ 与无功电流 $I_{Q.G}$ 之间的关系。由于在自动调节励磁装置作用下,发电机电压在额定值附近变化,图 5-33(a)给出了发电机电压处额定值时的调节特性。图 5-33(b)所示为利用作图法画出的发电机无功调节特性曲线 $U_G = f(I_{Q \cdot G})$，图 5-33(b)上用虚线示出了作图过程；图 5-33(c)示出不同给定电压下的无功调节特性。

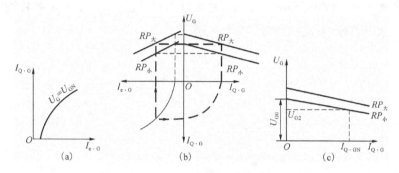

图 5-33　发电机无功调节特性的形成

(a) 发电机的调节特性；(b) 无功调节特性求取；(c) 无功调节特性

由图 5-33(c)可以看出，改变端电压给定值可以上下平移无功调节特性。而在某一给定值下，调节特性随发电机无功电流 $I_{Q \cdot G}$ 的增加稍有下倾，下倾的程度可以用一个重要参数——调差系数 K_u 来表示。调差系数定义为

$$K_u = \frac{U_{G0} - U_{G2}}{U_{GN}} = U_{G0*} - U_{G2*} = DU_{G*}$$

式中　U_{GN}——发电机额定电压；

U_{G0}、U_{G0*}——发电机空载电压（发电机无功电流 $I_{Q \cdot G} = 0$）、空载电压标幺值；

U_{G2}、U_{G2*}——发电机带额定无功负荷时的电压（发电机无功电流 $I_{Q \cdot G} = I_{Q \cdot GN}$）及标幺值。

调差系数 K_u 也可用百分数表示，即

$$K_u = \frac{U_{G0} - U_{G2}}{U_{GN}} \times 100\%$$

由上式可见，调差系数 K_u 表示无功电流由零增加到额定值时，发电机端电压的相对变化。调差系数越小，无功电流变化时发电机端电压变化越小，所以调差系数 K_u 表征了励磁调节系统维持发电机端电压的能力。无功调节励磁调节特性也称为调差特性。

由于同步发电机在电网中运行情况各异，对无功调节提出了不同的要求，因此在励磁调节器中设置了调差单元，利用调差单元可以得到不同的调节特

性,如图 5-34 所示。由 $K_u = \dfrac{U_{G0} - U_{G2}}{U_{GN}} \times 100\%$ 可知,$K_u > 0$ 为正调差系数,其调差特性下倾,即发电机端电压随无功电流增大而降低;$K_u < 0$ 为负调差系数,调差特性上翘,发电机端电压随无功电流增大而升高;$K_u = 0$ 为无差特性,调节特性呈水平,这时发电机端电压为恒定值。

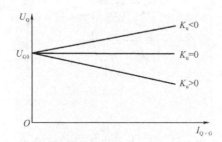

图 5-34   不同调差系数的发电机无功调节特性

四、同步发电机的强行励磁与灭磁

为了改善系统的动态稳定,加速故障切除后电压的恢复,以利于感应电动机的自启动,为了在系统中某台发电机失励或采用自同期并列导致系统电压下降时,加速电网电压的恢复以及提高带时限保护的灵敏度,都要求发电机在电压大幅度下降时增大励磁电流。

当同步发电机内部发生故障时,虽然继电保护能快速地把发电机与系统断开,但故障点仍存在。发电机还在旋转时,励磁电流产生的感应电动势仍继续维持故障电流,这将可能导致导线熔化和绝缘损坏。如果对地故障电流足够大时,还会烧毁铁芯。因此,当发电机内部发生故障,在继电保护动作使发电机断路器跳闸的同时,应快速灭磁。

一般发电机配置的自动励磁调节器都具有强励功能。考虑到有的自动调节励磁装置有时强励能力不足,或者励磁调节器的动作失灵丧失了强励能力,同步发电机除装设自动调节励磁装置外,还专门装设一套继电强行励磁装置。

1. 同步发电机的强行励磁

电力系统发生短路故障时,会引起发电机端电压急剧下降,此时如能使发电机的励磁迅速上升到顶值,将有助于电网稳定运行,通过继电保护动作的灵敏度,缩短故障切除后系统电压的恢复时间,并有利于用户电动机的自启动。因此,当发电机电压急剧下降时,将励磁迅速增加到顶值的措施,对电力系统稳定运行具有重要的意义。通常将这种措施称为强行励磁,简称强励。

一般的自动调节励磁装置均具有强励作用,但有些励磁系统可能励磁顶值电压不够高,或响应速度不够快,或某些故障形式下没有强励作用。在这种情况下,可以设置强行励磁装置 AE1,作为自动调节励磁装置的强励补充,或为其强励后备。

从强励的作用可以看出,要使强励充分发挥作用,不论是自动调节励磁装置的强励,还是强励装置,都应满足强励顶值电压高且响应速度快的基本要求。因此,用 2 个指标来衡量强励能力,即强励倍数和励磁电压响应比。

1) 励磁倍数

强励时能得到的最高励磁电压 $U_{E.\max}$ 与额定励磁电压 $U_{E.N}$ 的比值,称为强励倍数(K_1),即 $K_1 = \dfrac{U_{E.\max}}{U_{E.N}}$。

显然 K_1 越大,强励效果越好。但 K_1 大小受励磁系统结构和设备费用的限制,调差为 1.2～2 倍。

2) 励磁响应比

励磁电压响应比又称励磁电压响应倍率,是反映强励过程中励磁电压增长速度大小的一个参数。通常指强励开始 0.1 s 内测得的励磁电压,按平均速度上升的数值与发电机额定励磁电压的比值,即

励磁电压响应比＝(励磁电压等值上升值/0.1)$U_{E.N}$(电压标幺值/s)

励磁电压响应比一般为 2,快速励磁系统中为 6～7。

2. 同步发电机的灭磁

运行中的发电机,如果出现内部故障或出口故障,继电保护装置应快速动作,将发电机从系统中切除,但发电机的感应电势仍然存在,继续短路点故障电流,将会使发电机设备或绝缘材料等严重损坏。因此,当发电机内部或出口故障时,在跳开发电机出口断路器的同时,应迅速将发电机灭磁。

灭磁就是把转子绕组的磁场尽快减弱到最低程度。考虑到励磁绕组是一个大电感,突然断开励磁回路必将产生很高的过电压,危及转子绕组绝缘,所以用断开励磁回路的方法灭磁是不恰当的。在断开励磁回路之前,应将转子绕组自动接到放电电阻或其他装置中去,使磁场中储存的能量迅速消耗掉。

五、同步发电机的灭磁

发电机灭磁,就是把转子励磁绕组中的磁场储能通过某种方式尽快地减弱

到可能小的程度。最简单的方式就是将励磁回路断开,但因励磁绕组电感很大,突然断开将会在绕组两端造成危险的过电压。因此,实用方法是在断开励磁绕组与励磁电源回路的同时,将一个电阻接入励磁绕组,让磁场储能迅速耗尽,整个过程由自动灭磁装置来实现。

灭磁:当保护继电器检出发电机内部故障时,为保护发电机,必须安全迅速地将储存在磁场中的能量泄放。灭磁功能由灭磁开关、跨接器 Crowbar 和灭磁电阻实现。灭磁开关设计用于在任何故障情况下安全切断励磁电流,灭磁开关开断后,还在励磁变压器和磁场绕组之间形成明确的电气隔离。

自动灭磁装置装在励磁回路直流侧。灭磁开关的额定参数按励磁系统强励工况(机端电压为 80% 额定电压时,强励倍数 2 倍额定励磁电压)选择。

1. 灭磁作用

同步发电机的快速灭磁是限制发电机内部故障扩大的唯一方法。当发电机内部故障(如定子接地、匝间短路、定子相间短路等)、引出线以及发电机-变压器组中变压器短路时,虽然保护装置动作迅速切除故障,但励磁电流产生的感应电动势会继续维持故障电流。短路电流和发电机内电势成正比,短路电流越大,持续时间越长,短路能量越大。巨大的短路能量将会烧毁绕组,甚至使机组铁芯熔化,导致发电机长时间不能恢复运行,所以只有在继电保护动作的同时,迅速而彻底地消灭磁场,才是保护发电机的最有效方法。为了迅速排除故障,减小其损坏程度,必须安全迅速地将储存在磁场中的能量泄放(试验表明,只要剩磁电压小于 500 V,电弧变不能维持一般剩磁电压不大于 100 V)即把励磁绕组的电流建立的磁场迅速降低到最小。

2. 灭磁要求

(1)灭磁时间尽可能地短(发电机端电压由额定值 U_n 降至 5% U_n 所需的时间称灭磁时间)。

(2)灭磁过程中,励磁绕组两端的过电压不超过允许值(通过跨接器来实现过压保护的要求)。国内有关技术导则规定:"灭磁装置使发电机灭磁时,应保证励磁绕组电压的瞬时值,不得超过该绕组对地交接验收试验电压幅值的 50%。一般转子两端电压都不超过 4~5 倍额定励磁电压。"

(3)灭磁方式。按励磁系统的不同,主要有 2 种自然灭磁(一般是对采用旋转二极管整流方式的励磁系统用如无刷励磁系统,通过整流二极管的续流作用实现自然灭磁,时间较长,约 10 s)和逆变灭磁(对采用晶闸管整流方式的励磁系统用如自并励励磁）。

（4）灭磁回路。由灭磁开关、跨接器 Crowbar 和灭磁电阻组成。

灭磁电阻用于实现发电机的快速灭磁。

① 非线性电阻 R02（共 5 个）并联固定接在发电机励磁绕组回路中，不受直流回路中的灭磁开关控制。励磁电流的衰减过程取决于灭磁电阻的特性。非线性电阻的灭磁特性比线性的好，励磁电流的衰减比较快。

② 当灭磁开关断开时，通过触发跨接器的品闸管将励磁电流瞬时导入灭磁回路。灭磁过程开始，灭磁开关触头可以无负荷断开。

③ 发电机正常运行时，跨接器的品闸管不导通，非线性电阻上不通过电流；灭磁开关跳开后，跨接器的品闸管接受触发脉冲导通，将励磁电流瞬时导入灭磁回路，直至磁场能量释放完。

④ 跨接器作为励磁绕组和可控硅整流器过电压保护。逆变灭磁是将能量释放在励磁变低压绕组上，逆变灭磁在灭磁开关分闸时间内完成的，一般是在毫秒内完成。磁场开关跳开后通过非线性电阻实现灭磁，灭磁时间较短，2～3 s。

3. 灭磁的方法

灭磁方法包括单独励磁机灭磁（只用于小型机组，它的灭磁时间较长）、对线性电阻放电灭磁、对非线性电阻放电灭磁、采用灭弧栅灭磁、利用全控桥逆变灭磁、利用全控桥逆变灭磁。

在交流励磁系统中，如果采用了晶闸管整流桥向转子供应励磁电流时，就可以考虑应用晶闸管的有源逆变特性来进行转子回路的快速灭磁。虽然晶闸管的投资增加了，但在主回路内不增添设备就能进行快速灭磁。这一方法简单、经济、无触点，得到广泛采用。

灭磁的方法较多，常用的灭磁方法如下：

（1）利用放电电阻灭磁。如图 5-35 所示，发电机正常运行时，灭磁开关 Q 处于合闸位置，励磁机经主触头 Q1 供电给发电机的转子绕组励磁电流，而触点 Q2 断开。发电机提出运行需要灭磁时，灭磁开关 Q 跳闸，触点 Q2 线闭合，使励磁绕组接入放电电阻 R，然后触点 Q1 断开，以防止转子绕组切换到放电电阻时由于开路而产生危险的过电压。Q1 断开后，励磁绕组对电阻 R 放电，灭磁就开始。

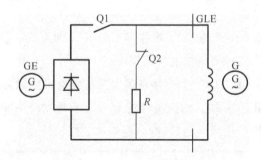

图 5-35　利用放电电阻灭磁示意图

　　利用放电电阻灭磁的实质是将磁场能转换为热能,消耗于电阻上。传统的对常规电阻放电灭磁速度较慢,目前采用对非线性电阻放电灭磁,大大提高了灭磁速度。

　　(2) 利用灭弧栅灭磁。如图 5-36 所示,发电机正常运行时灭磁开关 Q 处于合闸状态,触点 Q1、Q4 闭合,Q2、Q3 断开。当 Q 跳闸灭磁时,Q2、Q3 闭合,Q1、Q4 断开。进入限流电阻 R_y,是为了防止励磁电源被短接,在极短时间内,Q3 紧接着也断开,其间产生电弧,横向磁场将电弧引入灭弧栅中,电弧被灭弧栅分割成很多短弧,同时径向磁场使电弧在灭弧栅内快速旋转,散失热量,直到熄灭为止。灭磁过程中励磁电流逐渐衰减,当衰减到较小数值时,灭弧栅电弧不能维持,可能出现电流中断而引起过电压,为限制过电压,灭弧栅并联多段电阻,避免整个电弧同时熄灭,实现按顺序熄灭。只要适当选择灭弧栅旁路电阻,可限制过电流在规定值以内。

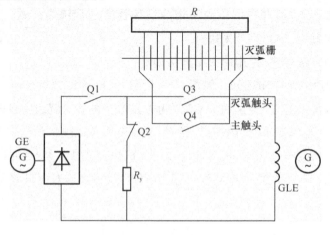

图 5-36　利用灭弧栅灭弧示意图

利用灭弧栅灭弧的实质是将磁场能转换为电弧能,消耗于灭弧栅片中。由于其灭磁速度快,广泛应用于大、中型发电机组中。

（3）利用可控整流桥逆变灭磁。利用可控整流桥逆变灭磁的实质是将转子绕组储存的能量倒送回交流电源侧。这种灭弧方式是通过自动调节励磁装置改变晶闸管控制角实现的,可节省灭磁开关和灭磁电阻等设备,灭磁速度快,灭磁效果好,但受励磁系统类型限制,只能用于交流励磁机带可控整流装置供电的励磁系统中。

技能训练

（1）能识读保护图纸,学会按照图纸完成时域和频域特性试验。

（2）正确填写继电器的检验、调试、维护记录和校验报告。

（3）会正确使用、维护和保养常用校验设备、仪器和工具。

完成任务

班级分组要求每组 4～6 人,教师为各组设定不同的参数要求,学生制订工作计划和实施方案,列出工具、仪器仪表、装置的需要清单;教师审核工作计划和实施方案,引导学生确定最终实施方案。学生根据新要求,对自动励磁调节器性能检测试验方法进行反思内化,对调试结果进行分析,逐步形成调试技能。学生逐项填写试验清单和误差分析,归档技术资料,小组展示成果,并根据事先提出的目标进行自我评估;老师听取学生的反馈信息,评价学生工作过程和工作结果的优劣,学生的协作精神,安全意识,提出存在问题和改进意见。

学习评价

1. 工作成果评价

严格按照国家电网公司电力安全工作规程,对自动励磁调节器性能检测试验操作程序、操作行为和操作水平等进行评价,如表 5-4 所示。

表 5-4　自动励磁调节器性能检测试验工作评价表

学习目标	评价指标	评价标准	自评	小组评	教师评
调校准备	操作程序	正确			
	操作行为	规范			
	操作水平	熟练			

学习目标	评价指标	评价标准	自评	小组评	教师评
调校实施	操作程序	正确			
	操作行为	规范			
	操作水平	熟练			
	操作精度	达到要求			
后续工作	操作程序	正确			
	操作行为	规范			
	操作水平	熟练			

2. 学习成果评价

按照职业教育技术类技能型人才培养要求,主要评价学生自动励磁调节器性能检测试验知识与技能、操作技能及情感态度等的情况,如表 5-5 所示。

表 5-5　自动励磁调节器性能检测试验学习成果评价表

评价项目	评 价 标 准	等级(权重)分				自评	小组评	教师评
		优秀	良好	一般	较差			
知识与技能	掌握同步发电机励磁系统、励磁方式,学会使用半导体自动励磁调节器	10	8	5	3			
	了解并联运行机组间无功功率分配	10	8	5	3			
	简述同步发电机的强行励磁与灭磁	10	8	5	3			
	能识读保护图纸,学会按照图纸完成时域和频域特性试验	8	6	4	2			
操作技能	熟悉运用网络独立收集、分析、处理和评价信息的方法	10	8	5	3			
	积极参与小组合作与交流	10	8	5	3			
	能制作 PPT,将搜集到的材料用 PPT 清楚地展现出来,而且比较有创新	8	6	4	2			

续　表

评价项目	评 价 标 准	等级（权重）分				自评	小组评	教师评
		优秀	良好	一般	较差			
情感态度	课堂上积极参与，积极思维，积极动手、动脑，发言次数多	8	6	4	2			
	小组协作交流情况：小组成员间配合默契，彼此协作愉快，互帮互助	10	8	5	3			
	对本内容兴趣浓厚，提出了有深度的问题	8	6	4	2			
课堂调查：书面写出你在学习本节课时所遇到的困难，向教师提出较合理的教学建议		8	6	4	2			
自评意见：								
小组评意见：								
教师评意见：								
努力方向：								

思考与练习

简答题

1. 何谓励磁系统？自动调节励磁有哪些作用？

2. 三相半控桥式整流电路中，对晶闸管触发脉冲有何要求？写出输出直流电压平均值的表达式，并画出其对应的工作特性。

3. 在测量比较单元中，为何要设置正序电压滤过器和多相桥式整流电路？

4. 何谓调差系数？其物理意义是什么？

5. 为何要调整同步发电机的无功调节特性？调整的内容包括哪些？

6. 何谓灭磁？常用的灭磁方法有哪些？各有什么特点？

项目六

微机保护装置与测试

本项目包含 3 个工作任务:微机保护软硬件安装与调试、线路微机保护装置与测试、电力系统主设备微机保护装置与测试。

任务一　微机保护软硬件安装与调试

引言

微机保护是用微机构成的继电保护,是电力系统继电保护的发展方向(现已基本实现,尚需发展)。微机保护装置硬件以微处理器(单片机)为核心,配以I/O 通道、人机接口和通信接口等。该系统广泛应用于电力、石化、矿山冶炼、铁路以及民用建筑等。微机的硬件是通用的,而保护的性能和功能是由软件决定。微机保护可靠性高,灵活性大,动作迅速,易于获得附加功能,维护调试方便,有利于实现电力自动化。因此,微机保护软硬件安装与调试被列为必修项目。

学习目标

(1)熟悉微机保护硬件的组成及作用。

(2)微机保护数据采集系统。

(3)CPU 模块工作原理。

(4)开关量 I/O 回路。

过程描述

(1)教师下发项目任务书,描述项目学习目标。

（2）教师通过图片、动画、录像等讲解本次项目中微机保护的构成部分和原理。

（3）通过现场试验设备演示微机保护软硬件的结构、调试方法及步骤。

（4）学生进行继电保护测试仪和微机保护装置的认识，查阅微机保护的构成原理和调试指导书，根据任务书要求，收集有关调试规程、职业工种要求、装置说明书等资料，根据获得的信息进行分析讨论。

过程分析

为了达到微机保护软硬件安装与调试的标准要求，试验的各项操作必须严格按照国家电网公司电力安全工作规程操作。

（1）试验接线。移相器一、二侧应采用星-星接线，中性点一定要与电源的零线连接在一起。

（2）模/数（A/D）转换系统检验。各采样通道的零漂要求在$-0.3\sim0.3$以内。电流电压通道的平衡性，以电流 5 A、电压 50 V 合适，查看各电压、电流通道打印的结果是否一致。

（3）开关量输入通道检验。改变压板、切换把手位置控制开关，以及从保护屏上取 24 V 正电压分别点碰开关量各输入端子，看打印机打印的结果是否与技术要求相符合，这样可以检查继电器是否动作。

（4）各出口回路的检验。在调试状态下，分别传动各个出口回路，检查屏端子排上对应接点动作情况、装置信号及中央信号是否完整准确。

（5）逆变电源的检验。用 8 线测试盒将各级电压引出，用高内阻电压表测量各级电压是否正常。

知识链接

一、微机继电保护的发展历史

微机继电保护指的是以数字式计算机（包括微机）为基础而构成的继电保护，是基于可编程数字电路技术和实时数字信号处理技术实现的电力系统继电保护，简称微机继电保护或微机保护。它起源于 20 世纪 60 年代中后期，是在英国、澳大利亚和美国的一些学者的倡导下开始进行研究的。20 世纪 60 年代中期，有人提出用小型计算机实现继电保护的设想，但是由于当时计算机的价格昂贵,同时也无法满足高速继电保护的技术要求,因此没有在保护方面取得实际应用,但由此开始了对计算机继电保护理论计算方法和程序结构的大量研究,为后来的继电保护发展奠定了理论基础。计算机技术在 20 世纪 70 年代初期和中期出现了重大突破,大规模集成电路技术的飞速发展,使得微型处理器和微机进入了实用阶段。价格的大幅度下降,可靠性、运算速度的大幅度提高,促使微机继电保护的研究出现了高潮。20 世纪 70 年代后期,出现了比较完善的微机保护样机,并投入到电力系统中试运行;20 世纪 80 年代,微机保护在硬件结构和软件技术方面日趋成熟,并已在一些国家推广应用;20 世纪 90 年代,电力系统继电保护技术发展到了微机保护时代,它是继电保护技术发展历史过程中的第四代。

我国的微机保护研究起步于 20 世纪 70 年代末及 20 世纪 80 年代初,尽管起步晚,但是由于我国继电保护工作者的努力,进展却很快。经过 10 年左右的奋斗,到了 80 年代末,微机继电保护,特别是输电线路微机保护已达到了大量实用的程度。我国对微机继电保护的研究过程中,高等院校和科研院所起着先导的作用。从 20 世纪 70 年代开始,华中理工大学、东南大学、华北电力学院、西安交通大力自动化研究院都相继研制了不同原理、不同形式的微机保护装置。1984 年原华北电力学院研制的输电线路微机保护装置首先通过鉴定,并在系统中获得应用,揭开了我国继电保护发展史上的新一页,为微机保护的推广开辟了道路。在主设备保护方面,东南大学和华中理工大学研制的发电机失磁保护、发电机保护和发电机-变压器组保护也相继于 1989 年和 1994 年通过鉴定,投入运行。南京电力自动化研究院研制的微机线路保护装置也于 1991 年通过鉴定。天津大学与南京电力自动化设备厂合作研制的微机相电压补偿式方向高频保护,西安交通大学与许昌继电器厂合作研制的正序故障分量方向高频保护也相继于 1993 年和 1996 年通过鉴定。至此,不同原理、不同机型的微机线路和主设备保护各具特色,为电力系统提供了一批新一代性能优良、功能齐全、工作可靠的继电保护装置。因此,到了 20 世纪 90 年代,我国继电保护进入了微机时代。随着微机保护装置的研究,在微机保护软件、算法等方面也取得了很多理论成果,并且应用于实际之中。

二、微机保护的主要特点

研究和实践证明,与传统的继电保护相比较,微机保护有许多优点,其主要特点如下。

1. 维护调试方便

通常情况下传统继电保护装置的调试工作量很大,尤其是一些复杂原理的保护。例如,超高压线路的高频保护装置,既有保护装置又有高频通道的调试,投运之前的调试时间常常需要一周甚至更长。微机保护装置则不同,它硬件的主要元件是单片机(单片微机简称单片机)或数字信号处理器。新一代的单片机或数字信号处理器把组成微机的各功能部件:中央处理器(CPU)、随机存取存储器(RAM)、只读存储器(ROM)、(I/O)接口电路、定时器和计数器以及串行通信接口等部件制作在一块集成芯片中,再配以所需的相关外围芯片即可构成微机保护装置。各种复杂的保护功能是由相应的软件来实现的。保护装置对硬件和软件都具有自诊断功能,一旦发现异常就会发出警告。通常只要给上电源后保护自检通过没有报警,即可认为装置是完好的。因此,对微机保护装置而言除了输入和修改定值及检查外部接线外几乎不用调试,从而大大减轻了运行维护的工作量。

2. 可靠性高

微机保护具有在线自检功能。自检的内容既包括装置的硬件也包括程序软件,由此可避免由于装置硬件的异常引起的保护误动作或电力系统故障时保护的拒动。在保护软件的编程上可以实现常规保护很难办到的自动纠错,即自动识别和排除干扰,防止由于采样信号受到干扰而造成保护误动作。因此,微机保护可靠性很高。

3. 易于获得附加功能

微机保护装置通常配有通信接口。如果连接打印机或者其他显示设备,可以在系统发生故障后提供多种信息。例如,保护各部分的动作顺序和动作时间记录,故障类型和相别及故障前后电压和电流的录波等。另外,还可将保护动作信息上传至故障录波信息系统,实现调度的实时检测及对保护动作情况的分析。对于线路保护,还可以计算和显示故障点的位置(测距)。这样,有助于事故后的分析及判定保护的动作情况。

4. 灵活性大

目前,国内中、低压变电站内不同一次设备的保护装置在硬件设计时,尽可能采用同样的设计方案,而超高压电力系统保护装置若采用多 CPU 实现多种保护功能时,每块 CPU 模块的硬件设计也倾向于尽量相同。由于保护的原理主要由软件决定,因此只要改变软件就可以改变保护的特性和功能,从而可灵活地适应电力系统发展对保护要求的变化,也减少了现场的维护工作量。

5. 保护性能得到很好改善

由于微处理器的使用,使传统形式的继电保护中存在的很多技术问题,可找到新的解决方法。人工智能技术或复杂的数学算法可以在保护中得以实现。例如,接地距离保护承受过渡电阻能力的改善、距离保护如何区分振荡和短路、变压器差动保护如何识别励磁涌流和内部故障、母线保护如何检测电流互感器饱和等问题都已提出了许多新的原理和解决方法。这些新方法只有用微机保护才能实现。

6. 经济性好

微处理器和集成电路芯片的性能不断提高而价格一直在下降,而电磁型继电器的价格在同一时期内却不断上升。另外,微机保护装置是一个可编程序的装置,它可基于通用硬件实现多种保护功能,使硬件种类大大减少。这样,在经济性方面也优于传统保护。

三、继电保护新技术

继电保护技术发展趋势向计算机化、网络化、智能化以及保护、控制、测量和数据通信一体化发展。随着计算机技术的飞速发展及计算机在电力系统继电保护领域中的普遍应用,新的控制原理和方法被不断应用于计算机继电保护中,以期取得更好的效果,从而使微机继电保护的研究向更高的层次发展,出现了一些引人瞩目的新趋势。

1. 自适应控制技术在继电保护中的应用

自适应继电保护的概念始于20世纪80年代,它可定义为能根据电力系统运行方式和故障状态的变化而实时改变保护性能、特性或定值的新型继电保护。自适应继电保护的基本思想是使保护能尽可能地适应电力系统的各种变化,进一步改善保护的性能。这种新型保护原理的出现引起了人们的极大关注和兴趣。自适应继电保护具有改善系统的响应、增强可靠性和提高经济效益等优点,在输电线路的距离保护、变压器保护、发电机保护、自动重合闸等领域内有着广泛的应用前景。

2. 人工神经网络(ANN)在继电保护中的应用

进入20世纪90年代以来,人工智能技术如神经网络、遗传算法、进化规划、模糊逻辑等在电力系统各个领域都得到了应用,电力系统保护领域内的一些研究工作也转向人工智能的研究。专家系统、人工神经网络和模糊控制理论逐步应用于电力系统继电保护中,为继电保护的发展注入了活力。基于生物神经系统的人工神经网络具有分布式存储信息、并行处理、自组织、自学习等特点,其应用研究发展十分迅速,目前主要集中在人工智能、信息处理、自动控制和非线性优化等问题。近几年来,电力系统继电保护领域内出现了用人工神经网络来实现故障类型的判别、故障距离的测定、方向保护、主设备保护等。

四、微机继电保护的构成

1. 传统保护装置硬件系统构成

电力系统发生故障时,相关电气参数将发生变化。例如,电流增大、电压降低以及电流与电压之间的相位角变化等。利用故障与正常运行时这些基本参数的差别,就可构成不同原理的继电保护装置。

(1)反映电流变化的电流速断保护、定时限过电流保护、反时限过电流保护等。

(2)反映电压变化的低电压、或过电压保护、或电压闭锁电流保护。

(3)既反映电流变化又反映短路功率方向的方向过电流保护。

(4)反映被保护设备两端输入电流与输出电流之差值变化的差动保护。

(5)反映电压与电流比值变化的距离保护。

根据不同原理构成的继电保护装置种类虽然很多,但一般情况下,它们都是由 3 个基本部分组成,即测量部分、逻辑部分和执行部分,其原理框图如图 6-1所示。

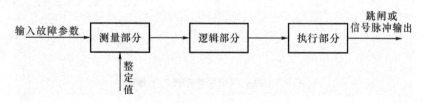

图 6-1　传统继电保护装置的原理框图

2. 微机保护装置硬件系统构成

微机保护装置硬件系统按功能可分为数据采集单元、数据处理单元、开关量 I/O 接口、人机对话接口、通信接口和电源等部分。

（1）数据采集单元。包括电压形成和 A/D 转换等功能块，完成将模拟输入量准确地转换为数字量的功能。

（2）数据处理单元。包括微处理器（CPU）、只读存储器、随机存取存储器、定时器以及并行口等。微处理器执行存放在只读存储器中的程序，对由数据采集系统输入至随机存取存储器中的数据进行分析处理，以完成各种继电保护的功能。

（3）开关量 I/O 接口。由若干并行接口、光电隔离器及中间继电器等组成，以完成各种保护的出口跳闸、信号警报、外部接点输入及人机对话等功能。

（4）通信接口。包括通信接口电路及接口以实现多机通信或联网。

（5）人机对话接口。其是指键盘、显示器与 CPU 接口电路。

（6）电源。供给微处理器、数字电路、A/D 转换芯片及继电器所需的电源。

一种典型的保护装置的硬件系统示意图如图 6-2 所示。

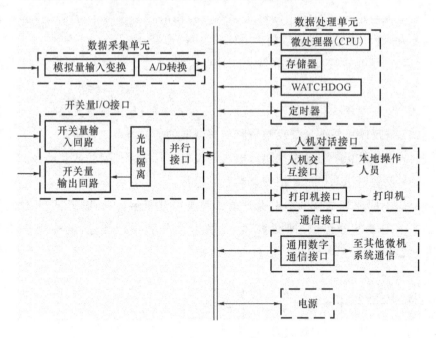

图 6-2　微机保护硬件系统的示意图

3. 微机保护硬件各子系统的电路构成

1）数据采集单元

继电保护装置从电流、电压互感器二次获得的电流、电压是模拟信号，而微机保护能够处理的信号是离散化的数字信号，将模拟量转换成为数字量的过程就是通常所说的数据采集，也称为模拟量输入系统。其主要包括电压形成回路、前置模拟低通滤波器(ALF)、采样保持电路(S/H)、多路转换开关、A/D 转换电路等 5 个部分,主要功能是将模拟输入量转换为所需的数字量。

A/D 式数据采集系统如图 6-3 所示。

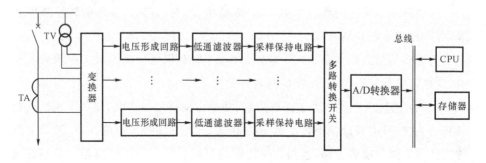

图 6-3 A/D 式数据采集系统

(1)电压形成回路。微机继电保护要从被保护对象的电流、电压互感器处取得相应信息,但这些二次数值、输入范围对典型的微机继电保护电路却不适用,需要降低和变换。一般采用变换器来实现变换(微机保护参数的输入范围:0~5 V 或 4~20 mA)。

(2)采样保持电路与低通滤波器。由于微机保护只能对数字量进行运算和判断,所以应将连续模拟量变为离散量。采样保持电路作用就是在一个极短的时间测出模拟量在该时刻的瞬时值;并要求在 A/D 转换期间保持不变。采样保持过程如图 6-4 所示。

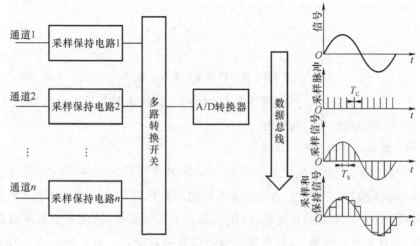

图 6-4 采样保持过程

① 同时采样：继电保护大多数原理是基于多个输入信号，如三相电流、三相电压等。在每一个采样周期对通道的量全部同时采样。

② 采样频率：采样间隔 T_s 的倒数称为采样频率 f_s。采样频率的选择是微机保护中的一个关键问题。频率高，采样精确，但对 A/D 转换器的转换速度要求也高，投资也就越高。

为了将信号波频率限制在一定频带内，一般利用低通滤波器将高频分量滤掉，这样可降低采样频率，即降低对硬件的要求。

（3）多路转换开关。为了保证阻抗、功率方向等不受影响，对各个模拟量要求同时采样，以准确地获得各量之间的相位关系。同时，节省硬件，可利用多路转换开关轮流切换各通路，达到分时转换的目的，共用 A/D 转换器。多路转换开关工作示意图如图 6-5 所示。

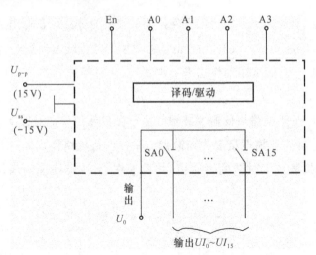

图 6-5　多路转换开关工作示意图

（4）A/D 转换器。其作用是将输入模拟量转换为与其成正比的数字量，以便进行处理、存储、控制和显示。

2）数据处理单元

如前所述，一般的微处理器都有一定的内部寄存器、存储器和 I/O 接口。但其用于实现保护功能时，首先遇到的问题就是存储器的扩展。微处理器内部虽然设置了一定容量的存储器，但仍满足不了实际需求，因此需要从外部进行扩展，配置外部存储器，包括程序存储器或数据存储器。为了满足继电保护定值设置的需求，通常还需配置电可擦除可编程只读存储器（EPROM）。程序常驻于只读存储器中,计算过程和故障数据记录所需要的临时存储是由随机读写存储器实现。设定值或其他重要信息则放在电可擦除可编程只读存储器中。它可在 5 V 电源下反复读/写,无需特殊读/写电路,写入成功后即使断电也不会丢失数据。微处理器通过其数据总线、地址总线、控制总线及译码器和存储器部件进行数据交换。根据不同保护功能和设计的要求,一般还要扩展一些并行口或计数器等。

　　微处理器的数据总线、地址总线和控制总线是其与外扩存储器、I/O 接口芯片进行信息交换的唯一通道。外扩芯片一般均为双步选通方式,即除了配置译码选通端外,还配置使能选通端。例如,程序存储器 EPROM74LS2764 具有片选端(CE),还需将始能端(OE)与微处理器的程序存储器读信号 PSEN 相连;数据存储器 RAM6264 除了片选端外,还应将写使能端(WE)与微处理器的写控制信号 WR 相连,将读使能端(RD)与微处理器的读控制信号 RD 相连。一个简单的单片机与外部扩展存储器的接线原理,如图 6-6 所示。

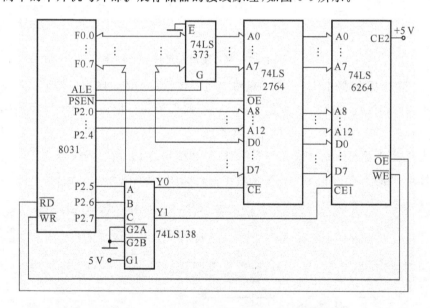

图 6-6　单片机与外部扩展存储器接线原理图

3) 开关量 I/O 接口

　　微机保护所需要采集的信息分为模拟量和开关量。开关量是指断路器、隔离开关、转换开关和继电器的接点等。这些输入量的状态只有分、合两种状态,一般称为开关输入量;保护装置动作后需发出跳闸命令和相应的信号等,这些输出量的状态同样具有动作与不动作两种状态,也称为开关输出量。开关输入、输出量正好对应二进制数字的 1 或 0,所以开关量可作为数字量 1 或 0 输入和输出。

(1) 开关量输入回路。开关量的输入回路是为了读入外部接点的状态,包括断路器和隔离开关的辅助接点或跳合闸位置继电器接点、外部装置闭锁接点、瓦斯继电器接点、压力继电器接点,还包括某些装置上压板位置输入等。微机保护装置的开关量输入(接点状态的接通或断开)回路如图 6-7 所示。

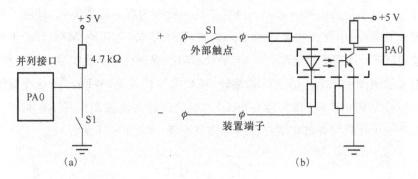

图 6-7　开关量输入回路

(2) 开关量输出回路。开关量输出主要包括保护的跳闸出口信号以及反映保护工作情况的本地和中央信号等。一般都采用并行接口的输出口去控制有接点继电器(干簧或密封小中间继电器)的方法。只要由软件使并行口的 PB0 输出 0,PB1 输出 1,便可使"与非门"H 输出低电平,光敏三极管导通。继电器 K 接点被吸合,信号输出。开关量输出回路如图 6-8 所示。

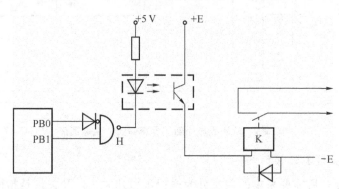

图 6-8　开关量输出回路

4）通信接口

随着微处理器和通信技术的发展，其应用已从单机逐渐转向多机或联网，而多机应用的关键在于微机之间的相互通信，互传数字信息。在微机系统中，CPU与外部通信的基本方式有2种：并行通信-数据各位同时传送；串行通信-数据一位一位顺序传送。

图6-9所示为是这2种通信方式的示意图。前面涉及的微处理器与外扩存储器之间的数据传送，都是采用并行通信方式。从图6-9可以看出，在并行通信中，数据有多少位就需要多少根数据传送线，而串行通信可以分时使用同一传输线，故串行通信能节省传送线，尤其是当数据位数很多和远距离数据传送时，这一优点更加突出。

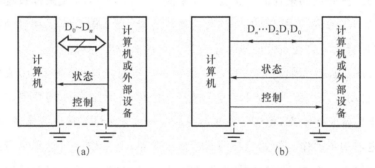

图6-9　并行通信与串行通信示意图

(a) 并行通信；(b) 串行通信

5）电源

微机保护装置对电源要求较高，通常这种电源是逆变电源，即将直流逆变为交流，再把交流整流为保护装置所需的直流电压。它把变电所强电系统的直流电源与微机保护装置的弱电系统电源完全隔离开，通过逆变后的直流电源具有很强的抗干扰能力，可以大大消除来自变电所中因断路器跳合闸等原因产生的强干扰。新型的微机保护装置的工作电源不仅允许输入电压的范围较宽，而且也可以输入交流电源电压。

目前，微机保护装置均按模块化设计，也就是说对于各种线路保护、元件保护，无论用于何种电压等级，都是由上述5个部分的模块化电路组成的，所不同的是软件程序及硬件模块化的组合与数量不同。不同的保护原理用不同的软件程序来实现；不同的使用场合按不同的模块化组合方式构成。这样的成套微机保护装置，给设计及调试人员带来了极大方便。

4. 微机保护软件的构成

微机保护的原理、特性及测控等性能由软件来实现,它按照保护原理的要求对硬件进行控制,有序地完成数据采集、外部信息交换、数字运算和逻辑判断、动作指令执行等各项操作。

软件通常可分为监控程序和运行程序两部分。监控程序包括人机对话接口、键盘命令处理程序及为插件调试、定值整定、报告显示等所配置的程序。运行程序是指保护装置在运行状态下所需执行的程序。现以简单程序框图为例说明软件的构成。

1) 主程序

主程序按固定的采样周期接受采样中断进入采样程序,在采样过程中进行模拟量采样与滤波、开关量的采集、装置硬件自检、交流电流断线和启动判据计算,根据是否满足启动条件而进入正常运行程序或故障计算程序。

主程序流程框图如图 6-10 所示。保护装置接通电源(简称上电)或按复位按钮后,自动进入主程序的入口,首先进行初始化(一),它的作用是使整个硬件系统处于正常工作状态,使保护输出的开关量出口初始化,赋以正常值,以保证出口继电器均不动作。初始化(一)后显示主菜单,由工作人员选择运行或调试(退出运行)工作方式,若选择"调试",就进入监控程序,进行人机对话执行调试调试命令。若选择"运行",则 开始初始化(二),初始化(二)包括采样定时器的初始化、控制采样间隔时间、对 RAM 区中所有运行时要使用的软件计数器及各种标志字清零等。

初始化完成后,开始对保护装置进行全面自检,如不正常则显示装置故障信息,然后开放串行接口中断,等待管理 CPU 通过串行接口中断来查询自检状况,向微机监控系统及调度传送各保护的自检结果。如装置自检通过,则进行数据采集系统的初始化,主要是采样值存放地址指针初始化,完成采样系统初始化后,开放采样定时器中断和串行接口中断,等待中断发生后转入中断服务程序。若中断时刻未到,就进入循环自检状态,不断循环进行通用自检及专用自检项目。如果保护有动作或自检出错报告,则向管理 CPU 发送报告。通用自检包括有定值套号的监视和不同的被开入量的监视等。专用自检项目根据保护元件或不同保护原理而设置。

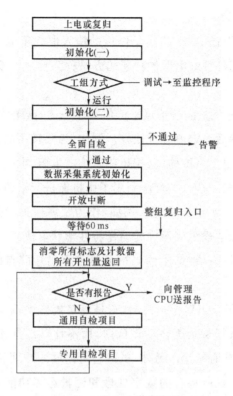

图 6-10　主程序流程框图

2) 采样中断服务程序

采样中断服务程序的主要任务:一是控制多路开关和 A/D 转换器将各模拟输入量的采样值转成数字量,然后存入 RAM 区的循环寄存区;二是完成启动判断任务。采样中断服务程序的框图如图 6-11 所示,这部分程序主要包括:数据采样、处理及存储;保护启动判断;故障处理。

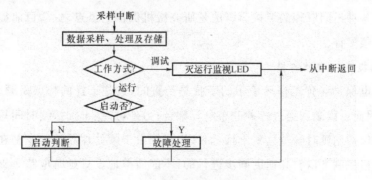

图 6-11　采样中断服务程序框图

5. 微机保护算法

微机保护装置根据 A/D 转换器提供的输入电气量的采样数据进行分析、运算和判断，以实现各种继电保护功能的方法称为算法。按算法的目标可分为两大类。

（1）根据输入电气量的若干点采样值通过一定的数学式或方程式计算出保护所反映的量值，然后与定值进行比较。例如，为实现距离保护，可根据电压和电流的采样值计算出复阻抗的模、相角或阻抗的电阻、电抗分量，然后同给定的阻抗动作区进行比较。这一类算法利用了微机能进行数值计算的特点，从而实现许多常规保护无法实现的功能。例如，作为距离保护，它的动作特性的形状可以非常灵活，不像常规距离保护的动作特性形状取决于一定的动作方程。此外，它还可以根据阻抗计算值中的电抗分量推算出短路点距离，起到故障测距的作用等。

（2）语类算法仍以距离保护为例，它是直接模仿模拟型距离保护的实现方法，根据动作方程来判断是否在动作区内，而不计算出具体的阻抗值。这一类算法的计算工作量略有减小。另外，虽然它所依循的原理和常规的模拟式保护相同，但由于运用微机所特有的数字处理和逻辑运算功能，可以使某些保护的性能有明显提高。

继电保护的种类很多，按保护对象分为元件保护、线路保护等；按保护原理分为差动保护、距离保护、电压保护、电流保护等。然而，不管哪一类保护的算法其核心问题归根结底都是算出可表征被保护对象运行特点的物理量，如电压、电流等的有效值和相位及阻抗等，或者计算出它们的序分量、基波分量或某次谐波分量的大小和相位等。有了这些基本的电气量的计算值，就可以很容易地构成各种不同原理的保护。算法是研究微机保护的重点之一，目前提出的算法已有很多种。

6. 提高可靠性的措施

继电保护装置工作环境中的干扰是严重的，这些干扰的特点是频率高、幅度大，因而可以顺利通过各种分布电容耦合；另外，这些干扰持续时间短。传统型继电保护用延时躲过这些干扰，而微机保护由于微处理器的工作是在时钟节拍的严格控制下以较高速度同步进行的，不能简单地设置延时电路。提高微机保护装置可靠性的重点在抗干扰上。

（1）干扰的来源。干扰产生于干扰源,有的干扰来自外部,而有的干扰来自内部。外部干扰是指与微机保护装置结构无关的使用条件和外部环境因素所决定的干扰;内部干扰是指由微机保护装置结构、元件布局和生产工艺等所决定的干扰。外部干扰主要有其他物体和设备辐射的电磁波产生的强电场或强磁场以及来自电源的工频干扰、谐波干扰和脉冲干扰等;内部干扰主要有电容的耦合和回路间的互感引起的不同信号感应、多点接地造成的地电位差干扰等。总之,发射电磁能量者就可以成为干扰源,接收到此能量并受影响者就成为被干扰对象。干扰的形成包括了干扰源、传播途径和被干扰对象3个基本要素。要将电磁兼容问题解决好,必须围绕这3个基本要素:抑制干扰源、阻断干扰传播通道以及提高设备自身抗干扰能力。

（2）干扰的形式。干扰的形式一般分为差模干扰和共模干扰2种。

① 差模干扰。差模干扰是串联于信号回路中的干扰,主要是由于各信号线对干扰源的相对位置不对称因而受干扰源电磁感应或静电感应所产生的。干扰电压大小不等,相位不同。干扰源可以是高压母线其他高压带电体,如长线传输的互感、分布电容的相互干扰等。差模干扰与有用信号传输途径相同,保护装置难以区别是有用信号还是干扰信号。应在保护装置投运前采用适当措施消除干扰源,并将信号线适当换位以减小其影响,避免造成保护误动。

② 共模干扰。共模干扰是引起回路对地电位发生变化的干扰,即对地干扰。产生的原因与差模干扰相似,只是信号离干扰源较远,因而各相信号线对干扰源的相对位置基本上是对称的。干扰源以同样的方式和强度与所有的信号线耦合,对各相电压、电流信号线的干扰电压也完全相同,使所有的信号线对地电压发生同样的变化。共模干扰可为直流,也可为交流,它是造成微机保护工作不正常的重要原因。消除共模干扰的方法:浮空隔离技术、双层屏蔽技术、二次系统一点接地、低阻匹配传输、电流传输代替电压传输、采用隔离变压器、采用光电耦合芯片等。

③ 干扰的影响。干扰对微机保护的影响主要表现在:计算或逻辑错误、程序运行出轨和元件损坏。

④ 抗干扰的措施。最主要的抗干扰措施是防止干扰进入保护装置的弱电系统。如前面所述的隔离、屏蔽、合理布局和电容滤波退耦旁路以及在微机保护电源回路中加滤波器,合理分配布置插件,正确的接地处理等。万一干扰已

进入,为避免导致保护误动作或拒动,可采取对输入采样值的抗干扰纠错、运算过程的校核纠偏、保护出口闭锁及程序出格自恢复(看门狗)等。

技能训练

(1)能看懂微机保护的端子图和原理图。

(2)能通过保护的人机接口查看保护菜单。

(3)能看懂保护装置的信号灯,弄懂其含义。

完成任务

班级分组要求每组 4~6 人,教师为各组设定不同的参数要求,学生制订工作计划和实施方案,列出工具、仪器仪表、装置的需要清单;教师审核工作计划和实施方案,引导学生确定最终实施方案。学生根据新要求,对微机保护的构成原理和调试方法进行反思内化,练习使用继电保护测试仪,进行微机保护装置硬件的组装、调试,对调试结果进行分析,逐步形成调试技能。学生逐项填写试验清单和误差分析,归档技术资料,小组展示成果,并根据事先提出的目标进行自我评估。老师听取学生的反馈信息,评价学生工作过程和工作结果的优劣,学生的协作精神,安全意识,提出存在问题和改进意见。

学习评价

1. 工作成果评价

严格按照国家电网公司电力安全工作规程,对微机保护软硬件安装与调试操作程序、操作行为和操作水平等进行评价,如表 6-1 所示。

表 6-1　微机保护软硬件安装与调试工作评价表

学习目标	评价指标	评价标准	自评	小组评	教师评
调校准备	操作程序	正确			
	操作行为	规范			
	操作水平	熟练			

续表

学习目标	评价指标	评价标准	自评	小组评	教师评
调校实施	操作程序	正确			
	操作行为	规范			
	操作水平	熟练			
	操作精度	达到要求			
后续工作	操作程序	正确			
	操作行为	规范			
	操作水平	熟练			

2. 学习成果评价

按照职业教育技术类技能型人才培养要求,主要评价微机保护软硬件安装与调试知识与技能、操作技能及情感态度等的情况,如表 6-2 所示。

表 6-2　微机保护软硬件安装与调试学习成果评价表

评价项目	评　价　标　准	等级(权重)分				自评	小组评	教师评
		优秀	良好	一般	较差			
知识与技能	了解微机继电保护的发展史和新技术	10	8	5	3			
	掌握微机型继电保护的构成及特点	10	8	5	3			
	微机保护的端子图和原理图,能通过保护的人机接口查看保护菜单	10	8	5	3			
	看懂保护装置的信号灯,弄懂其含义	8	6	4	2			
操作技能	熟悉运用网络独立收集、分析、处理和评价信息的方法	10	8	5	3			
	积极参与小组合作与交流	10	8	5	3			
	能制作 PPT,将搜集到的材料用 PPT 清楚地展现出来,而且比较有创新	8	6	4	2			

续表

评价项目	评价标准	等级（权重）分				自评	小组评	教师评
		优秀	良好	一般	较差			
情感态度	课堂上积极参与，积极思维，积极动手、动脑，发言次数多	8	6	4	2			
	小组协作交流情况：小组成员间配合默契，彼此协作愉快，互帮互助	10	8	5	3			
	对本内容兴趣浓厚，提出了有深度的问题	8	6	4	2			
课堂调查：书面写出你在学习本节课时所遇到的困难，向教师提出较合理的教学建议		8	6	4	2			
自评意见：								
小组评意见：								
教师评意见：								
努力方向：								

思考与练习

一、选择题

1. 目前微机保护装置是指（　　）。

A 采用微机完成继电保护功能的装置

B 以智能芯片为核心的继电保护装置

C 对微机进行保护的装置

D 微机 UPS 电源

2. 微机保护可靠性高因为（　　）。

A 具有自动纠错和自诊断功能　　　　　　B 集成度高

C 技术先进　　　　　　　　　　　　　　D 动作速度快

3. 微机保护硬件系统包含以下 4 个部分:微型机主系统、模拟量输入部分、开关量输出接口、(　　)。

A 开关量输入部分　　　　　　　　B 逆变电源部分

C 通信部分　　　　　　　　　　　D 按键、显示部分

4. 微机保护中启动元件是(　　),判断是否有故障电流分量产生。

A 继电器　　　　　　　　　　　　B 阻容器件

C 电流变送器　　　　　　　　　　D 采样计算程序

二、简答题

1. 从功能上来说,微机保护装置可以分为哪几个部分?

2. 基于 A/D 转换的数据采集系统由哪几部分组成?试画出其原理方框图。

3. 微机保护装置有哪些特点?

4. 电压形成回路有哪几种形式?其作用是什么?

5. 对采样频率有什么要求?模拟低通滤波器与采样频率有什么关系?

6. 对采样保持电路有什么要求?

任务二　线路微机保护装置与测试

引言

随着电力系统的发展,出现了容量大、电压高或结构复杂的网络,这时传统的继电器保护难以满足电网对保护的要求,而以微处理器(或有关部件、组件)和数字计算技术为基础实现对输电线路运行故障或异常情况的保护占据主导地位。其具有维护调试方便,可靠性高,动作正确率高,易于获得各种附加功能,保护性能容易得到改善,使用灵活、方便和具有远方监控等优点。因此,线路微机保护装置与测试被列为必修项目。

学习目标

(1) 能按照国家电网公司电力安全工作规程做好线路微机保护试验准备工作。

（2）能按照国家电网公司电力安全工作规程实施线路微机保护保护试验工作。

（3）能按照国家电网公司电力安全工作规程实施线路微机保护试验后续工作。

过程描述

（1）线路微机保护准备工作。按设计图纸连接线。准备工具材料和仪器仪表，做好线路微机保护试验准备工作并办理工作许可手续。

（2）线路微机保护试验。运用实际断路器做传动试验，做好装置投运准备工作，记录线路微机保护试验发现问题及处理情况。

（3）将全部试验接线恢复正常方可投入运行。向运行专业封工作票，终结工作票，清扫、整理现场。

过程分析

为了达到线路微机保护试验的标准要求，试验的各项操作必须严格按照国家电网公司电力安全工作规程操作。

（1）故障前正常状态为三相额定电压，电流为零，且 TV 断线信号需经10 s 延时复归，否则 TV 断线闭锁方向保护。试验时一般投重合闸正常方式，从正常状态开始延时 15 s 至重合闸充电灯亮，否则试验时重合闸不启动并沟通三跳。保护的故障前时间应满足 TV 断线灯熄灭、重合闸灯点亮的要求，一般故障前时间为 25 s。

（2）低阻抗距离保护段数越高，整定阻抗值越大，整定时间越长，则测量阻抗低于整定阻抗动作；过电流保护段数越高，整定电流越小，整定时间越长，则测量电流高于整定电流动作。一般只要求模拟距离保护 0.95 倍整定阻抗动作，1.05 倍整定阻抗不动作；电流保护 0.95 倍整定电流不动作，1.05 倍整定电流动作，不做具体的动作值。

（3）加故障量时间大于保护整定时限是保护动作条件之一，否则故障时间短，保护不动作。最大试验时间（模拟故障量的最大输出时间）应大于保护整定时间与重合闸动作时间（单重 0.8 s）之和，对快速可设为 1 s，对有时限保护可设为保护时限加 1 s。

（4）方向保护应分别模拟正方向动作、反方向不动作的试验。

（5）保护动作时应即时切除故障，否则为永久性故障，无法模拟瞬时性故障。因此，保护装置输出不保持接点应与试验仪输入接点各相对应连接，实现保护动作时应即时切除故障。

（6）做某项保护时只投入与该保护相关的压板，退出其他保护压板，防止多个保护同时动作。

知识链接

一、微机输电线电流差动保护

为了说明微机保护的优越性，下面介绍一种只有用具有强大运算能力才能实现的一种输电线电流差动保护新原理。分相电流差动保护具有选相功能，不受系统振荡影响，在线路非全相状态下仍能正确工作，具有绝对的选择性，是高压输电线最理想的保护方式。但是这种保护受输电线分布电容影响很大，不能用于超高压长距离输电线。在常规保护中采用各种补偿方法补偿其影响，但在故障的暂态情况下很难完全补偿，而在微机保护中就可应用微机巨大的计算能力解决这一难题。

众所周知，由贝瑞隆（Bergeron）提出的输电线模型是一种比较精确的输电线路模型，它反映了输电线路内部无故障时（包括稳态运行和区外故障）两端电压、电流之间的关系，而线路内部故障时，相当于在故障点增加了一个节点，这种关系被破坏。微机保护即可利用这一差别区分线路内部和外部故障，构成一种新的差动保护原理。利用微机强大而快速的计算能力自动地考虑电容电流的影响，不再需要进行电容电流的补偿。

1. 输电线贝瑞隆模型简介

输电线路的各相之间都是有耦合的，这表现在线路电阻、电容、电感参数（在超高压和特高压线路上可忽略电导）矩阵中有非零非对角元素。无论是完全换位的平衡线路还是不平衡线路，都可以通过一定的转换矩阵使其参数矩阵完全对角化或近似对角化，即转化为模分量，从而形成相互之间没有耦合的模分量。其中线路的每一个模分量都满足贝瑞隆模型，如图6-12所示。图中所示为每一个模分量的一相线路。对于三相均匀换位线路来说，如果采用 Karen-bauer 变换矩阵求模分量，变换矩阵为：

$$S = \begin{bmatrix} 1 & 1 & 1 \\ 1 & -2 & 1 \\ 1 & 1 & -2 \end{bmatrix}, S^{-1} = \frac{1}{3}\begin{bmatrix} 1 & 1 & 1 \\ 1 & -1 & 0 \\ 1 & 0 & -1 \end{bmatrix}$$

对于非均匀换位线路不能使用固定的模变换矩阵,可以根据线路参数在实域或复数域中求解模变换矩阵。将电压、电流的相量转换为模量。

对于图 6-12 中每一个模分量的贝瑞隆模型,有:

$$Z_0 = \sqrt{L_0/C_0} , Z = Z_0 + R/4 \tag{6-1}$$

$$h = \left(Z_0 - \frac{R}{4}\right)\Big/\left(Z_0 + \frac{R}{4}\right) , \tau = l/v = l\sqrt{L_0 C_0} \tag{6-2}$$

式中　L_0、C_0——模量上线路每千米的电感、电容;

　　　R——模量上线路全长的电阻;

　　　Z_0——不考虑线路损耗时的波阻抗;

　　　Z——近似考虑损耗时的波阻抗;

　　　v——模量的波速。

输电线两端任意时刻 t 的电流如下:

$$i_m(t) = u_m(t)/Z + I_{mn}(t-\tau) \tag{6-3}$$

$$i_n(t) = u_n(t)/Z + I_{nm}(t-\tau) \tag{6-4}$$

式中　i_m、i_n——模量上线路两侧的电流,其正方向如图 6-12 所示;

　　　I_{mn}、I_{nm}——等值电流源,代表从本端的和对端来的反射波的历史值;

　　　τ——模量波在线路上的传播时间;

　　　u_m、u_n——模量上线路两侧电压。

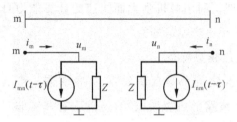

图 6-12　输电线路每一个模量上的贝瑞隆等值计算电路

根据模型,有

$$I_{mn}(t-\tau) = -\frac{1-h}{2}\left[\frac{u_m(t-\tau)}{Z} + h i_m(t-\tau)\right] - \frac{1+h}{2}\left[\frac{u_n(t-\tau)}{Z} + h i_n(t-\tau)\right]$$

$$\tag{6-5}$$

$$I_{\mathrm{nm}}(t-\tau)=-\frac{1-h}{2}\left[\frac{u_{\mathrm{n}}(t-\tau)}{Z}+hi_{\mathrm{n}}(t-\tau)\right]-\frac{1+h}{2}\left[\frac{u_{\mathrm{m}}(t-\tau)}{Z}+hi_{\mathrm{m}}(t-\tau)\right]$$

$$(6-6)$$

2. 保护动作新判据

对于一条双端三相线路,两侧装有电流差动纵联保护或相位差动纵联保护,以一侧(m 侧)为例说明保护的工作程序。在 m 侧通过采样得到保护安装处各时刻三相电压、电流采样值为 u_{ma}、u_{mb}、u_{mc}、i_{ma}、i_{mb}、i_{mc},通过光纤或微波通道,也可以得到对侧(n 侧)保护安装处经过采样同步化后各相同时刻的电压、电流采样值为 u_{na}、u_{nb}、u_{nc}、i_{na}、i_{nb}、i_{nc}。用 m 侧当前时刻 t 的 3 个电压量和以前($t-\tau$)时刻 m 侧三相的 6 个电压、电流量和对侧(n 侧)三相的 6 个电压、电流量,用贝瑞隆法公式(6-3)和式(6-5)计算得到线路 m 侧当前时刻 3 个电流量的计算值 i_{Jma}、i_{Jmb}、i_{Jmc}。然后用半波差分傅里叶算法对 3 个电流实测值 i_{ma}、i_{mb}、i_{mc} 和 3 个计算值 i_{Jma}、i_{Jmb}、i_{Jmc} 进行滤波得到各自的基波矢量 $\dot{I}_{\mathrm{ma}}$、$\dot{I}_{\mathrm{mb}}$、$\dot{I}_{\mathrm{mc}}$、$\dot{I}_{\mathrm{Jma}}$、$\dot{I}_{\mathrm{Jmb}}$、$\dot{I}_{\mathrm{Jmc}}$,然后分别对实测值和计算值进行比较,形成 m 侧保护的动作量。在 n 侧与此相似,应用 t 时刻 n 侧的 3 个电压量 u_{na}、u_{nb}、u_{nc} 和($t-\tau$)时刻 m 侧的 6 个电压、电流量和 n 侧 6 个电压、电流量,用贝瑞隆公式(6-4)和式(6-6)计算得到线路 n 侧 t 时刻的电流计算值 i_{Jna}、i_{Jnb}、i_{Jnc},用半波差分傅里叶算法对 3 个电流实测值 i_{na}、i_{nb}、i_{nc} 和 3 个计算值 i_{Jna}、i_{Jnb}、i_{Jnc} 进行滤波得到各自的基波矢量 $\dot{I}_{\mathrm{na}}$、$\dot{I}_{\mathrm{nb}}$、$\dot{I}_{\mathrm{nc}}$、$\dot{I}_{\mathrm{Jna}}$、$\dot{I}_{\mathrm{Jnb}}$、$\dot{I}_{\mathrm{Jnc}}$,将实测值和计算值进行比较,求得 n 侧保护的动作量。用两侧保护的动作量构造两种新的保护判据。以上计算中都应先将三相的量转换成模分量,用贝瑞隆等值电路计算后,再将模分量转换成相量,此处从略。

3. 新的分相电流差动判据

在线路两侧分别求出各相电流实测值和计算值之差作为分相电流差动保护各相的动作量。在 m 侧三相的动作量分别为:

$$\mathrm{d}I_{\mathrm{ma}}=|\dot{I}_{\mathrm{ma}}-\dot{I}_{\mathrm{Jma}}|,\mathrm{d}I_{\mathrm{mb}}=|\dot{I}_{\mathrm{mb}}-\dot{I}_{\mathrm{Jmb}}|,\mathrm{d}I_{\mathrm{mc}}=|\dot{I}_{\mathrm{mc}}-\dot{I}_{\mathrm{Jmc}}| \qquad (6-7)$$

在 n 侧三相的动作量分别为:

$$\mathrm{d}I_{\mathrm{na}}=|\dot{I}_{\mathrm{na}}-\dot{i}_{\mathrm{Jna}}|,\mathrm{d}I_{\mathrm{nb}}=|\dot{I}_{\mathrm{nb}}-\dot{I}_{\mathrm{Jnb}}|,\mathrm{d}I_{\mathrm{nc}}=|\dot{I}_{\mathrm{nc}}-\dot{I}_{\mathrm{Jnc}}| \qquad (6-8)$$

然后在两侧分别按给定的定值,判断是否有内部故障。定值可按大于外部故障时可能产生的最大不平衡动作量给定。以 A 相为例,如果在 m 侧 $\mathrm{d}I_{\mathrm{ma}}$ 大于定值,则跳开 m 侧相应断路器(单相或三相),并通过通信通道发出跳闸信号或允许信号跳开对端。如果在 n 侧 dI_{na} 大于定值,则与上相似,跳开两侧断路器。如果 dI_{ma} 和 dI_{na} 都小于定值,说明 A 相区内无故障,两侧保护都不动作。两侧保护各相的动作判据如下:

$$m\ 侧:dI_{ma} \geqslant 定值,或\ dI_{mb} \geqslant 定值,或\ dI_{mc} \geqslant 定值$$

$$n\ 侧:dI_{na} \geqslant 定值,或\ dI_{nb} \geqslant 定值\ ,或\ dI_{nc} \geqslant 定值$$

因为贝瑞隆模型真实地反映了两端母线之间线路内无故障的稳态运行或外部故障的暂态过程,故在内部无故障时理论上计算值和实测值应该基本相等,故有 $\dot{I}_{ma} = \dot{I}_{Jma}$,$\dot{I}_{mb} = \dot{I}_{Jmb}$,$\dot{I}_{mc} = \dot{I}_{Jmc}$,$\dot{I}_{na} = \dot{I}_{Jna}$,$\dot{I}_{nb} = \dot{I}_{Jnb}$,$\dot{I}_{nc} = \dot{I}_{Jnc}$。因此,两侧新的分相电流差动保护的动作量 dI_{ma}、dI_{mb}、dI_{mc}、dI_{na}、dI_{nb}、dI_{nc} 都应该等于零。但考虑到各种误差和简化考虑损耗的影响,它们不会绝对为零。可按最大可能的误差规定一定值,如果这些动作量都小于此定值,则表示电压、电流关系满足贝瑞隆模型,输电线内部没有故障。如果线路发生内部故障,则贝瑞隆模型被破坏,必然产生大于定值的动作量使保护动作。

上面为了叙述方便,分别在两侧进行故障位置的判断,实际上在每一侧都能计算出两侧的动作量,同时进行两侧保护动作判据的判断,可将判断结果按"与门"输出或按"或门"输出,给使用者灵活运用的可能性。

由以上分析可以看出,基于贝瑞隆模型的保护判据与传统的判据相比,差别就在于前者是比较同侧量,后者是比较异侧量。因为线路有分布电容电流,使用异侧量相比较就会受其影响,而使用同侧量相比较就避免了电容电流的影响。

这种保护原理从根本上解决了长距离输电线电容电流影响的难题,使这种卓越的保护原理也能用于任何长距离的超高压和特高压输电线路。但是,这种原理需要大量快速的计算,只有用微机才有可能实现。应用微机可以实现任何复杂的保护原理,使继电保护的性能发生质的变化。

二、工频变化量测量元件

近几年继电保护工作者研制了不少使用新原理的保护装置,其中占主导地位的是反映故障分量的继电保护装置。因为故障分量在非故障状态下不存在,只在设备发生故障时才出现,所以可用叠加原理来分析故障分量的特征。将电力系统发生的故障视为非故障状态与故障附加状态的叠加,利用计算机技术,可以方便地提取故障状态下的故障分量。内部故障分量用于切除故障设备,外部故障分量用于防止切除非故障设备。

常规保护装置反映的是故障前的工频分量和故障中的工频分量之和;行波保护反映的是故障分量及故障分量中的工频成分和暂态成分;工频变化量测量元件仅反映故障分量中的工频成分。常规保护装置可靠性高而动作速度较慢;行波保护动作速度快而可靠性较差。工频变化量测量元件具有常规保护的可靠性和行波保护的快速性。工频变化量特别易于实现数字型保护,微机保护提取工频变化量相当容易,所以工频变化量微机保护装置得到普遍应用。

1. 工频变化量方向元件

工频变化量方向元件判别故障分量中工频成分与 $\Delta \dot{U} \Delta \dot{I}$ 的相角。

1) 工频变化量 $\Delta \dot{U}$ 与 $\Delta \dot{I}$ 角度分析

设系统如图 6-13 所示,由于工频变化量元件仅反映故障分量中的工频成分,产生工频变化量的电源仅是故障点的附加电源。在图 6-13 中的 K_1 点故障时,相当于 K_1 点投入一个新电源 $\Delta \dot{E}$,工频变化量即由此新电源产生。

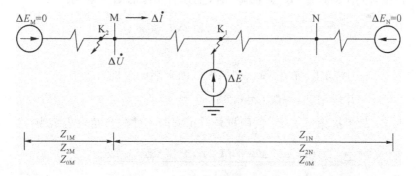

图 6-13 工频变化量等效电路图

对称分量增量的表达式为:

$$\begin{cases} \Delta \dot{I}_A = \Delta \dot{I}_1 + \Delta \dot{I}_2 + \Delta \dot{I}_0 \\ \Delta \dot{I}_B = a^2 \Delta \dot{I}_1 + a \Delta \dot{I}_2 + \Delta \dot{I}_0 \\ \Delta \dot{I}_C = a \Delta \dot{I}_1 + a^2 \Delta \dot{I}_2 + \Delta \dot{I}_0 \end{cases} \tag{6-9}$$

由式(6-9),可得

$$
\begin{cases}
\Delta \dot{I}_{AB} = (1-a^2)\Delta \dot{I}_1 + (1-a)\Delta \dot{I}_2 \\
\Delta \dot{I}_{BC} = (a^2-a)\Delta \dot{I}_1 + (a-a^2)\Delta \dot{I}_2 \\
\Delta \dot{I}_{CA} = (a-1)\Delta \dot{I}_1 + (a^2-1)\Delta \dot{I}_2
\end{cases}
\tag{6-10}
$$

同理可得

$$
\begin{cases}
\Delta \dot{U}_{AB} = (1-a^2)\Delta \dot{U}_1 + (1-a)\Delta \dot{U}_2 \\
\Delta \dot{U}_{BC} = (a^2-a)\Delta \dot{U}_1 + (a-a^2)\Delta \dot{U}_2 \\
\Delta \dot{U}_{CA} = (a-1)\Delta \dot{U}_1 + (a^2-1)\Delta \dot{U}_2
\end{cases}
\tag{6-11}
$$

输电线路正序阻抗 Z_{1m} 与负序阻抗 Z_{2m} 相等,即 $Z_{1m}=Z_{2m}$,在正方向短路时,有

$$
\begin{cases}
\Delta \dot{U}_1 = \Delta \dot{I}_1 Z_{1m} \\
\Delta \dot{U}_2 = -\Delta \dot{I}_2 Z_{2m} = \Delta \dot{I}_2 Z_{1m}
\end{cases}
\tag{6-12}
$$

取 AB 相间方向元件为分析对象,说明工频变化量方向元件的工作原理。正方向故障(图 6-13 中 K_1 点故障)时,正方向元件的测量角为:

$$
\varphi_+ = \arg \frac{\Delta \dot{U}_{AB} - \Delta \dot{I}_{AB} C Z_{set}}{\Delta \dot{I}_{AB} Z_{set}}
\tag{6-13}
$$

式中 Z_{set}——整定阻抗(故障点到保护范围末端的阻抗);

C——补偿系数,一般 $C=0.35\sim0.45$。

取 Z_{set} 的阻抗角等于 Z_m 的阻抗角。正方向元件测量角可表示为:

$$
\begin{aligned}
\varphi_+ &= \arg \frac{(1-a^2)\Delta U_1 + (1-a)\Delta \dot{U}_2 - \Delta \dot{I}_{AB} C Z_{set}}{\Delta \dot{I}_{AB} Z_{set}} \\
&= \arg \frac{-(1-a^2)\Delta \dot{I}_1 Z_{1m} - (1-a)\Delta \dot{I}_2 Z_{2m} - \Delta \dot{I}_{AB} C Z_{set}}{\Delta \dot{I}_{AB} Z_{set}} \\
&= \arg \frac{-\Delta \dot{I}_{AB}(Z_{1m} + C Z_{set})}{\Delta \dot{I}_{AB} Z_{set}} = 180°
\end{aligned}
\tag{6-14}
$$

工频变化量方向元件设有正方向元件和反方向元件。正方向元件动作后开放保护;反方向元件动作后闭锁保护。为此,在分析工频变化量方向元件的工作原理时,应同时分析正、反方向元件的工作特性。

正方向故障时,反方向元件的测量角为:

$$\varphi_- = \arg\frac{\Delta\dot{U}_{AB}}{-\Delta\dot{I}_{AB}Z_{set}} = \arg\frac{Z_{1m}}{Z_{set}} = 0° \tag{6-15}$$

反方向故障(图 6-13 中的 K_2 点故障)时,正、反方向元件的测量角分别为:

$$\begin{cases} \varphi_+ = \arg\dfrac{Z_{1m}+CZ_{set}}{Z_{set}} = 0° \\[3mm] \varphi_- = \arg\dfrac{Z_{1m}}{-Z_{set}} = 180° \end{cases} \tag{6-16}$$

综上所述,当正方向故障时,正方向元件的测量角为 $180°$,反方向元件的测量角为 $0°$。当反方向故障时,正方向元件的测量角为 $0°$,反方向元件的测量角为 $180°$。

2) 工频变化量方向元件的工作原理

方向元件的动作条件可规定为 $180°$,正向元件动作后开放保护,反方向元件动作后闭锁保护。反方向元件保证在反方向任何故障情况下保护都能够有选择不动作,不存在传统保护中的按相启动问题。

在实际装置中,可通过判别 $\Delta\dot{U}$ 与 $\Delta\dot{I}Z_m$ 异极性的时间来实现对 $\varphi+$ 和 $\varphi-$ 的检测。对正方向元件,当 $\Delta\dot{U}$ 与 $\Delta\dot{I}Z_m$ 异极性的时间大于 4 ms 时动作;对反方向元件,当 $\Delta\dot{U}$ 与 $\Delta\dot{I}Z_m$ 异极性的时间大于 3 ms 时动作;其动作条件并非 $180°$(工频 $180°$ 对应 10 ms)。经调整后,既增强了装置的抗干扰能力,也提高了装置动作的可靠性。

在正方向元件比较式中引入 CZ_{set} 是为提高反映正向故障的灵敏度,则

$$\angle\varphi_{set} = \angle\varphi_m$$

式中　φ_{set}——整定阻抗角;

　　　φ_m——测量阻抗角。

引入 CZ_{set} 后不会改变方程原有的性质。工频变化量方向元件的原理框图,如图 6-14 所示。

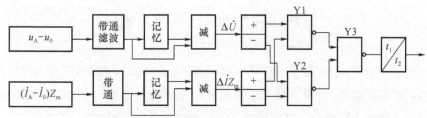

图 6-14　工频变化量方向元件原理框图

在图 6-14 中,首先由带通滤波器滤出输入电压中的工频分量,工频分量输送给记忆和减法器;记忆回路记忆故障前的工频电压与当前电压相减后形成工频变化量 $\Delta \dot{U}$ 与 $\Delta \dot{I} Z_\mathrm{m}$。将电压、电流输入到"减"输出,称为工频变化量形成器。

工频变化量形成后,分别由极性形成回路形成"＋"、"－"极性信号,然后由与门电路 Y1、Y2 、Y3 进行比较,经 t_1 积分(判别异极性的时间),t_2 展宽(记忆)到 40 ms 输出。

2. 工频变化量阻抗元件

工频变化量阻抗元件的基本原理是测量工作电压工频变化量的幅值。动作方程为:

$$|\Delta \dot{U}_\mathrm{op}| \geqslant U$$

设网络如图 6-15 所示,取工频变化量测量电压为:

$$\Delta \dot{U}_\mathrm{op} = \Delta \dot{U} - \Delta \dot{I} Z_\mathrm{set} \tag{6-17}$$

式中　$\Delta \dot{U}_\mathrm{op}$——工作电压的工频变化量;

　　　$\Delta \dot{U}$——保护安装处母线电压的工频变化量;

　　　U——整定点故障前的电压;

　　　$\Delta \dot{I}$——工频变化量电流;

　　　Z_set——整定阻抗。

下面分析工频变化量阻抗元件的工作原理。为简化分析,取 $U = |\Delta \dot{E}_\mathrm{s}|$,则

$$U = |\Delta \dot{E}_\mathrm{s}| = |\Delta \dot{I}_\mathrm{m}(Z_\mathrm{F} + Z_\mathrm{m})|$$

$$\Delta \dot{U}_\mathrm{op} = \Delta \dot{U} - \Delta \dot{I} Z_\mathrm{set} = -\Delta \dot{I}_\mathrm{m} Z_\mathrm{F} - \Delta \dot{I}_\mathrm{m} Z_\mathrm{set} = \Delta \dot{I}_\mathrm{m}(Z_\mathrm{F} + Z_\mathrm{set})$$

即 $|\Delta \dot{U}_\mathrm{op}| \geqslant U$ 可写成

$$\begin{cases} |\Delta \dot{I}_\mathrm{m}(Z_\mathrm{F} + Z_\mathrm{set})| \geqslant |\Delta \dot{I}_\mathrm{m}(Z_\mathrm{F} + Z_\mathrm{m})| \\ |Z_\mathrm{F} + Z_\mathrm{set}| \geqslant |Z_\mathrm{F} + Z_\mathrm{m}| \end{cases} \tag{6-18}$$

式(6-18)中,等效电源内阻 Z_F 与整定阻抗 Z_set 均为定值,而测量阻抗 Z_m 随短路点的不同而变化,故式(6-18)在复平面上表示的是以 $-Z_\mathrm{F}$ 矢量末端为圆心、$|Z_\mathrm{F} + Z_\mathrm{set}|$ 为半径的下偏特性圆。其阻挠原理系统图如图 6-15 所示。

在图 6-15 所示的 K_1 点故障,ΔZ 落在图 6-16(a) 的第Ⅲ象限,在动作区内,

保护可靠地动作。

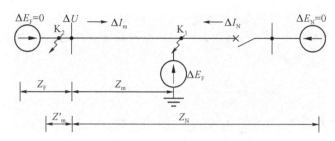

图6-15　分析工频变化量阻抗原理的系统图

若故障发生在反方向,如图 6-15 所示的 K_2 点,则

$$
\begin{cases}
\Delta \dot{E}_s = \Delta \dot{I}_N (Z_m + Z_N) \\
\Delta \dot{U}_{op} = \Delta \dot{U} - \Delta \dot{I}_N Z_{set} = \Delta \dot{I}_N (Z_N + Z_{set})
\end{cases}
\tag{6-19}
$$

式(6-19)的特性如图 6-16(b)所示,圆心为 $-Z_N$ 矢量末端,半径为 $|Z_N - Z_{set}|$,而反方向故障,$|Z_N|$ 恒大于 $|Z_{set}|$,总是落在图 6-16(b)第 I 象限,即动作特性之外,所以保护有选择地不动作。

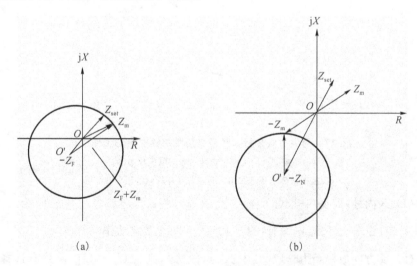

图6-16　工频变化量阻抗元件特性图

(a)正向故障时的动作特性图;(b)反向故障时的动作特性图

这里分析的是变化量,电气量 ΔE 及动作特性都是在变化的,不能以静止的观点分析工频变化量阻抗元件的动作特性。

工频变化量阻抗元件的主要优点是动作速度快,在实际中已广泛应用。为帮助大家更好地掌握工频变化量阻抗元件的工作原理,下面从电压的角度讨论其工作原理。

分析过程如图 6-17 所示,取 $U=\Delta E_s$,故障瞬间叠加的 ΔE_s,其幅值可理解为故障前的额定值。

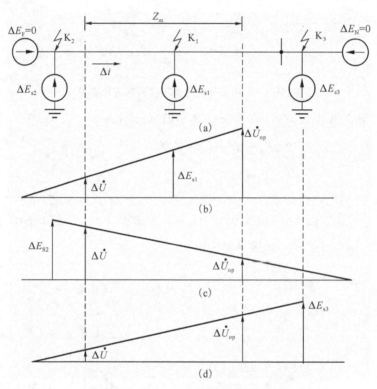

图 6-17   用电压法分析工频变化量阻抗继电器的工作原理

(a)系统图;(b)正向保护区内故障电压分布图;

(c)反向故障电压分布图;(d)正向区外故障电压分布图

(1) 区内故障(图 6-17(a)中 K_1 点故障)时,$\Delta \dot{I}$ 与参考电流方向相反,则 $|\Delta \dot{U}_{op}|=|\Delta \dot{U}-\Delta \dot{I} Z_{set}|$,恒有 $|\Delta \dot{U}_{op}|>U$ 保护可靠地动作。

(2) 反方向故障(图 6-17(a)中 K_2 点故障),则 $|\Delta \dot{U}_{op}<U|$,保护有选择地不动作。

(3) 正方向区外故障(图 6-17(a)中 K_3 点故障),从图 6-17(d)中不难得出 $|\Delta \dot{U}_{op}|<U$。

保护有选择地不动作。

这里要注意工频变化量距离(阻抗)继电器与低压距离(阻抗)继电器的差

别。工频变化量电流是故障点的附加电动势 $\Delta \dot{E}_s$ 产生的,其方向是由故障点流向保护安装处;而低压距离继电器采用的电流是电源电动势产生的,其方向是由保护安装处流向故障点。因此,它们在复平面上表示出来的动作特性是不一样的。

技能训练

(1)能识读保护图纸,学会按照图纸完成线路的微机保护试验。

(2)正确填写继电器的检验、调试、维护记录和校验报告。

(3)会正确使用、维护和保养常用校验设备、仪器和工具。

完成任务

将班级学生分成小组,每组由 3 人组成,即工作负责人和 2 名工作班成员。试验进行中的接线、调节负载、保持电压或电流、记录数据等工作每人应有明确的分工,三者互相监督,不得互相兼任,以保证试验操作协调,记录数据准确可靠,发生故障时,继电器 100% 不误动。

学习评价

1. 工作成果评价

严格按照国家电网公司电力安全工作规程,对线路微机保护试验操作程序、操作行为和操作水平等进行评价,如表 6-3 所示。

表 6-3 线路微机保护工作评价表

学习目标	评价指标	评价标准	自评	小组评	教师评
调校准备	操作程序	正确			
	操作行为	规范			
	操作水平	熟练			
调校实施	操作程序	正确			
	操作行为	规范			
	操作水平	熟练			
	操作精度	达到要求			
后续工作	操作程序	正确			
	操作行为	规范			
	操作水平	熟练			

2. 学习成果评价

按照职业教育技术类技能型人才培养要求,主要评价线路微机保护知识与技能、操作技能及情感态度等的情况,如表 6-4 所示。

表 6-4　线路微机保护学习成果评价表

评价项目	评价标准	等级（权重）分				自评	小组评	教师评
		优秀	良好	一般	较差			
知识与技能	微机输电线电流差动保护	10	8	5	3			
	工频变化量测量元件	10	8	5	3			
	能识读保护图纸,学会按照图纸完成线路的微机保护试验	10	8	5	3			
	正确填写报告;正确使用、维护和保养常用校验设备、仪器和工具	8	6	4	2			
操作技能	熟悉运用网络独立收集、分析、处理和评价信息的方法	10	8	5	3			
	积极参与小组合作与交流	10	8	5	3			
	能制作 PPT,将搜集到的材料用 PPT 清楚地展现出来,而且比较有创新	8	6	4	2			
情感态度	课堂上积极参与,积极思维,积极动手、动脑,发言次数多	8	6	4	2			
	小组协作交流情况:小组成员间配合默契,彼此协作愉快,互帮互助	10	8	5	3			
	对本内容兴趣浓厚,提出了有深度的问题	8	6	4	2			
课堂调查:书面写出你在学习本节课时所遇到的困难,向教师提出较合理的教学建议		8	6	4	2			
自评意见:								
小组评意见:								
教师评意见:								
努力方向:								

思考与练习

一、填空题

1. 应用微机高频保护装置,当输电线出现单相接地故障时,由_____保护动作跳闸,且零序电压由_____相加产生。

2. 对微机故障录波器,当系统发生振荡时录波器应_____,当系统发生对称短路故障时录波器应_____。

3. 在微机保护中 $3U_0$ 突变量闭锁零序保护的作用是_____。

二、简答题

1. 简述工频变化量测量元件的特点和工频变化量阻抗元件的工作原理。

2. 微机保护在定值整定上与传统的保护相比有何不同?

任务三　电力系统主设备微机保护装置与测试

引言

电力系统主设备的继电保护,一般是指电力变压器、发电机和母线的保护。电力系统主设备的主保护是差动保护,除差动保护外,再根据各自的特点和重要程度,配置反映各种故障和不正常工作状态的继电保护装置。目前,在各电力主设备上,微机保护装置得到了广泛应用。因此,电力系统主设备微机保护装置及测试被列为必修项目。

学习目标

(1)能按照国家电网公司电力安全工作规程做好微机型主设备保护试验检查准备工作。

(2)能按照国家电网公司电力安全工作规程实施微机型主设备保护试验检查工作。

(3)能按照国家电网公司电力安全工作规程实施微机型主设备保护试验检查后续工作。

过程描述

（1）微机型主设备保护试验检查准备工作。准备工具材料和仪器仪表，做好微机型主设备保护试验检查准备工作并办理工作许可手续。

（2）微机型主设备保护试验检查。运用实际断路器做传动试验，做好装置投运准备工作，记录微机型主设备保护试验检查发现问题及处理情况。

（3）将全部试验接线恢复正常方可投入运行。向运行专业封工作票，终结工作票，清扫、整理现场。

过程分析

为了达到微机型主设备保护试验检查的标准要求，试验的各项操作必须严格按照国家电网公司电力安全工作规程操作。

（1）外观及柜内接线检查。在进行试验检查之前，应断开外加所有电源（直流电源及交流电源）。

检查保护柜（盘）及保护机箱应无变形、损伤。各标准插件的插拔应灵活，接头的接触应可靠。具有分流片的交流电流插件，当插件插入机箱后，分流片应能可靠断开。拧紧柜（盘）后端子排上的接线端子及短接联片的固定螺丝，严防 TA 二次回路开路或接触不良。各复归及试验按钮等应操作灵活，无卡及损伤现象。

（2）各回路绝缘电阻的测量。各强电回路对地绝缘电阻应大于 10 MΩ；出口继电器各对接点之间的绝缘电阻大于 20 MΩ；5 V、15 V 系统及 24 V 系统对地的绝缘电阻大于 5 MΩ；5 V、15 V 系统对 24 V 系统之间的绝缘电阻大于 2 MΩ；各强电回路对弱电回路之间的绝缘电阻大于 10 MΩ。

知识链接

为保证大型发电机变压器组的安全运行，必须对其装设完善的继电保护装置，近年来我国研制的发变组微机继电保护装置，很好地解决了这一问题。

一、发电机变压器组微机继电保护

1. 发变组微机保护的硬件结构

由于发变组保护的种类多,可靠性要求高,通常发变组微机保护装置采用多 CPU 系统,即保护装置由若干个分别独立的 CPU 微机系统组成,每个 CPU 系统合理分担各种保护功能,各 CPU 系统并行工作,因此可提高可靠性和保护的动作速度。

微机保护的原理及功能主要由相应软件程序决定,因此具有不同保护原理和功能的各 CPU 系统的硬件结构完全相同。CPU 系统主要由输入信号隔离和电压形成变换、模拟滤波、A/D 转换、CPU、I/O 接口、信号和出口继电器以及驱动逻辑、电源等电路组成,其基本硬件框图如图 6-18 所示。在装置中,采用分板插件形式,将一个 CPU 系统中各电路分散在若干个插件板中,以便于实现整套保护装置功能的增减组合和硬件的维护及更换。

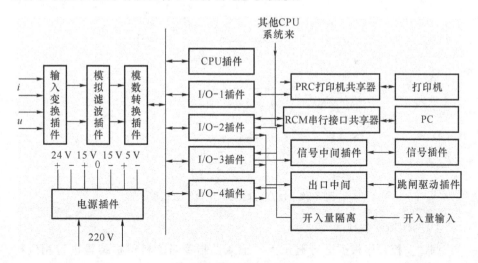

图 6-18　基本硬件框图

2. 发变组微机保护的软件结构

微机保护的软件基于硬件结构来完成各种保护算法和逻辑判断功能以及保护装置的整定与运行监视。CPU 系统软件采用模块化结构,主要由调试监控程序、运行监控程序和继电保护功能程序三大模块组成。当装置运行在调试状态时,调试程序可根据输入指令,对装置进行全面的检查、测试和整定。若装置工作在运行状态,运行监控程序自动对装置进行自检,各种在线监视以及打印机的管理等。继电保护功能程序适时进行数据采集、数字滤波、电气参数计算,并实现各保护判据以及出口信号的输出。

1) 软件总框图

发变组微机保护软件总框图如图 6-19 所示。当保护装置一经通电或复位,首先进入初始化程序,对随机存储器,可编程 I/O 接口等进行初始化。然后,识别装置面板上的"调试/运行"方式开关的状态。方式开关处在运行位置,则立即调用并运行监控程序,在监控程序运行过程中,即时响应中断服务程序的请求,周期性地进入并执行继电保护功能程序。若方式开关拨在调试位置,装置进入调试监控程序运行。微机保护进入调试状态后,即可使用面板上的键盘、拨轮开关、显示器及打印机,对装置进行调试监控、调试整定等操作。

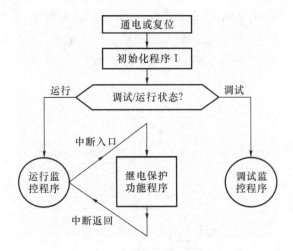

图 6-19   发变组微机保护软件总框图

2) 调试监控程序

调试监控程序根据运行调试人员输入的指令对微机保护装置进行相应检查、调试、监控和测试,并能实现定值调整、数据打印等功能。调试监控程序逻辑框图如图 6-20 所示,当装置进入调试状态后,显示器显示"DUB"状态,即可使用键盘、拨轮开关和显示器进行定值显示及修改、A/D 输入显示、时钟整定、整定值菜单打印、出口继电器检查、硬件检查等操作。

3) 运行监控程序

运行监控程序具有自动地对装置进行全面自检、在线监视以及打印机管理等功能。运行监控程序逻辑框图如图 6-21 所示。当保护装置进入运行监控程序后,首先进行静态自检,即在保护软件执行前对保护装置硬件进行全面、连续的检查。如果自检出某一插件出错,则转向自检出错处理程序,对出错性质及对象进行判别、分类等处理,并发出警告信号,打印出错信息。必要时闭锁保护出口,防止保护误动。

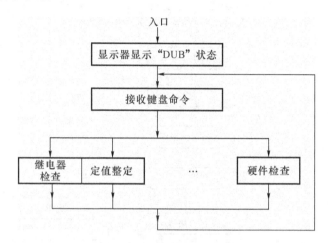

图6-20 调试监控程序逻辑框图

若静态自检通过后,立即进入初始化程序Ⅱ,对保护用存储器和I/O接口等进行初始化,做好执行保护功能程序的一切必要准备。然后开启中断,转入继电器保护功能程序,并对中断程序进行管理,使保护功能程序以采样频率周期性地执行。在每次中断返回后的剩余时间内对保护装置进行动态自检,动态自检与静态自检内容基本相同,只不过其检查是断续的,不至于影响下一采样周期保护中断申请的执行。自检通过后则进入动作报告自动打印管理及运行状态监视程序。

当动态自检通过后,若保护有跳闸出口或发信号,打印机将自动打印保护动作情况报告,如属哪层CPU系统动作、动作时间、动作量等情况。随后根据设定要求对输入信号量,保护定值、A/D采样通道和有关保护的计算、判别结果等进行监视。如果动态自检中某一硬件检查未通过,则转向自检出错处理程序。先关闭中断,停止保护程序的执行,并直接闭锁所有出口信号。然后发出装置故障告警信号,打印出故障硬件编号,提示继电保护人员进行详细检查。

应当指出,动态自检、动作报告自动打印管理和运行状态监视,是利用每个采样周期中断返回后的剩余时间断续完成的,这也是动态自检与静态自检的主要区别。另外,在运行监控程序开中断后,面板上的"随机打印"按钮也可以中断方式介入,打印出发变组运行的当前信息状态。

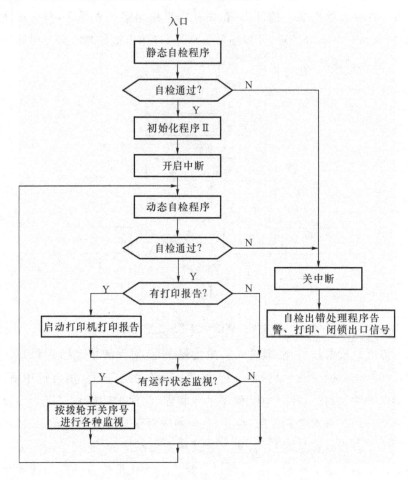

图 6-21　运行监控程序逻辑框图

4）继电保护功能程序

继电保护功能程序由中断服务程序和故障处理程序组成,用于实现模拟量采样、信号预处理、保护特性形成,并执行其功能。各保护虽然原理不同,计算方法各异,但保护功能程序的工作流程基本相同。一般包括输入信号的 A/D 转换,必要的数字滤波处理,电气参数的计算,各判据的实现以及出口信号的输出,继电保护功能程序逻辑框图如图 6-22 所示。当运行监控程序接受中断申请开中断后,首先对测量量进行采样、A/D 转换、数字滤波等信号处理。当保护投入运行,则点亮保护投入运行灯,显示保护处于运行状态。若保护未启动则中断返回至中断前的位置继续执行监控程序进行循环自检。若保护启动元件动作,先将中断返回地址修改为故障处理程序入口;然后执行中断返回进入故障处理程序,按继电器算法计算出所需的电气量;再依据动作判据判断保护是否满足动作条件,满足动作条件,则驱动出口动作于跳闸或发出信号,打印故障报告;最后,关闭中断返回到运行监控程序。

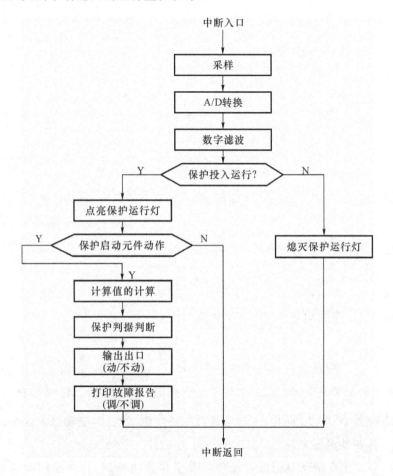

图 6-22　继电保护功能程序逻辑框图

3. 发变组微机保护原理

1) 微机型变压器差动保护

微机型继电保护是通过程序编制来实现保护特性的,因此利用微机构成二次谐波制动的变压器差动保护能方便地获得更加理想的制动特性。

微机型二次谐波制动的变压器差动保护是在比率制动的差动保护中增设二次谐波识别元件而构成。当差动电流二次谐波分量超过定值,二次谐波识别元件闭锁差动元件防止保护误动。

（1）比率制动原理。微机型比率制动差动保护的比率制动原理可分为和差式比率制动和复式比率制动两类。

① 和差式比率制动原理。为了便于表述，选择变压器各侧电流流入变压器为正，如图 6-23 所示。

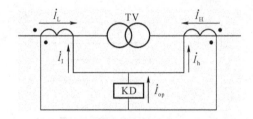

图 6-23　变压器差动保护电流参考方向

差动保护的差动电流取变压器两侧二次电流之和的绝对值，即

$$I_{op} = |\dot{I}_h + \dot{I}_I| \tag{6-20}$$

制动电流取变压器两侧二次电流之差的绝对值的 $1/2$，即

$$I_{brk} = \frac{|\dot{I}_h - \dot{I}_I|}{2} \tag{6-21}$$

和差式比率制动差动保护的动作判据为：

$$I_{op} > K_{rel} I_{brk} \tag{6-22}$$

显然，这与整流型比率制动差动保护相同。外部故障时，因 $\dot{I}_I$ 与 $\dot{I}_h$ 反相，差动电流为不平衡电流，而制动电流为短路电流二次值，有较强的制动作用。内部故障时，$\dot{I}_I$ 与 $\dot{I}_h$ 同相，差动电流为短路电流二次值，制动电流较小。一般情况下，保护能灵敏动作。

② 复式比率制动差动保护原理。采用和差比率制动，在变压器内部故障时，仍存在一定的制动量，这将降低差动保护的灵敏度。尤其是在变压器发生匝数很少的匝间短路和靠近中性点侧短路时，差动保护可能检测不出故障，形成保护死区。复式比率制动原理很好地解决了这个问题。

（2）微机型变压器差动保护程序框图。变压器差动保护的采样中断及故障处理程序框图，如图 6-24 所示。

当主程序向 CPU 申请中断进入差动保护采样中断服务程序后，立即对采样数字信号进行滤波和预处理，形成保护判据所需的各量。当差动保护启动元件动作后,首先转入差动速断元件测量程序。若差动速断元件满足动作判据,则进入 TA 断线闭锁元件的瞬时判别程序,判为 TA 断线,则发出 TA 断线报警信号,并闭锁保护,否则进入跳闸逻辑。若差动速断元件不动作,则转入比率差动元件测量程序,比率差动元件动作须经励磁涌流判别(二次谐波识别)元件判断是否因励磁涌流引起比率差动元件动作。若是,则制动比率差动元件;否则,进入 TA 断线判别后决定是否跳闸。完成跳闸逻辑判断后,返回主程序运行。

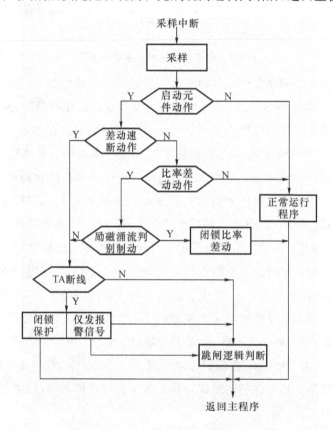

图 6-24　变压器差动保护的采样中断及故障处理程序框图

2)微机型变压器接地保护

微机型变压器接地保护由零序电流保护和间隙零序保护组成。

零序电流保护利用测量变压器中性点电流互感器二次零序电流大小来反映接地故障,其在变压器中性点接地时作为变压器接地故障的后备保护。

零序电流保护程序逻辑框图如图 6-25 所示,其由零序电流Ⅰ段和零序电流Ⅱ段构成阶段式零序电流保护。

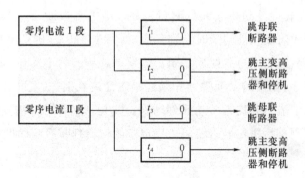

图 6-25　零序电流保护程序逻辑框图

　　零序电流 I 段的动作电流与相邻元件接地保护 I 段相配合,动作后以较短延时 t_1 跳开母联断路器,以较长时限 t_2 跳开变压器高压侧断路器,并停机。

　　零序电流 II 段的动作电流与相邻元件接地保护后备段相配合,动作后以较短延时 t_3 跳开母联断路器,以较长时限 t_4 跳开变压器高压侧断路器,并停机。

　　在变压器中性点不接地运行时,由间隙零序保护来反映接地故障,其由间隙零序电流元件和零序电压元件按"或"逻辑方式构成。间隙零序电流元件用于反映系统接地故障后,中性点间隙放电的零序电流,以避免间隙放电的时间过长。当放电间隙不放电时,则由零序电压元件动作于接地故障。

　　间隙零序保护的程序逻辑框图如图 6-26 所示。间隙零序电流保护或零序电压保护动作后,经短延时 t_0 动作于变压器高压侧断路器跳闸,并停机。间隙保护的时间元件在发生间歇性弧光接地时不得"中途返回",故时间元件可采用累加计时方法实现延时。变压器中性点接地隔离开关合上时,由开关量信号置禁止门控制端为 1 态,闭锁间隙零序保护,此时由零序电流保护作为变压器接地保护。

　　微机型变压器接地保护的整定计算与相应常规保护相同,保护判据可采用半周积分进行计算。

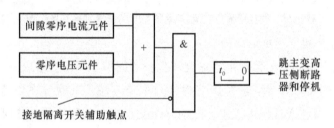

图 6-26　间隙零序保护程序逻辑框图

3）微机型变压器复合电压闭锁方向电流保护

当主变压器为三绕组变压器，为满足选择性要求应设置复合电压闭锁方向过电流保护，作为多侧电源三绕组变压器的相间后备保护。

微机型复合电压闭锁方向电流保护的保护程序逻辑主要由复合电压闭锁元件、功率方向元件、过电流元件和电压互感器断线闭锁元件组成，其程序逻辑框图如图 6-27 所示。

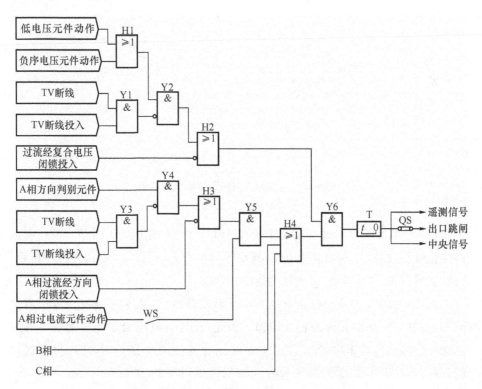

图 6-27　复合电压闭锁方向电流保护程序逻辑框图

（1）复合电压启动元件。低电压元件和负序电压元件经或门 Y1 形成或逻辑构成复合电压启动元件。低电压元件将 A、B 两相电压采样值计算出的线电压有效值 U_{ab} 与整定电压 U_{set} 比较，其动作判据为 $U_{ab} < U_{set}$，负序电压元件取由三相电压采样值计算出的负序电压 U_2 与负序电压整定值 U_{2set} 比较，其动作判据为 $U_2 > U_{2set}$。

低电压元件用以反映对称故障，负序电压元件反映不对称故障，它们动作后经 H1、Y2、H2 和 Y6 启动过电流保护。

（2）功率方向判别元件。微机保护可由记忆作用消除功率方向元件的电压死区，故功率方向判别元件可采用 0°接线的功率方向继电器算法来实现故障方向的判别。功率方向判别元件的动作方向可由控制字设定：当"过流方向指向"控制字为 1 时，动作方向指向变压器，最灵敏角 $\varphi_{\mathrm{sen}}=45°$；当"过流方向指向"控制字为 0 时，动作方向指向系统，最灵敏角 $\varphi_{\mathrm{sen}}=225°$。其动作特性如图 6-28 所示。

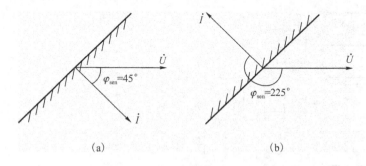

图 6-28　功率方向判别元件动作特性图

（a）方向指向变压器；（b）方向指向系统

（3）过电流元件。过电流元件将采样值计算出的相电流有效值与动作电流整定值进行比较，以判别故障电流，其动作判据为 $I_{\mathrm{p}}>I_{\mathrm{set}}$。过电流元件动作后，需经延时逻辑 T 出口跳闸，确保动作的选择性。

（4）TV 断线闭锁元件。当电压互感器回路断线，直接影响复合电压启动元件、功率方向判别元件的正确动作。因此，在复合电压启动元件和功率方向判别元件的动作逻辑中，设置了 TV 断线闭锁元件，TV 断线时，闭锁可能误动的元件。

当 TV 二次正序电压 $U_1<30\ \mathrm{V}$，且一相电流 $I_{\mathrm{p}}>0.04I_{\mathrm{N}}$ 或负序电压 $U_2>8\ \mathrm{V}$ 时，则判定为 TV 断线。TV 断线闭锁元件动作后，通过 Y2、Y4 的反相输入端分别闭锁复合电压启动元件和功率方向判别元件。

TV 断线闭锁元件可由控制字设定，通过与逻辑 Y1、Y3，分别对复合电压启动元件和功率方向判别元件的闭锁功能实现投退。

由图 6-27 可以看出，功率方向判别元件和过电流元件构成按相启动，以防止反向近区两相短路时，方向电流保护的误动作。复合电压启动元件和功率方向判别元件可分别由"过电流经复合电压闭锁投入"和"过电流经方向闭锁投入"控制字灵活地进行投退，以实现不同的过电流保护功能。

微机型复合电压启动的方向电流保护在各种相间短路情况下都有比较高的灵敏度,且接线简单、运行灵活,因此在大、中型变压器的继电保护中也得到广泛应用。

4) 微机型发电机匝间短路保护

微机型发电机匝间短路保护常采用零序电压原理构成,为提高保护灵敏度,引入三次谐波电压变化量进行制动,即构成三次谐波电压变化量制动的零序电压匝间短路保护。

三次谐波电压变化量制动的零序电压匝间短路保护程序逻辑框图,如图 6-29 所示,保护分为Ⅰ、Ⅱ两段。

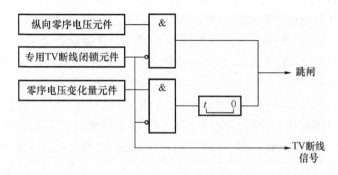

图 6-29　三次谐波电压变化量制动的零序电压匝间短路保护程序逻辑框图

Ⅰ段为次灵敏段,由纵向零序电压元件构成,其动作判据为 $3U_2 > U_{set}$,动作电压按躲过外部故障时出现的最大基波不平衡电压整定,保护瞬时动作出口。

Ⅱ段为灵敏段,其由零序电压变化量元件实现灵敏段的动作电压应可靠躲过正常运行时出现的最大基波不平衡电压,并引入三次谐波电压变化量进行制动,以防止外部故障时出现的最大基波不平衡电压引起保护的误动。其动作判据为:

$$3U_o - U_{unb} > K(U_{3\omega} - U_{3\omega N}) \tag{6-23}$$

式中　$3U_o$——专用 TV 开口绕组输出电压;

　　　U_{unb}——正常运行时出现的最大不平衡电压;

　　　$U_{3\omega}$——专用 TV 开口绕组输出电压的三次谐波分量;

　　　$U_{3\omega N}$——发电机额定运行时,专用 TV 开口绕组输出电压的三次谐波
　　　　　　　分量;

　　K——制动特性曲线的斜率。

　　令 $3U_{\circ}-U_{unb}=\Delta U_{\omega}$，$3U_2-U_{unb}=\Delta U_{\omega}$，则式（6-23）可表示为：

$$\Delta U_{\omega}>K\Delta U_{3\omega} \qquad (6\text{-}24)$$

　　灵敏段可带 $0.1\sim0.5$ s 延时动作出口，以躲过外部故障暂态过程的影响。微机型发电机还有定子绕组接地保护和失磁保护，在此不赘述。

二、微机母线保护

　　目前，电力系统母线主保护一般采用比率制动式差动保护，它的优点之一是减少了外部短路时的不平衡电流。但比率差动继电器由于采用一次的穿越电流作为制动电流，因此在区外故障时，若有较大的不平衡电流，就会失去选择性。另外，在区内故障时，若有电流流出母线，保护的灵敏度也会下降。

　　微机母线保护在硬件方面多采用 CPU 技术，使保护各主要功能分别由单个 CPU 独立完成；软件方面通过各软件功能相互闭锁制约，提高保护的可靠性。此外，微机母线保护通过对复杂庞大的母线系统各种信号（输入各路电流、电压模拟量、开关量及差电流和负序、零序量）的监测和显示，不仅提高了装置的可靠性，也提高了保护可信度并改善了保护人机对话的工作环境，减少了装置的调试和维护工作量，而软件算法的深入开发，则使母线保护的灵敏度和选择性得到不断的提高。例如，母线差动保护采用复合比率式的差动保护及采用同步识别法，克服了 TA 饱和对差动不平衡电流的影响。

　　本节主要是通过对 BP-2A 型微机母线保护装置的分析，来掌握微机母线保护的配置、原理、性能等基本知识。

　　1. 微机母线保护配置

　　（1）主保护配置。BP-2A 的母线主保护为母线复式比率差动保护，采用复合电压及 TA 断线两种闭锁方式闭锁差动保护。大差动瞬时动作于母联断路器，小差动动作选择元件跳被选择母线的各支路断路器。这里母线大差动是指除母联断路器和分段断路器以外，各母线上所有支路电流所构成的差动回路；某一段母线的小差动是指与该母线相连接的各支路电流构成的差动回路，其中包括了与该母线相关联的母联断路器和分段断路器。

　　（2）其他保护配置。断路器失灵保护，由连接在母线上各支路断路器的失灵启动触点来启动失灵保护，最终连接该母线的所有支路断路器。此外，还设有母联单元故障保护和母线充电保护。

　　（3）保护启动元件配置。BP-2A 母线保护启动元件有 3 种：母线电压突变量元件、母线各支路的相电流突变量元件及双母线的大差动过电流元件。只要有一个启动元件动作，母线差动保护即启动工作。

2. 母线复式比率差动保护工作原理

（1）母线复式比率差动保护原理。在复式比率制动的差动保护中，差动电流的表达式为：

$$\dot{I}_{\mathrm{d}} = \left| \sum \dot{i}_{\mathrm{i}} \right|$$

式中 $\sum \dot{I}_{\mathrm{i}}$——对连接母线上各支路元件的电流求和。

制动电流为：

$$\dot{i}_{\mathrm{r}} = \sum \left| \dot{i}_{\mathrm{i}} \right|$$

复合制动电流为：

$$\left| \dot{i}_{\mathrm{d}} - \dot{i}_{\mathrm{r}} \right| = \left| \sum \dot{i}_{\mathrm{i}} \right| - \sum \left| \dot{i}_{\mathrm{i}} \right|$$

复式比率制动系数为：

$$K_{\mathrm{r}} = \dot{I}_{\mathrm{d}} \Big/ \left| \dot{i}_{\mathrm{d}} - \dot{i}_{\mathrm{r}} \right|$$

由于在复式制动电流中引入了差动电流，使得该继电器在发生区内故障时 $\dot{I}_{\mathrm{d}} \approx \dot{I}_{\mathrm{r}}$，复合制动电流 $\left| \dot{I}_{\mathrm{d}} - \dot{I}_{\mathrm{r}} \right| \approx 0$，保护系统无制动量；在发生区外故障时 $I_{\mathrm{r}} \gg I_{\mathrm{d}}$，保护系统有极强的制动特性。因此，复式比率制动系数 K_{r} 变化范围理论上为 $0 \sim \infty$，因而能十分明确地区分内部和外部故障。

（2）复式比率定值的整定。在发生区内故障时，若母线流出电流占总故障电流的 $x\%$，通过进一步分析可求得这种情况下复式比率制动系数 K_{r} 的取值范围。假设连接母线有 $m+n$ 条支路，其中 m 条有源支路，n 条无源支路，在发生区内故障时有源支路流入的短路电流之和为 $\sum I_{m\cdot\mathrm{K}}$，无源支路流出的母线电流之和为 $\sum I_{n\cdot\mathrm{out}}$，如图 6-30 所示。

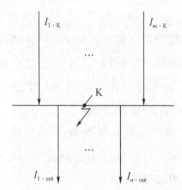

图 6-30 母线区内故障时各支路相电流分布图

上述各 $I_{m \cdot k}$ 和 $I_{n \cdot out}$ 均为已折算到 TA 二次侧的电流,这时制动电流可表示为:

$$I_r = \sum I_i = \sum |I_{m \cdot K}| - \sum |I_{n \cdot out}|$$

假设在短路瞬间各支路的电流相位基本相同,则差动电流可表示为:

$$I_d = I \sum_i = \sum |I_{m \cdot K}| - \sum |I_{n \cdot out}|$$

将 $\sum |I_{m \cdot K}|$ 代入 $I_d = |\sum I_i|$ 中,得

$$I_r - I_d = 2 \sum |I_{n \cdot out}|$$

$$K_r = \dot{I}_d / |\dot{I}_d - \dot{I}_r| = \dot{K}_r = \dot{I}_d / 2 \cdot \sum |I_{n \cdot out}|$$

$$K_r = 1/2 (\sum |I_{n \cdot out}| / \dot{I}_d)$$

因 $x\% = \sum |I_{n \cdot out}| / \dot{I}_d$,当比率差动系数大于比率差动定值 D_2 时,保护动作,其动作方程为:

$$K_r = 100/2x > D_2 \tag{6-25}$$

在发生区内故障时,为保证保护系统可靠动作,如果流出负荷电流占故障电流的 20%,则 $K_r = 2.5$,那么比率差动定值 D_2 应选 2。当然,为提高灵敏度只要满足式(6-25),D_2 可选得更小,但势必影响保护的选择性,甚至会使保护的可靠性下降。

(3) 微机母线保护的 TA 变比设置。常规的母线差动保护为了减少不平衡差流,要求连接在母线上的各个支路 TA 变比必须完全一致,否则应安装中间变流器,这就造成体积很大而不方便。微机母线保护的 TA 变比可以通过设置,方便地改变 TA 的计算机变比,从而允许母线各支路差动 TA 不一致,也不需要装设中间变流器。

运行前,将母线上连接的各支路变比输入 CPU 插件后,保护软件以其中最大变比为基准,进行电流折算,使得保护在计算差流时各 TA 变比均变为一致,并在母线保护计算判据及显示差电流时也以最大变比为基准。

3) BP-2A 型微机母线保护程序逻辑

(1) 启动元件程序逻辑。启动元件共有 3 个组成部分:大差动电流越限启动(大差动受复合电压闭锁)、母线电压突变启动和各支路电流突变启动。它们组成或门逻辑,其逻辑框图如图 6-31 所示。

启动元件动作后,程序才进入复式比率差动保护的算法判据,可见启动元

件必须赶在差动保护计算判据之前正确启动,所以应当采用反映故障分量的突变量启动方式。启动元件的一个启动方式是母线电压突变启动,母线电压突变是相电压在故障前瞬时采样值 U_T 和前一周波的采样值 U_{T-12} 的差值。U_{T-12} 是对每周 12 个采样点而言,所以 $\Delta U_T = U_T - U_{T-12}$。当 $\Delta U_T > \Delta U_{set}$(定值)时,母线电压突变启动。由于 ΔU_T 是反映故障分量的,所以其灵敏度较高。各支路电流突变量类似于母线电压突变启动。$\Delta I_{T.n} = |I_r - I_{T-12}| \Delta I_{set}$ 时启动保护,$\Delta I_{T.n}$ 是指第 n 支路的相电流突变量。

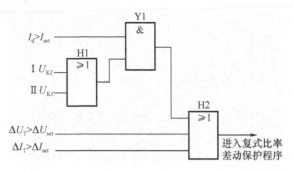

图 6-31　BP-2A 型母线差动保护启动元件程序逻辑框图

为了防止有时电压和电流突变不能使启动元件动作,所以将大差动电流越限作为另一个启动元件动作的后备条件,其判据为 $I_d > I_{d.set}$ 及 Ⅰ 段的复合电压 U_{Kf} 和 Ⅱ 段的复合电压 U_{kf} 动作。它们组成与门再与母线电压、电流突变量启动构成或门的逻辑关系,去启动保护系统。

(2)母线复式比率差动程序逻辑。

① 大、小差动元件逻辑关系。大、小差动元件都是以复式比率差动保护的 2 个判据为核心,所不同的是它们的保护范围和 I_d 及 I_r 取值不同。因为一个母线段的小差动保护范围在大差动保护范围之内,小差动元件动作时,大差动元件必然动作,因此为提高保护可靠性。采用大差动与 2 个小差动元件分别构成与门 Y1 和 Y2,如图 6-32 所示。

② 复合序电压元件作用及其逻辑关系。图 6-33 中表示的复合序电压继电器,在逻辑上起到闭锁作用,防止了 TV 二次回路断线引起的误动,它是由正序低电压、零序和负序过电压组成的“或”元件。每一段母线都设有一个复合电压闭锁元件:ⅠU_{Kf} 或 ⅡU_{Kf},只有当差动保护判出某段母线故障,同时该段母线的复合电压动作,Y3 或 Y4 才允许去跳该母线上各支路断路器。

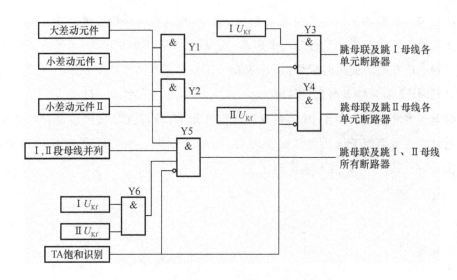

图 6-32　母线复式比率差动保护程序逻辑框围

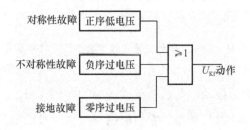

图 6-33　复合序电压闭锁继电器逻辑框图

③ 母线并列运行及在倒闸操作过程。某支路的 2 个副隔离开关同时合位，不需要选择元件判断故障母线时，在大差动元件动作的同时复合序电压继电器也动作，3 个条件构成的 Y5 动作才允许跳 I、II 母线上所有连接支路的断路器。

④ TA 饱和识别元件原理以及逻辑关系。虽然母线复式比率差动保护在发生区外故障时，允许 TA 有较大的误差，但是当 TA 饱和严重超过允许误差时，差动保护还是可能误动的，BP-2A 型母线差动保护通过同步识别程序，识别 TA 饱和时，先闭锁保护一周，随后再开放保护，如图 6-33 所示。

在饱和识别元件输出 1 时，与门 3、4、5 被闭锁。

（3）母联断路器失灵或母线差动保护死区故障的保护。当母线保护动作出口跳闸，而母联断路器失灵或发生死区故障，即母联断路器与 TA 间发生短路，如图 6-34 所示。

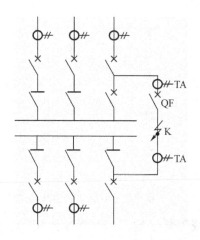

图 6-34　死区位置图

故障点不能切除，这时需要进一步切除母线上的其余单元。因此在保护动作，发出跳开母联断路器的命令后，经延时后判别母联断路器电流是否越限，如经延时后母联断路器电流满足越限条件且母线复合电压动作，则跳开母线上所有母联断路器，如图 6-35 所示。

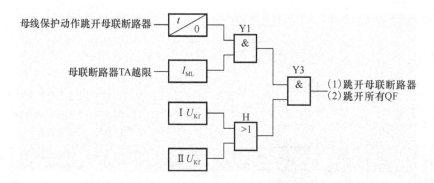

图 6-35　母联失灵保护逻辑框图

（4）母线充电保护逻辑。当一段母线经母联断路器对另一段母线充电时，若被充电母线存在故障，此时需由充电保护将母联断路器跳开。母线充电保护逻辑框图如图 6-36 所示。

为了防止由于母联断路器 TA 极性错误造成的母线差动保护误动，在接到充电保护投入信号后先将差动保护闭锁。此时若母联继路器电流越限且母线复合序电压动作，经延时将母联断路器跳开，当母线充电保护投入的触点延时返回时，将母差保护正常投入。

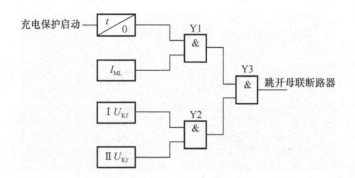

图 6-36　母线充电保护逻辑框图

（5）TA 和 TV 断线闭锁与告警。TV 断线将引起复合序电压保护误动,从而误开放保护。TV 断线可以通过复合序电压来判断,当ⅠU$_{Kf}$或ⅡU$_{Kf}$动作后经延时,如差动保护并未动作,说明 TV 断线,发出 TV 断线信号,如图 6-37(a)所示。

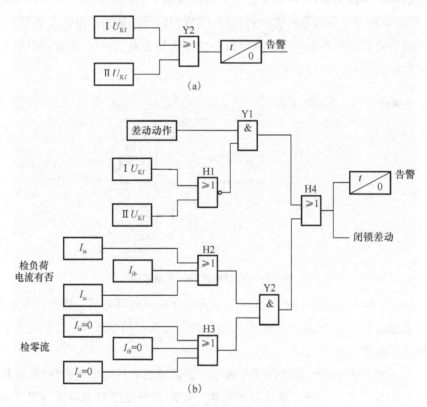

图 6-37　TV、TA 断线的逻辑判断框图

（a）TV 断线逻辑判断框图；（b）TA 断线逻辑判断框图

TA 断线将引起复合比率差动保护误动,判断 TA 断线的方法有两种:一种是根据差电流越限而母线电压正常(H1 输出 1);另一种是依次检测各单元的三相电流,若某一相或两相电流为零(H3 输出 1),而另两相或一相有负荷电流(H2 输出 1),则认为是 TA 断线。TA 断线逻辑图如图 6-37(b)所示。

4)微机母线差动保护程序流程原理

母线差动保护的程序部分由两方面组成:一个是在线保护程序,由其实现保护的功能;另一个是为方便运行调试和维护而设置的离线辅助功能程序部分。辅助功能包括定值整定、装置自检、各交流量和开关量信号的巡视检测、故障录波及信息打印、时钟校对、内存清理、串行通信和数据传输、与监控系统互联等功能模块。这些功能模块属于正常运行的程序,它在与在线保护程序及主程序之间的关系如图 6-38 所示。

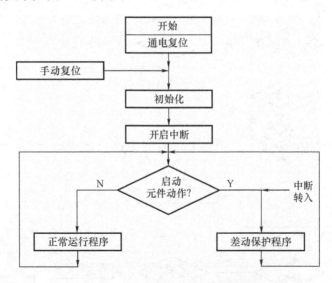

图 6-38 微机保护主程序示意框图

主程序在开中断后,定时进入采样中断服务程序。在采样中断服务程序中完成模拟量及开关量的采样和计算,根据计算结果判断是否启动,若启动立标志为 1,即转入差动保护程序。

差动保护程序流程图如图 6-39 所示。

进入母线差动保护程序,"采样计算"首先对采样中断送来的数据及各开关量进行处理,随后对采样结果进行分类检查,根据母联断路器失灵保护逻辑判断是否为死区故障。若为死区故障,即切除所有支路;若不是死区故障,再检查是否线路断路器失灵启动。检查失灵保护开关量,如有开关量输入,经延时失灵保护出口跳开故障支路所在母线所有支路;若不是线路断路器失灵,检查母线充电投入开关量是否有输入,若有开关量输入,随即转入母线充电保护逻辑。若 TA 断线标志位为 1,则不能进入母线复式比率差动程序,随即转入 TA 断线处理程序。

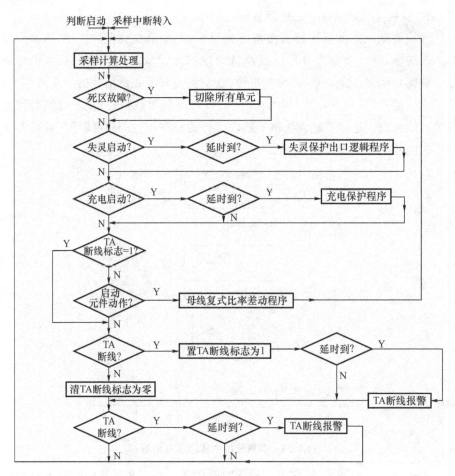

图 6-39　BP-2A 型母线差动保护程序流程图

以上所述"死区故障"、"失灵启动"、"充电启动"等程序逻辑中有延时部分,在延时时间未到的时候都必须进入保护循环,反复检查判断及采样数据更新,凡是保护启动元件标志位已到 1 者,均要进入母线复式比率差动程序,反复判断是否已有故障或故障有发展等。例如,失灵启动保护是线路断路器失灵,在启动后延时时间内有否发展为母线故障,必须在延时时间内进入母线复式比率差动程序检查。

母线是电能集中和分配的重要场所,是电力系统中重要的元件之一。虽然母线结构简单且处于发电厂、变电所内,发生故障的概率相对其他电气设备小。但母线发生故障时,接于母线上的所有元件都要断开,造成大面积停电。因此,应该引起高度重视。

技能训练

（1）能识读保护图纸,学会按照图纸完成微机型主设备保护试验检查。
（2）会正确使用、维护和保养常用校验设备、仪器和工具。

完成任务

将班级学生分成小组,每组由 3 人组成,即工作负责人和 2 名工作班成员。试验进行中的接线、调节负载、保持电压或电流、记录数据等工作每人应有明确的分工,三者互相监督,不得互相兼任,以保证试验操作协调,记录数据准确可靠,发生故障时,继电器 100％不误动。

学习评价

1. 工作成果评价

严格按照国家电网公司电力安全工作规程,对微机型主设备保护试验检查操作程序、操作行为和操作水平等进行评价,如表 6-5 所示。

表 6-5 微机型主设备保护试验检查工作评价表

学习目标	评价指标	评价标准	自评	小组评	教师评
调校准备	操作程序	正确			
	操作行为	规范			
	操作水平	熟练			
调校实施	操作程序	正确			
	操作行为	规范			
	操作水平	熟练			
	操作精度	达到要求			
后续工作	操作程序	正确			
	操作行为	规范			
	操作水平	熟练			

2. 学习成果评价

按照职业教育技术类技能型人才培养要求,主要评价学生微机型主设备保护试验检查知识与技能、操作技能及情感态度等的情况,如表 6-6 所示。

表 6-6 微机型主设备保护试验检查学习成果评价表

评价项目	评 价 标 准	等级(权重)分				自评	小组评	教师评
		优秀	良好	一般	较差			
知识与技能	掌握发电机变压器组微机继电保护	10	8	5	3			
	掌握微机母线保护	10	8	5	3			
	能识读保护图纸,学会按照图纸完成微机型主设备保护试验检查	10	8	5	3			
	会正确使用、维护和保养常用校验设备、仪器和工具	8	6	4	2			
操作技能	熟悉运用网络独立收集、分析、处理和评价信息的方法	10	8	5	3			
	积极参与小组合作与交流	10	8	5	3			
	能制作PPT,将搜集到的材料用PPT清楚地展现出来,而且比较有创新	8	6	4	2			
情感态度	课堂上积极参与,积极思维,积极动手、动脑,发言次数多	8	6	4	2			
	小组协作交流情况:小组成员间配合默契,彼此协作愉快,互帮互助	10	8	5	3			
	对本内容兴趣浓厚,提出了有深度的问题	8	6	4	2			
课堂调查:书面写出你在学习本节课时所遇到的困难,向教师提出较合理的教学建议		8	6	4	2			
自评意见:								
小组评意见:								
教师评意见:								
努力方向:								

思考与练习

简答题

1. 发电机变压器组保护有哪些特点？

2. 微机型发电机变压器组保护装置的组屏原则是什么？

3. 发电机可能发生哪些故障和异常运行状态？一般应装设哪些保护装置？

4. 简述微机母线保护的装设原则。

5. 利用供电元件的保护切除母线故障的使用条件是什么？

电力系统继电保护运行与调试

工 作 票

班级：＿＿＿＿＿＿＿

姓名：＿＿＿＿＿＿＿

学号：＿＿＿＿＿＿＿

组别：＿＿＿＿＿＿＿

内蒙古机电职业技术学院

电气工程系

附录 A　变电站(发电厂)倒闸操作票

单位＿＿＿＿＿＿＿＿　　　编号＿＿＿＿＿＿＿＿

发令人		受令人		发令时间	年　月　日　时　分
操作开始时间：年　月　日　时　分				操作结束时间：年　月　日　时　分	
(　　)监护下操作(　　)单人操作(　　)检修人员操作					
操作任务					

顺序	操作项目	√

备注				
操作人		监护人		值班负责人(值长)

附录 B　变电站（发电厂）第一种工作票

单位＿＿＿＿＿＿＿＿＿　　　　　编号＿＿＿＿＿＿＿＿＿

1. 工作负责人（监护人）＿＿＿＿＿＿＿＿＿，班组＿＿＿＿＿＿＿＿＿

2. 工作班人员（不包括工作负责人）

＿＿＿＿＿＿＿＿＿＿＿＿＿＿＿＿＿＿＿＿＿＿＿＿＿＿＿＿＿＿＿＿

＿＿＿＿＿＿＿＿＿＿＿＿＿＿＿＿＿＿＿＿＿＿＿＿＿＿＿＿＿＿＿＿

＿＿＿＿＿＿＿＿＿＿＿＿＿＿＿＿＿＿＿＿＿＿＿＿＿＿＿＿＿＿＿＿

＿＿＿＿＿＿＿＿＿＿＿＿＿＿＿＿＿＿＿＿＿＿＿＿＿＿＿＿＿＿＿＿

＿＿＿＿＿＿＿＿＿＿＿＿＿＿＿＿＿＿＿＿＿＿＿＿＿＿＿＿＿＿＿＿

＿＿＿＿＿＿＿＿＿＿＿＿＿＿＿＿＿＿＿＿＿＿＿＿＿＿＿＿＿＿＿＿

共＿＿＿＿＿＿＿＿人。

3. 工作的变配电站名称及设备双重名称

＿＿＿＿＿＿＿＿＿＿＿＿＿＿＿＿＿＿＿＿＿＿＿＿＿＿＿＿＿＿＿＿

4. 工作任务

工作地点及设备双重名称	工作内容

5.计划工作时间

自_____年_____月_____日_____时_____分

至_____年_____月_____日_____时_____分

6.安全措施(必要时可附页绘图说明)

应拉断路器(开关)、隔离开关(刀闸)	已执行*
应装接地线、应合接地刀闸(注明确实地点、名称及接地线编号*)	已执行
应设遮栏、挂标示牌及防止二次回路误碰等措施	已执行

* 已执行栏目及接地线编号由工作许可人填写	
工作地点保留带电部分或注意事项(由工作票签发人填写)	补充工作地点保留带电部分和安全措施(由工作许可人填写)

工作票签发人签名_____,签发时间_____年_____月_____日

7. 收到工作票时间

_____年_____月_____日_____时_____分

运行值班人员签名_____,工作负责人签名_____

8. 确认本工作票 1~7 项

工作负责人签名_____,工作许可人签名_____

许可开始工作时间_____年_____月_____日_____时_____分

9. 确认工作负责人布置的任务和本施工项目安全措施

工作班组人员签名

_____

_____

_____

_____

_____

_____

10. 工作负责人变动情况

原工作负责人_____离去,变更_____为工作负责人

工作票签发人签名_____,签发时间_____年_____月_____日_____

时_____分

工作人员变动情况(增添人员姓名、变动日期及时间)

_____

_____

_____

_____

_____

_____

工作负责人签名_____

11. 工作票延期

有效期延长到_____年_____月_____日_____时_____分

工作负责人签名_____,时间_____年_____月_____日

_____时_____分

工作许可人签名_____,时间_____年_____月_____日

_____时_____分

12. 每日开工和收工时间(使用一天的工作票不必填写)

收工时间				工作负责人	工作许可人	开工时间				工作许可人	工作负责人
月	日	时	分			月	日	时	分		

13. 工作终结

全部工作于_____年_____月_____日_____时_____分结束,设备及安全措施已恢复至开工前状态,工作人员已全部撤离,材料工具已清理完毕,工作已终结。

工作负责人签名_____,工作许可人签名_____

14. 工作票终结

临时遮栏、标示牌已拆除,常设遮栏已恢复。未拆除或未拉开的接地线编号等共____组、接地刀闸(小车)共____副(台),已汇报调度值班员。

工作许可人签名_____,时间_____年_____月_____日_____时_____分

15. 备注

(1)指定专责监护人签名_____,负责监护签名_____
_____(地点及具体工作)

(2)其他事项

_____

_____

_____

_____

附录 C 电力电缆第一种工作票

单位＿＿＿＿＿＿＿＿＿＿＿＿＿＿＿＿＿ 编号＿＿＿＿＿＿＿＿＿＿

1. 工作负责人（监护人）＿＿＿＿＿＿＿＿，班组＿＿＿＿＿＿＿＿＿＿

2. 工作班人员（不包括工作负责人）

＿＿＿＿＿＿＿＿＿＿＿＿＿＿＿＿＿＿＿＿＿＿＿＿＿＿＿＿＿＿＿＿＿＿＿＿＿＿

＿＿＿＿＿＿＿＿＿＿＿＿＿＿＿＿＿＿＿＿＿＿＿＿＿＿＿＿＿＿＿＿＿＿＿＿＿＿

＿＿＿＿＿＿＿＿＿＿＿＿＿＿＿＿＿＿＿＿＿＿＿＿＿＿＿＿＿＿＿＿＿＿＿＿＿＿

＿＿＿＿＿＿＿＿＿＿＿＿＿＿＿＿＿＿＿＿＿＿＿＿＿＿＿＿＿＿＿＿＿＿＿＿＿＿

＿＿＿＿＿＿＿＿＿＿＿＿＿＿＿＿＿＿＿＿＿＿＿＿＿＿＿＿＿＿＿＿＿＿＿＿＿＿

＿＿＿＿＿＿＿＿＿＿＿＿＿＿＿＿＿＿＿＿＿＿＿＿＿＿＿＿＿＿＿＿＿＿＿＿＿＿

＿＿＿＿＿＿＿＿＿＿＿＿＿＿＿＿＿＿＿＿＿＿＿＿＿＿＿＿＿＿＿＿＿＿＿＿＿＿

共＿＿＿＿＿＿＿＿人。

3. 电力电缆双重名称＿＿＿＿＿＿＿＿＿＿＿＿＿＿＿＿＿＿＿＿＿＿＿＿＿

4. 工作任务

工作地点或地段	工作内容

5. 计划工作时间

自＿＿＿＿＿年＿＿＿＿＿月＿＿＿＿＿日＿＿＿＿＿时＿＿＿＿＿分

至＿＿＿＿＿年＿＿＿＿＿月＿＿＿＿＿日＿＿＿＿＿时＿＿＿＿＿分

6. 安全措施（必要时可附页绘图说明）

(1)应拉开的设备名称、应装设绝缘挡板			
变配电站或线路名称	应拉开的断路器(开关)、隔离开关(刀闸)、熔断器(保险)以及应装设的绝缘挡板(注明设备双重名称)	执行人	已执行

(2)应合接地刀闸或应装接地线		
接地刀闸双重名称和接地线装设地点	接地线编号	执行人

(3)应设遮栏,应挂标示牌	执行人

(4)工作地点保留带电部分或注意事项(由工作票签发人填写)	(5)补充工作地点保留带电部分和安全措施(由工作许可人填写)

工作票签发人签名_____,签发时间_____年_____月_____日_____时_____分

7. 确认本工作票1~5项

工作负责人签名_____

8. 补充安全措施

_____

_____

_____

_____

_____

_____

工作负责人签名_____

9. 工作许可

(1) 在线路上的电缆工作:工作许可人_____用_____方式许可自_____年_____月_____日_____时_____分起开始工作,工作负责人签名_____

(2) 在变电站或发电厂内的电缆工作:安全措施项所列措施中_____(变配电站/发电厂)部分已执行完毕。

工作许可时间_____年_____月_____日_____时_____分

工作许可人签名_____,工作负责人签名_____

10. 确认工作负责人布置的任务和本施工项目安全措施

_____

_____

_____

_____

_____

工作班组人员签名_____

11. 每日开工和收工时间(使用一天的工作票不必填写)

收工时间				工作负责人	工作许可人	开工时间				工作许可人	工作负责人
月	日	时	分			月	日	时	分		

12. 工作票延期

有效期延长到_____年_____月_____日_____时_____分

工作负责人签名_____,时间_____年_____月_____日_____时_____分

工作许可人签名_____,时间_____年_____月_____日_____时_____分

13. 工作负责人变动

原工作负责人_____离去,变更_____为工作负责人。

工作票签发人签名_____,签发时间_____年_____月_____日_____时_____分

14. 工作人员变动(增添人员姓名、变动日期及时间)

_____

工作负责人签名_____

15. 工作终结

(1) 在线路上的电缆工作。工作人员已全部撤离,材料工具已清理完毕,工作终结;所装的工作接地线共_____副已全部拆除,于_____年_____月_____日_____时_____分,工作负责人向工作许可人_____用_____方式汇报。

工作负责人签名_____

(2) 在变配电站或发电厂内的电缆工作:在_____(变配电站,发电厂)工作于_____年_____月_____日_____时_____分结束,设备及安全措施已恢复至开工前状态,工作人员已全部撤离,材料工具已清理完毕。

工作许可人签名_____,工作负责人签名_____

16. 工作票终结

临时遮栏、标示牌已拆除,常设遮栏已恢复;

未拆除或拉开的接地线编号_____等共_____组、接地刀闸共_____副(台),已汇报调度。

工作许可人签名_____

17. 备注

(1) 指定专责监护人_____负责监护_____

_____（地点及具体工作）

（2）其他事项

_____

_____

_____

_____

附录 D　变电站(发电厂)第二种工作票

单位_____　　　　编号_____

1. 工作负责人(监护人)_____,班组_____

2. 工作班人员(不包括工作负责人)

_____

_____

_____

_____

共_____人。

　3. 工作的变配电站名称及设备双重名称

_____

_____

_____

_____

　4. 工作任务

工作地点或地段	工作内容

5. 计划工作时间

自_____年_____月_____日_____时_____分

至_____年_____月_____日_____时_____分

6. 工作条件(停电或不停电,或邻近及保留带电设备名称)

_____

_____

_____

_____

_____

7. 注意事项(安全措施)

_____

_____

_____

_____

_____

工作票签发人签名_____,签发时间_____年_____月_____日
_____时_____分

8. 补充安全措施(工作许可人填写)

9. 确认本工作票 1~8 项

许可工作时间_____年_____月_____日_____时_____分

工作负责人签名_____,工作许可人签名_____

10. 确认工作负责人布置的任务和本施工项目安全措施

_____

_____

_____

工作班人员签名_____

11. 工作票延期

有效期延长到_____年_____月_____日_____时_____分

工作负责人签名_____,时间_____年_____月_____日
_____时_____分

工作许可人签名 _____,时间 _____年 _____月 _____日 _____时 _____分

12. 工作票终结

全部工作于 _____年 _____月 _____日 _____时 _____分结束,工作人员已全部撤离,材料工具已清理完毕。

工作负责人签名 _____,时间 _____年 _____月 _____日 _____时 _____分

工作许可人签名 _____,时间 _____年 _____月 _____日 _____时 _____分

13. 备注

_____

_____

_____

_____

_____

_____

_____

_____

_____

附录 E 电力电缆第二种工作票

单位＿＿＿＿＿＿＿＿＿＿＿＿　　　　　编号＿＿＿＿＿＿＿＿＿＿＿＿

1. 工作负责人（监护人）＿＿＿＿＿＿＿＿＿＿，班组＿＿＿＿＿＿＿＿＿＿

2. 工作班人员（不包括工作负责人）

＿＿＿＿＿＿＿＿＿＿＿＿＿＿＿＿＿＿＿＿＿＿＿＿＿＿＿＿＿＿＿＿＿＿＿＿＿

＿＿＿＿＿＿＿＿＿＿＿＿＿＿＿＿＿＿＿＿＿＿＿＿＿＿＿＿＿＿＿＿＿＿＿＿＿

＿＿＿＿＿＿＿＿＿＿＿＿＿＿＿＿＿＿＿＿＿＿＿＿＿＿＿＿＿＿＿＿＿＿＿＿＿

＿＿＿＿＿＿＿＿＿＿＿＿＿＿＿＿＿＿＿＿＿＿＿＿＿＿＿＿＿＿＿＿＿＿＿＿＿

＿＿＿＿＿＿＿＿＿＿＿＿＿＿＿＿＿＿＿＿＿＿＿＿＿＿＿＿＿＿＿＿＿＿＿＿＿

共＿＿＿＿＿＿＿＿＿＿人。

3. 工作任务

电力电缆双重名称	工作地点或地段	工作内容

4. 计划工作时间

自＿＿＿＿＿年＿＿＿＿＿月＿＿＿＿＿日＿＿＿＿＿时＿＿＿＿＿分

至＿＿＿＿＿年＿＿＿＿＿月＿＿＿＿＿日＿＿＿＿＿时＿＿＿＿＿分

5. 工作条件和安全措施

＿＿＿＿＿＿＿＿＿＿＿＿＿＿＿＿＿＿＿＿＿＿＿＿＿＿＿＿＿＿＿＿＿＿＿＿＿

＿＿＿＿＿＿＿＿＿＿＿＿＿＿＿＿＿＿＿＿＿＿＿＿＿＿＿＿＿＿＿＿＿＿＿＿＿

＿＿＿＿＿＿＿＿＿＿＿＿＿＿＿＿＿＿＿＿＿＿＿＿＿＿＿＿＿＿＿＿＿＿＿＿＿

＿＿＿＿＿＿＿＿＿＿＿＿＿＿＿＿＿＿＿＿＿＿＿＿＿＿＿＿＿＿＿＿＿＿＿＿＿

＿＿＿＿＿＿＿＿＿＿＿＿＿＿＿＿＿＿＿＿＿＿＿＿＿＿＿＿＿＿＿＿＿＿＿＿＿

＿＿＿＿＿＿＿＿＿＿＿＿＿＿＿＿＿＿＿＿＿＿＿＿＿＿＿＿＿＿＿＿＿＿＿＿＿

工作票签发人签名＿＿＿＿＿＿，签发时间＿＿＿＿＿＿年＿＿＿＿＿＿月＿＿＿＿＿＿日

_____时_____分

6. 确认本工作票 1～5 项内容,工作负责人签名_____

7. 补充安全措施(工作许可人填写)

_____

_____

_____

_____

_____

_____

8. 工作许可

(1)在线路上的电缆工作:工作开始时间_____年_____月_____日_____时_____分,工作负责人签名_____

(2)在变电站或发电厂内的电缆工作:安全措施项所列措施中_____(变配电站/发电厂)部分,已执行完毕。

许可自_____年_____月_____日_____时_____分起开始工作。

工作许可人签名_____,工作负责人签名_____

9. 确认工作负责人布置的本施工项目安全措施

_____

_____

_____

_____

_____

工作班人员签名_____

10. 工作票延期

有效期延长到_____年_____月_____日_____时_____分

工作负责人签名_____,时间_____年_____月_____日_____时_____分

工作许可人签名_____,时间_____年_____月_____日_____时_____分

11. 工作负责人变动

原工作负责人＿＿＿＿＿＿＿离去,变更＿＿＿＿＿＿＿为工作负责人。

工作票签发人签名＿＿＿＿＿＿,签发时间＿＿＿＿＿年＿＿＿＿＿月＿＿＿＿＿日＿＿＿＿＿时＿＿＿＿＿分

12. 工作票终结

(1)在线路上的电缆工作:工作结束时间＿＿＿＿＿年＿＿＿＿＿月＿＿＿＿＿日＿＿＿＿＿时＿＿＿＿＿分

工作负责人签名＿＿＿＿＿＿＿

(2)在变配电站或发电厂内的电缆工作:在＿＿＿＿＿＿＿(变配电站,发电厂)工作于＿＿＿＿＿年＿＿＿＿＿月＿＿＿＿＿日＿＿＿＿＿时＿＿＿＿＿分结束,工作人员已全部退出,材料工具已清理完毕。

工作许可人签名＿＿＿＿＿＿＿,工作负责人签名＿＿＿＿＿＿＿

13. 备注

＿＿＿＿＿＿＿＿＿＿＿＿＿＿＿＿＿＿＿＿＿＿＿＿＿＿＿＿＿＿＿＿

＿＿＿＿＿＿＿＿＿＿＿＿＿＿＿＿＿＿＿＿＿＿＿＿＿＿＿＿＿＿＿＿

＿＿＿＿＿＿＿＿＿＿＿＿＿＿＿＿＿＿＿＿＿＿＿＿＿＿＿＿＿＿＿＿

＿＿＿＿＿＿＿＿＿＿＿＿＿＿＿＿＿＿＿＿＿＿＿＿＿＿＿＿＿＿＿＿

＿＿＿＿＿＿＿＿＿＿＿＿＿＿＿＿＿＿＿＿＿＿＿＿＿＿＿＿＿＿＿＿

＿＿＿＿＿＿＿＿＿＿＿＿＿＿＿＿＿＿＿＿＿＿＿＿＿＿＿＿＿＿＿＿

＿＿＿＿＿＿＿＿＿＿＿＿＿＿＿＿＿＿＿＿＿＿＿＿＿＿＿＿＿＿＿＿

＿＿＿＿＿＿＿＿＿＿＿＿＿＿＿＿＿＿＿＿＿＿＿＿＿＿＿＿＿＿＿＿

＿＿＿＿＿＿＿＿＿＿＿＿＿＿＿＿＿＿＿＿＿＿＿＿＿＿＿＿＿＿＿＿

附录 F　变电站(发电厂)带电作业工作票

单位＿＿＿＿＿＿＿＿　　　　　编号＿＿＿＿＿＿＿＿

1. 工作负责人(监护人)＿＿＿＿＿＿＿＿，班组＿＿＿＿＿＿＿＿

2. 工作班人员(不包括工作负责人)

＿＿＿＿＿＿＿＿＿＿＿＿＿＿＿＿＿＿＿＿＿＿＿＿＿＿＿＿＿＿＿＿＿

＿＿＿＿＿＿＿＿＿＿＿＿＿＿＿＿＿＿＿＿＿＿＿＿＿＿＿＿＿＿＿＿＿

＿＿＿＿＿＿＿＿＿＿＿＿＿＿＿＿＿＿＿＿＿＿＿＿＿＿＿＿＿＿＿＿＿

＿＿＿＿＿＿＿＿＿＿＿＿＿＿＿＿＿＿＿＿＿＿＿＿＿＿＿＿＿＿＿＿＿

共＿＿＿＿＿＿人。

3. 工作的变配电站名称及设备双重名称

＿＿＿＿＿＿＿＿＿＿＿＿＿＿＿＿＿＿＿＿＿＿＿＿＿＿＿＿＿＿＿＿＿

＿＿＿＿＿＿＿＿＿＿＿＿＿＿＿＿＿＿＿＿＿＿＿＿＿＿＿＿＿＿＿＿＿

＿＿＿＿＿＿＿＿＿＿＿＿＿＿＿＿＿＿＿＿＿＿＿＿＿＿＿＿＿＿＿＿＿

4. 工作任务

工作地点或地段	工作内容

5. 计划工作时间

自＿＿＿＿年＿＿＿＿月＿＿＿＿日＿＿＿＿时＿＿＿＿分

至＿＿＿＿年＿＿＿＿月＿＿＿＿日＿＿＿＿时＿＿＿＿分

6. 工作条件(等电位、中间电位或地电位作业,或邻近带电设备名称)

_____

_____

_____

_____

_____

_____

_____

7. 注意事项(安全措施)

_____

_____

_____

_____

_____

_____

_____

工作票签发人签名_____,签发时间_____年_____月_____日

8. 确认本工作票 1~7 项

工作负责人签名_____

9. 指定_____为专责监护人,专责监护人签名_____

10. 补充安全措施(工作许可人填写)

_____

_____

_____

_____

_____

_____

11. 许可工作时间

_____年_____月_____日_____时_____分

工作许可人签名_____,工作负责人签名_____

12. 确认工作负责人布置的任务和本施工项目安全措施

_____

_____

_____

_____

_____

_____

工作班组人员签名_____

13. 工作票终结

全部工作于 _____年_____月_____日_____时_____分结束,工作人员已全部撤离,材料工具已清理完毕。

工作负责人签名_____,工作许可人签名_____

14. 备注

_____

_____

_____

_____

_____

_____

_____

_____

附录 G 变电站(发电厂)事故应急抢修单

单位＿＿＿＿＿＿＿＿　　　　编号＿＿＿＿＿＿＿＿

1. 抢修工作负责人(监护人)＿＿＿＿＿＿＿，班组＿＿＿＿＿＿＿

2. 抢修班人员(不包括抢修工作负责人)

＿＿＿＿＿＿＿＿＿＿＿＿＿＿＿＿＿＿＿＿＿＿＿＿＿＿＿＿＿＿＿

＿＿＿＿＿＿＿＿＿＿＿＿＿＿＿＿＿＿＿＿＿＿＿＿＿＿＿＿＿＿＿

＿＿＿＿＿＿＿＿＿＿＿＿＿＿＿＿＿＿＿＿＿＿＿＿＿＿＿＿＿＿＿

共＿＿＿＿＿＿＿＿＿人。

3. 抢修任务(抢修地点和抢修内容)

＿＿＿＿＿＿＿＿＿＿＿＿＿＿＿＿＿＿＿＿＿＿＿＿＿＿＿＿＿＿＿

＿＿＿＿＿＿＿＿＿＿＿＿＿＿＿＿＿＿＿＿＿＿＿＿＿＿＿＿＿＿＿

＿＿＿＿＿＿＿＿＿＿＿＿＿＿＿＿＿＿＿＿＿＿＿＿＿＿＿＿＿＿＿

4. 安全措施

＿＿＿＿＿＿＿＿＿＿＿＿＿＿＿＿＿＿＿＿＿＿＿＿＿＿＿＿＿＿＿

＿＿＿＿＿＿＿＿＿＿＿＿＿＿＿＿＿＿＿＿＿＿＿＿＿＿＿＿＿＿＿

＿＿＿＿＿＿＿＿＿＿＿＿＿＿＿＿＿＿＿＿＿＿＿＿＿＿＿＿＿＿＿

5. 抢修地点保留带电部分或注意事项

＿＿＿＿＿＿＿＿＿＿＿＿＿＿＿＿＿＿＿＿＿＿＿＿＿＿＿＿＿＿＿

＿＿＿＿＿＿＿＿＿＿＿＿＿＿＿＿＿＿＿＿＿＿＿＿＿＿＿＿＿＿＿

＿＿＿＿＿＿＿＿＿＿＿＿＿＿＿＿＿＿＿＿＿＿＿＿＿＿＿＿＿＿＿

6. 上述 1～5 项由抢修工作负责人＿＿＿＿＿＿＿根据抢修任务布置人
＿＿＿＿＿＿＿的布置填写。

7. 经现场勘察需补充下列安全措施

＿＿＿＿＿＿＿＿＿＿＿＿＿＿＿＿＿＿＿＿＿＿＿＿＿＿＿＿＿＿＿

＿＿＿＿＿＿＿＿＿＿＿＿＿＿＿＿＿＿＿＿＿＿＿＿＿＿＿＿＿＿＿

＿＿＿＿＿＿＿＿＿＿＿＿＿＿＿＿＿＿＿＿＿＿＿＿＿＿＿＿＿＿＿

经许可人（调度/运行人员）_____同意（_____年_____月_____日_____时_____分）后，已执行。

8. 许可抢修时间

_____年_____月_____日_____时_____分

许可人（调度/运行人员）签名_____

9. 抢修结束汇报

本抢修工作于_____年_____月_____日_____时_____分结束。

现场设备状况及保留安全措施

_____

_____

_____

抢修班人员已全部撤离，材料工具已清理完毕，事故应急抢修单已终结。

抢修工作负责人签名_____，许可人（调度/运行人员）签名_____

填写时间_____年_____月_____日_____时_____分

附录 H   二次工作安全措施票

单位_____   编号_____

被试设备名称				
工作负责人		工作时间	月　日	签发人	
工作内容					

安全措施:包括应打开及恢复连接片、直流线、交流线、信号线、连锁线和连锁开关等,按工作顺序填用安全措施

序号	执行	安全措施内容	恢复

执行人:_____ 监护人:_____ 恢复人:_____ 监护人:_____